新起点电脑教程

Java 程序设计基础入门与实战
(微课版)

文杰书院　编著

清华大学出版社

北　京

内 容 简 介

Java 是当前市面上常用的编程语言之一，是 Web 开发领域的领军开发语言。本书以通俗易懂的语言、翔实生动的操作案例、精挑细选的使用技巧，指导初学者快速掌握 Java 开发的基础知识与使用方法。本书主要包括 Java 语言基础，Java 语言基础语法，使用条件语句，使用循环语句，数组，Java 的面向对象，继承、重载和接口，使用集合，常用的类库，使用泛型，异常处理，I/O 文件处理，使用 Swing 开发桌面程序，使用数据库，使用多线程，图书商城管理系统等内容。全书循序渐进、结构清晰，以实战演练的方式介绍知识点，让读者一看就懂。

本书面向学习 Java 开发的初、中级用户，适合无基础又想快速掌握 Java 开发知识的读者，同时对有经验的 Java 使用者也有很高的参考价值，还可以作为高等院校专业课教材和社会培训机构的培训教材。

图书在版编目(CIP)数据

Java 程序设计基础入门与实战：微课版/文杰书院编著. —北京：清华大学出版社，2020.7(2021.8重印)
新起点电脑教程
ISBN 978-7-302-55644-2

Ⅰ. ①J… Ⅱ. ①文… Ⅲ. ①JAVA 语言—程序设计—教材 Ⅳ. ①TP312.8

中国版本图书馆 CIP 数据核字(2020)第 101113 号

责任编辑：魏 莹
封面设计：杨玉兰
责任校对：王明明
责任印制：沈 露
出版发行：清华大学出版社
   网   址：http://www.tup.com.cn, http://www.wqbook.com
   地   址：北京清华大学学研大厦 A 座   邮 编：100084
   社 总 机：010-62770175   邮 购：010-62786544
   投稿与读者服务：010-62776969, c-service@tup.tsinghua.edu.cn
   质量反馈：010-62772015, zhiliang@tup.tsinghua.edu.cn
印 装 者：天津鑫丰华印务有限公司
经 销：全国新华书店
开 本：185mm×260mm   印 张：21.5   字 数：520 千字
版 次：2020 年 8 月第 1 版   印 次：2021 年 8 月第 2 次印刷
定 价：69.00 元

产品编号：079821-01

前　言

随着电脑的推广与普及，电脑已走进千家万户，成为人们日常生活、工作、娱乐和通信必不可少的工具。正因为如此，开发电脑程序成为一个很重要的市场需求。根据权威机构预测，在未来几年，国内外的高层次软件人才将处于供不应求的状态。而 Java 作为一门功能强大的开发语言，一直在业界处于领军地位。为了帮助大家快速地掌握 Java 这门编程语言的开发知识，以便在日常的学习和工作中学以致用，我们编写了本书。

■ 购买本书能学到什么

本书在编写过程中以 Java 的基础语法和常见应用为导向，深入贴合初学者的学习习惯，采用由浅入深、由易到难的方式讲解，读者还可以通过随书赠送的多媒体视频教学课程学习。全书结构清晰，知识丰富，主要包括以下几方面的内容。

1. 基础知识

第 1～5 章，逐一介绍 Java 语言基础、Java 语言基础语法、使用条件语句、使用循环语句、数组，主要目的是让读者掌握 Java 的基础知识。

2. 核心技术

第 6～10 章，循序渐进地介绍 Java 的面向对象，继承、重载和接口，使用集合，常用的类库，使用泛型等内容，这些内容都是学习 Java 所必须具备的核心语法知识。

3. 进阶提高

第 11～15 章，介绍 Java 的核心应用知识，主要包括异常处理、I/O 文件处理、使用 Swing 开发桌面程序、使用数据库、使用多线程等相关知识及具体用法，并讲解了各个知识点的使用技巧。

4. 综合实战

第 16 章通过一个图书商城管理系统的实现过程，介绍用 Java 知识开发一个大型数据库软件的过程，对前面所学的知识融会贯通，了解 Java 在大型软件项目中的使用方法和技巧。

■ 如何获取本书的学习资源

为帮助读者高效、快捷地学习本书的知识点，我们不但为读者准备了与本书知识点有关的配套素材文件，而且设计并制作了精品视频教学课程，还为教师准备了 PPT 课件资源。

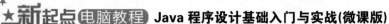

购买本书的读者，可以通过以下途径获取相关的配套学习资源。

1. 扫描书中二维码获取在线学习视频

读者在学习本书的过程中，可以使用微信的扫一扫功能，扫描本书节标题左下角的二维码，在打开的视频播放页面中在线观看视频课程，也可以下载并保存到手机或电脑中离线观看。

2. 登录网站获取更多学习资源

本书含有丰富的配套素材和 PPT 课件资源，读者可以登录清华大学出版社官方网站(http://www.tup.com.cn)下载相关学习资料。

本书由文杰书院组织编写，由薛小龙、李军组稿，李桂华负责内容编写，参与本书编写的人员还有叶维忠、燕成立、陈家政、王长青、袁帅、文雪、李强、高桂华、冯臣、宋艳辉等。

我们真切希望读者在阅读本书之后，可以开阔视野，增长实践操作技能，并从中学习和总结操作的经验和规律，达到灵活运用的水平。鉴于编者水平有限，书中纰漏和考虑不周之处在所难免，热忱欢迎读者予以批评、指正，以便我们日后能为您编写更好的图书。

编　者

目 录

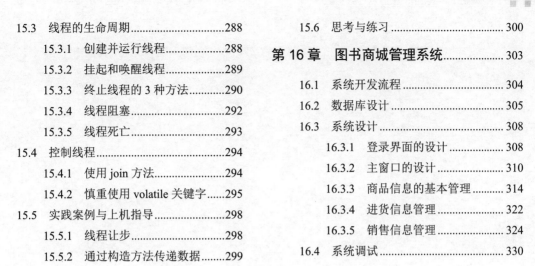

新起点 电脑教程

第 1 章

Java 语言基础

本章要点

- 初步认识 Java
- 面向对象编程思想
- 搭建 Java 开发环境
- 编写第一段 Java 程序

本章主要内容

　　纵观各大主流招聘媒体，总是会看到多条招聘 Java 程序员的广告。由此可以看出，Java 程序员很受市场欢迎。在本节将带领读者初步认识 Java 这门语言，为学习本书后面的知识奠定基础。

1.1 初步认识 Java

　　在本节的内容中，将简要介绍 Java 语言的发展历程、体系和特点，让大家初步掌握 Java 语言的基础知识。

↑扫码看视频

1.1.1 都在谈论 Java

　　我们通常所说的 Java，指的是 Sun 公司在 1995 年 5 月推出的一套编程架构，它主要由 Java 程序设计语言(以后简称 Java 语言)和 Java 运行时环境两部分组成。用 Java 实现的 HotJava 浏览器(支持 Java Applet)向我们展示了 Java 语言的魅力：跨平台、动态的 Web、Internet 计算。当时，人们通过 HotJava 浏览器上运行的 Java Applet 程序，看到了 Java 是一门具有跨平台能力的程序设计语言，因而在动态 Web 开发、Internet 计算领域有着巨大的潜力。从那以后，Java 便被广大程序员和企业用户广泛接受，成为受欢迎的编程语言之一。

　　当然，Java 程序需要在 Java 平台的支持下运行，Java 平台则主要由 Java 虚拟机(Java Virtual Machine，JVM)和 Java 应用编程接口(Application Programming Interface，API)构成。我们需要在自己的设备上安装一个 Java 平台之后，才能运行 Java 应用程序。关于这一点，读者倒是不必太担心，如今所有操作系统都有了相应版本的 Java 平台，我们只需要按照相关的指示安装好它们，然后我们的 Java 程序只需要编译一次，就可以在各种操作系统中运行。

　　Java 分为以下 3 个体系。

> JavaSE：Java 2 Platform Standard Edition 的缩写，即 Java 平台标准版，涵盖了 Java 语言的大多数功能，本书将以 JavaSE 平台进行讲解。

> JavaEE：Java 2 Platform Enterprise Edition 的缩写，即 Java 平台企业版，主要用于开发企业级程序。

> JavaME：Java 2 Platform Micro Edition 的缩写，即 Java 平台微型版，主要用于开发移动设备端的程序。

1.1.2 Java 的特点

> 语法简单。Java 语言的语法与 C/C++语言十分接近，这样大多数程序员可以很容易地学习和使用 Java。另外，Java 还丢弃了 C++中很少使用的、很难理解的那些特性，如操作符重载、多继承、自动强制类型转换等。并且令广大学习者高兴的

是，Java 不再使用指针，学习者再也不用为指针发愁了。除此之外，Java 还为我们提供了垃圾回收机制，使得程序员不必再为内存管理而担忧。

- 支持面向对象。Java 语言支持类、接口和继承等特性。为简单起见，Java 支持类之间的单继承和接口之间的多继承，也支持类与接口之间的实现机制。总之，Java 语言是一门纯粹面向对象的程序设计语言。
- 支持分布式开发。Java 语言支持 Internet 应用开发，在基本的 Java 应用编程接口中有一个网络应用编程接口(java.net)，这个接口提供了用于网络应用编程的类库，包括 URL、URLConnection、Socket、ServerSocket 等。Java 的 RMI(远程方法激活)机制也是开发分布式应用的重要手段。
- 健壮性。Java 的强类型、异常处理、垃圾回收等机制保证了 Java 程序的健壮性。另外，Java 的安全检查机制对保证其程序的健壮性也有相当程度的作用。
- 安全性。由于程序员通常需要在网络环境中使用 Java 语言，所以，Java 必须要为我们提供一套安全机制以防止程序被恶意代码攻击。Java 语言除了具有许多安全特性以外，还为网络下载应用提供了安全防范机制(ClassLoader 类)。例如，通过分配不同的名字空间可以防止本地类被外来的同名类意外替代。另外，其字节代码检查和安全管理机制(SecurityManager 类)在 Java 应用程序中也起到了"安全哨兵"的作用。

1.1.3　Java 语言的地位

"TIOBE 编程语言社区排行榜"是众多编程语言爱好者心目中的权威参考，TIOBE 的网站地址是 https://www.tiobe.com/tiobe-index/。TIOBE 榜单每月更新一次，它的排名客观公正地展示了各门编程语言的地位。TIOBE 排行榜的排名基于互联网上有经验的程序员、课程和第三方厂商的数量，TIOBE 编程语言社区排名使用著名的搜索引擎(诸如 Google、MSN、Yahoo!、Wikipedia、YouTube 以及 Baidu 等)进行计算。都说"长江后浪推前浪，一浪更比一浪强"，但是在编程江湖的榜单中，Java 和 C 语言的"二人转"已经上演了多年，程序员们也早已习惯了 C 语言和 Java 的二人转局面。截至 2018 年 9 月，Java 语言和 C 语言依然是最大的赢家。表 1-1 是 2017—2018 年榜单中的前两名排名信息。

表 1-1　2017—2018 年语言使用率统计表

2018 年排名	2017 年排名	语言	2018 年占有率(%)	和 2017 年相比(%)
1	1	Java	17.436	+4.75
2	2	C	15.447	+8.06

由表 1-1 的统计数据可以看出，2017 年和 2018 年 Java 语言一直位居榜首。

1.2 面向对象编程思想

在具体学习本章内容之前，我们需要先弄清楚什么是面向对象，掌握面向对象编程思想是学好Java语言的前提。在本节的内容中，将讲解Java和面向对象的基础知识。

↑扫码看视频

1.2.1 什么是面向对象

在目前的软件开发领域有两种主流的开发方法，分别是结构化开发方法和面向对象开发方法。早期的编程语言如 C、Basic、Pascal 等都是结构化编程语言，随着软件开发技术的逐渐发展，人们发现面向对象可以提供更好的可重用性、可扩展性和可维护性，于是催生了大量的面向对象编程语言，如 C++、Java、C#和 Ruby 等。

目前一般认为，面向对象编程(Object-Oriented Programming，OOP)起源于 20 世纪 60 年代的 Simula 语言，发展至今，它已经是一种理论十分完善，并被多种面向对象程序设计语言(Object-Oriented Programming Language，OOPL)实现的技术了。由于很多原因，国内大部分程序设计人员并没有很深的 OOP 以及 OOPL 理论，对纯粹的 OOP 思想以及动态类型语言更是知之甚少。

对象的产生通常基于两种基本方式，分别是以原型对象为基础产生新对象和以类为基础产生新对象。

1.2.2 Java 的面向对象编程

面向对象编程方法是 Java 编程的指导思想。在使用 Java 进行编程时，应该首先利用对象建模技术(OMT)来分析目标问题，抽象出相关对象的共性，对它们进行分类，并分析各类之间的关系；然后再用类描述同一类对象，归纳出类之间的关系。Coad 和 Yourdon(Coad/Yourdon 方法由 P. Coad 和 E. Yourdon 于 1990 年推出，所以 Coad 是指 Peter Coad，而 Yourdon 是指 Edward Yourdon)在对象建模技术、面向对象编程和知识库系统的基础之上设计的一整套面向对象的方法，具体来说分为面向对象分析(OOA)和面向对象设计(OOD)，它们共同构成了系统设计的过程。

1.3　搭建 Java 开发环境

"工欲善其事，必先利其器"，这一说法也同样适用于编程领域，因为学习 Java 开发也离不开一款好的开发工具。在使用开发工具进行 Java 开发之前，我们需要先安装 JDK，并对其进行相关设置。

↑扫码看视频

1.3.1　安装 JDK

在进行任何 Java 开发之前，我们都必须先安装 JDK，并配置好相关的环境，这样我们才能开始在自己的计算机中编译并运行 Java 程序。很显然，JDK(Java Development Kit)是我们整个 Java 开发环境的核心，它包括 Java 运行环境(简称 JRE)、Java 工具和 Java 基础的类库，这是开发和运行 Java 环境的基础，所以，接下来我们首先要获得与自己当前所用操作系统对应的 JDK，具体操作如下。

第 1 步　虽然 Java 语言是 Sun 公司发明的，但是 Sun 公司已经被 Oracle 收购，所以要安装 JDK，首先得在 Oracle 中文官方网站上找到相关的下载页面。其网址是 http://www.oracle.com/cn/downloads/index.html，如图 1-1 所示。

第 2 步　在该页面上单击 Java SE 链接，如图 1-2 所示。

图 1-1　Oracle 官方下载页面　　　　图 1-2　单击 Java SE 链接

第 3 步　进入 Java SE 下载页面，如图 1-3 所示。

第 4 步　继续单击 Oracle JDK 下方的 DOWNLOAD 按钮进入 JDK 下载页面，如图 1-4 所示。

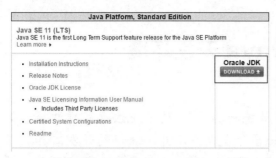

图 1-3　Java SE 下载页面　　　　　　　　　　图 1-4　JDK 下载页面

第5步 在图 1-4 中我们会看到有很多版本的 JDK，这时就需要根据自己当前所用的操作系统来下载相应的版本了。下面我们对各版本对应的操作系统做个具体说明。

➢ Linux: 基于 64 位 Linux 系统，官网目前提供了 bin.tar.gz 和 bin.rpm 两个版本的下载包。

➢ Mac OS: 苹果操作系统。

➢ Windows x64: 基于 x86 架构的 64 位 Windows 系统。

➢ Solaris SPARC: Oracle 官方自己的服务器系统。

智慧锦囊

随着官方对 Java 11 的更新，官方可能会对上述不同系统分别推出 32 位版本和 64 位版本，读者可以随时关注官网的变化。例如:

① Linux x86: 基于 x86 架构的 32 位 Linux 系统。

② Windows x86: 基于 x86 架构的 32 位 Windows 系统。

因为笔者电脑的操作系统是 64 位的 Windows 系统，所以在勾选了图 1-4 中的 Accept License Agreement 单选按钮后，单击的是 Windows 后面的 jdk-11.0.4_windows-x64_bin.exe 链接。如果下载的版本和自己电脑的操作系统不匹配，后续在安装 JDK 时就会失败。

第6步 待下载完成后，双击下载的.exe 文件，开始进行安装，将弹出安装向导对话框，单击"下一步"按钮，如图 1-5 所示。

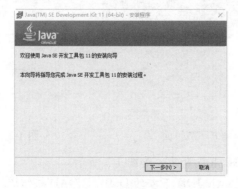

图 1-5　安装向导对话框

第 7 步 弹出定制安装对话框，我们可以在此选择 JDK 的安装路径，笔者设置的安装路径是 "C:\Program Files\Java\jdk-11\"，如图 1-6 所示。

第 8 步 设置好安装路径后，我们继续单击"下一步"按钮，安装程序就会提取安装文件并进行安装，如图 1-7 所示。

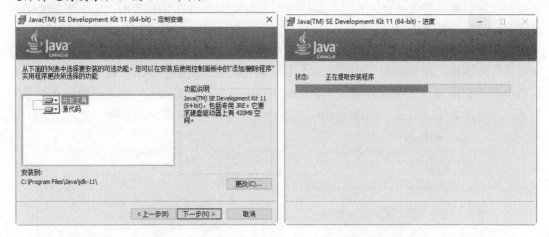

图 1-6 "定制安装"对话框　　　　　　　　图 1-7 提取文件并安装

第 9 步 安装程序在完成上述过程后会弹出完成对话框，单击"关闭"按钮即可完成整个安装过程，如图 1-8 所示。

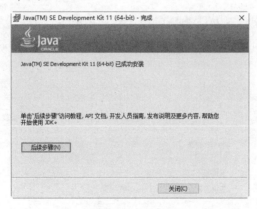

图 1-8 完成安装

第 10 步 最后，我们要来检测一下 JDK 是否真的安装成功了。具体做法是依次选择"开始"|"运行"命令，在弹出的"运行"对话框中输入"cmd"并单击"确定"按钮，在打开的 CMD 窗口中输入"java –version"，如果显示如图 1-9 所示的提示信息，则说明安装成功。

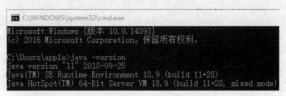

图 1-9 CMD 窗口

1.3.2 配置开发环境——Windows 7

如果在 CMD 窗口中输入"java –version"后提示出错信息，则表明 Java 并没有完全安装成功。这时候只需将其目录的绝对路径添加到系统的 PATH 中即可解决。下面就介绍该解决办法的具体操作。

(1) 右击"我的电脑"图标，在弹出的快捷菜单中选择"属性"命令，弹出"高级系统设置"对话框，在下面的"环境变量"中单击"新建"按钮，弹出"编辑系统变量"对话框，在"变量名"文本框中输入"JAVA_HOME"，在"变量值"文本框中输入刚才的目录，比如笔者使用的是"C:\Program Files\Java\jdk-11\"，如图 1-10 所示。

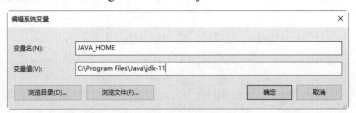

图 1-10　设置系统变量

(2) 再新建一个变量，名为 PATH，其变量值如下所示，注意最前面有一个英文格式的点和一个分号。

```
.;%JAVA_HOME%\lib;%JAVA_HOME%\lib\tools.jar
```

单击"确定"按钮找到 PATH 变量，单击"编辑"按钮，在"变量值"文本框中添加如下值。

```
%JAVA_HOME%/bin;
```

具体如图 1-11 所示。

图 1-11　设置系统变量

1.3.3 配置开发环境——Windows 10

如果读者使用的是 Windows 10 系统，在设置系统变量 PATH 时，操作会和上面的步骤有所区别。因为在 Windows 10 系统中，选中 PATH 变量并单击"编辑"按钮后，会弹出一个与之前 Windows 系统不同的"编辑环境变量"对话框，如图 1-12 所示。我们需要单击右侧的"新建"按钮，然后才能添加 JDK 所在的绝对路径，而不能用前面步骤中使用的"%JAVA_HOME%"，此处需要分别添加 Java 的绝对路径。例如，笔者的安装目录是"C:\Program Files\Java\jdk-11\"，所以需要分别添加以下两个变量值。

```
C:\Program Files\Java\jdk-11\bin
C:\Program Files (x86)\Common Files\Oracle\Java\javapath
```

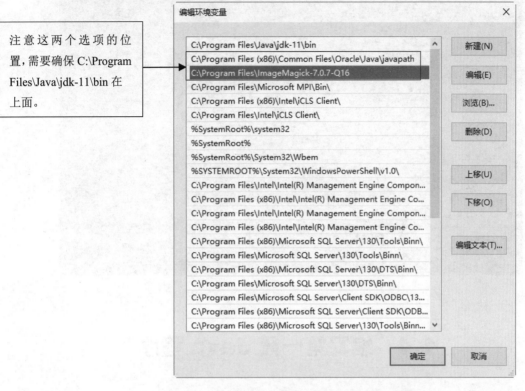

注意这两个选项的位置，需要确保 C:\Program Files\Java\jdk-11\bin 在上面。

图 1-12　Windows 10 系统添加绝对路径的变量值

智慧锦囊

　　在图 1-12 所示的对话框中，一定要确保 "C:\Program Files\Java\jdk-11\bin" 选项在 "C:\Program Files (x86)\Common Files\Oracle\Java\javapath" 选项的前面（上面），否则会出错。

　　完成上述操作后，再依次选择 "开始" ｜ "运行" 命令，在弹出的 "运行" 对话框中输入 "cmd" 并单击 "确定" 按钮，然后在打开的 CMD 窗口中输入 "java –version"，则显示如图 1-13 所示的提示信息，输入 "javac" 会显示如图 1-14 所示的提示信息，这就说明 Java 安装成功了。

图 1-13　输入 "java – version"

图 1-14 输入 "javac"

1.4 编写第一段 Java 程序

在完成 Java 开发环境的安装和配置之后，我们就要开始编写一段 Java 程序了。然后，我们还要编译和运行这段 Java 程序。下面就正式开始我们的 Java 编程之旅吧。

↑扫码看视频

1.4.1 第一段 Java 代码

现在，让我们打开记事本程序，并在其中输入下面的代码：

```
public class first{
    /*这是一个 main 方法*/
    public static void main(String [] args){
        /* 输出此消息 */
        System.out.println("第一段 Java 程序！");
    }
}
```

然后我们将该文件保存为 first.java，请注意，该文件名 "first.java" 中的字符 "first" 一定要和代码行 "public class first" 中的字符 "first" 一致，并且字母大小写也必须完全一致，否则后面的编译步骤将会失败，如图 1-15 所示。

```
first.java - 记事本
文件(F)  编辑(E)  格式(O)  查看(V)  帮助(H)
public class first{
    /*这是一个 main 方法*/
    public static void main(String [] args){
        /* 输出此消息 */
        System.out.println("第一段Java程序！");
    }
}
```

图 1-15　用记事本编辑文件 first.java

知识精讲

可以编写 Java 程序的编辑器

　　我们可以使用任何无格式的纯文本编辑器来编辑 Java 源代码，在 Windows 操作系统中可以使用记事本(NotePad)、EditPlus 等程序；在 Linux 平台上可使用 vi 命令等。但是不能使用写字板和 Word 等文档编辑器来编写 Java 程序。因为写字板和 Word 等工具是有格式的编辑器，当我们使用它们编辑一份文档时，这个文档中会包含一些隐藏的格式化字符，这些隐藏字符会导致程序无法正常编译和运行。

1.4.2　关键字

　　关键字指的是 Java 系统保留使用的标识符，也就是说这些标识符只有 Java 系统才能使用，程序员不能使用这样的标识符。例如，在 first.java 中，public 就是一个关键字。下面我们通过一张表来具体看一下 Java 中到底有哪些关键字，如表 1-2 所示。

表 1-2　Java 中的关键字

abstract	boolean	break	byte	case	catch	char	class	const	continue
default	do	double	else	extends	final	finally	float	for	goto
if	implements	import	instanceof	int	interface	long	nafive	new	package
private	protected	public	return	short	static	strictfp	super	switch	synchronized
this	throw	throws	transient	try	void	volatile	while	assert	

　　还要注意，true、false 和 null 也是 Java 中定义的特殊字符，虽然它们不属于关键字，但也不能被用作类名、方法名和变量名等。另外，表中的 goto 和 const 是两个保留字(reserved word)，保留字的意思是 Java 现在还未使用这两个单词作为关键字，但可能在未来的 Java 版本中会将这两个单词作为关键字。

1.4.3 标识符

标识符指的是赋予类、方法或变量的名称，在 Java 语言中，通常会用标识符来识别类名、变量名、方法名、数组名和文件名。例如，在 first.java 中，代码行 "public class first"中的 "first" 就是一个标识符，它标识的是一个类，该类被命名为 "first"。

按照 Java 的语法规定，标识符可以由大小写字母、数字、美元符号($)组成，但不能以数字开头，标识符没有最大长度限制，如下面这些都是合法的标识符。

```
Chongqin$
D3Tf
Two
$67.55
```

关于标识符的合法性，主要可以参考下面 4 条规则。

➢ 标识符不能以数字开头，如 7788。
➢ 标识符中不能出现规定以外的字符，如 You're、deng@qq.com。
➢ 标识符中不能出现空格。
➢ 标识符中只能出现美元字符$，而不能包含@、#等特殊字符。

由于标识符是严格区分大小写的，因此在 Java 中，no 和 No 是完全不同的，除此之外，还需要注意的是，虽然$符号在语法上是被允许使用的，但在编码规范中建议读者尽量不要使用它，因为它是很容易产生混淆的。

知识精讲

① 在 Java 8 版本中，如果在标识符中使用了下划线 "_"，那么 Java 编译器会将其标记为警告。如果在 lambda(正则)表达式中使用了下划线 "_"，则直接将其标记为错误。
② 在 Java 10 版本中，任何情况下使用下划线 "_" 都会被标记为错误。

1.4.4 注释

代码中的注释是程序设计者与程序阅读者之间的通信桥梁，它可以最大限度地提高团队开发的效率。另外，注释也是程序代码可维护性的重要环节之一。所以程序员不能为写注释而写注释，应该以提高代码的可读性和可维护性而写注释。

因为注释不会影响程序的运行，和程序代码的功能无关，所以即使没有注释，也不会妨碍程序的功能，尽管如此，我们还是建议读者养成在代码中添加注释的习惯。在 Java 程序中有以下三种添加注释的方式。

(1) 单行(single-line)注释：使用双斜杠 "//" 写一行注释内容。
(2) 块(block)注释：使用 "/*……*/" 格式(以单斜杠和一个星号开头，以一个星号和单斜杠结尾)可以写一段注释内容。
(3) 文档注释：使用 "/**……*/" 格式(以单斜杠和两个星号开头，以一个星号和单斜杠结尾)可以生成 Java 文档注释，文档注释一般用于方法或类。

1.4.5 main()方法

在 Java 语言中，main()方法被认为是其应用程序的入口方法。也就是说，在运行 Java 程序的时候，第一个被执行的方法就是 main()方法。这个方法和 Java 中的其他方法有很大的不同，比如方法的名字必须是 main，方法的类型必须是 public static void，方法的参数必须是一个 String[]类型的对象等。例如，在前面的 first.java 中，main()方法就负责整个程序的加载与运行。如果一个 Java 程序没有 main()方法，该程序就没法运行。

1.4.6 控制台的输入和输出

控制台(Console)的专业名称是命令行终端，是无图形界面程序的运行环境，它会显示程序在运行时输入/输出的数据。我们在图 1-13 中看到的就是控制台在输入"java‑version"之后所显示的信息。当然，控制台程序只是众多 Java 程序中的一类，本书前面章节的实例都是控制台程序。例如，first.java 就是一个控制台程序，执行后会显示一个控制台界面效果，如图 1-16 所示。具体执行方法请看本章后面的内容。

图 1-16 执行效果是一个控制台界面

在 Java 语言中，通常使用 System.out.println()方法将需要输出的内容显示到控制台中。例如，在前面的实例 first.java 中，使用以下代码在控制台输出文本"第一段 Java 程序！"。

```
System.out.println("第一段 Java 程序！");
```

1.4.7 编译 Java 程序

在运行 Java 程序之前，首先要将它的代码编译成可执行的程序，为此，需要用到 javac 命令。由于前面已经把 javac 命令所在的路径添加到了系统的 PATH 环境变量中，因此现在可以直接调用该命令来编译 Java 程序了。另外，如果直接在命令行终端输入 javac 命令，其后面不跟任何选项和参数，则会输出大量与 javac 命令相关的帮助信息，读者在使用 javac 命令时可以参考这些帮助信息。在这里，我们建议初学者掌握 javac 命令的以下用法：

```
javac -d destdir srcFile
```

在上面的命令中，-d 是 javac 命令的选项，功能是指定编译生成的字节码文件的存放路径(即 destdir)，在这里，destdir 必须是本地磁盘上的一个合法有效路径。而 srcFile 则表示的是 Java 源文件所在的路径,该路径既可以是绝对路径,也可以是相对路径。通常,我们总是会将生成的字节码文件放在当前路径下,当前路径可以用点"."来表示。因此,如果以之前的 first.java 为例,我们可以先进入它所在的路径,然后输入如下编译命令:

```
javac -d . first.java
```

假设 first.java 所在的路径为"C:\Users\apple",则整个编译过程在 CMD 控制台界面中的效果如图 1-17 所示。运行上述命令后会在该路径下生成一个编译后的文件 first.class,如图 1-18 所示。

图 1-17　CMD 中的编译过程　　　　　　　图 1-18　生成 first.class 文件

1.4.8　运行 Java 代码

待完成编译之后,就需要用 java 命令来运行程序了。关于该命令,我们同样可以通过在命令行终端直接输入不带任何参数或选项的 java 命令来获得其帮助信息,在这里,我们需要用到的 java 命令的格式如下:

```
java <main_class_name>//<main_class_name>表示 java 程序中的类名
```

请一定要注意,java 命令后的参数应是该 Java 程序的主类名(即其 main 方法所在的类),它既不是字节码文件的文件名,也不是 Java 源文件名。例如,我们可以在命令行终端进入 first.class 所在的路径,输入如下命令:

```
java first
```

上面的命令会输出如下结果:

```
第一段 Java 程序!
```

在控制台的完整编译和运行效果如图 1-19 所示。

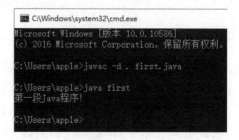

图 1-19　在控制台的完整编译和运行效果

需要提醒的是,初学者经常容易忘记 Java 是一门区分大小写的语言。例如,在下面的命令中,我们错误地将 first 写成了 First,就会造成命令失败导致异常。

```
java First
```

1.5　实践案例与上机指导

通过本章的学习，读者基本可以掌握 Java 语言的基础知识。其实 Java 语言的基础知识还有很多，这需要读者通过其他渠道来深入学习。下面通过练习操作，以达到巩固学习、拓展提高的目的。

↑扫码看视频

1.5.1　最受欢迎的工具——Eclipse

Eclipse 是一款著名的集成开发环境(IDE)，最初主要用于 Java 语言的开发，但由于其本身同时是一个开放源码的框架，后来陆续有人通过插件的形式将其扩展成了支持 Java、C/C++、Python、PHP 等主要编程语言的开发平台。目前，Eclipse 已经成为最受 Java 开发者欢迎的集成开发环境。

Eclipse 本身附带一个标准的插件集，它们是 Java 开发工具(Java Development Tools，JDT)。当然，Eclipse 项目的目标是致力于开发一个全功能的、具有商业品质的集成开发环境。下面是软件开发者经常会用到的 4 个组件。

➤ Eclipse Platform：一个开放的可扩展 IDE，提供了一个通用的开发平台。
➤ JDT：支持 Java 开发。
➤ CDT：支持 C 开发。
➤ PDE：支持插件开发。

启动 Java 版 Eclipse 后的界面如图 1-20 所示。

图 1-20　Eclipse 启动界面

1.5.2　获得并安装 Eclipse

Eclipse 是一个免费的开发工具，用户只需去其官方网站下载即可，具体操作过程如下。

第1步 打开浏览器，在地址栏中输入网址 "http://www.eclipse.org/"，然后单击右上角的 DOWNLOAD 按钮，如图 1-21 所示。

图 1-21 Eclipse 官网首页

第2步 Eclipse 的官网会自动检测用户当前电脑的操作系统，并提供对应版本的下载链接。例如，笔者的电脑是 64 位 Windows 系统，所以会自动显示 64 位 Eclipse 的下载按钮，如图 1-22 所示。

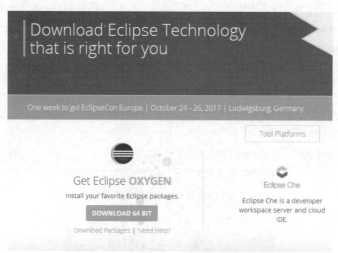

图 1-22 自动显示 64 位的 Eclipse

第3步 单击 DOWNLOAD 64 BIT 按钮，弹出如图 1-23 所示的页面。单击 Select Another Mirror 选项，会在下方看到许多镜像下载地址。

第4步 读者既可以根据自身情况选择一个镜像下载地址，也可以直接单击上方的 DOWNLOAD 按钮进行下载。下载完成后会得到一个.exe 格式的可运行文件，双击这个文件就可以开始安装 Eclipse 了。安装程序首先会弹出一个安装界面，如图 1-24 所示。

图 1-23　下载页面

图 1-24　Eclipse 安装界面

第 5 步 安装程序会显示一个选择列表框，其中显示了不同版本的 Eclipse，在此读者需要根据自己的情况选择要下载的版本，如图 1-25 所示。

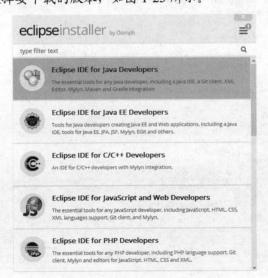

图 1-25　不同版本的 Eclipse

第6步 因为本书将使用 Eclipse 开发 Java 项目，所以只需选择 Eclipse IDE for Java Developers 选项即可。安装程序会弹出安装目录界面，我们可以在此设置 Eclipse 的安装目录，如图 1-26 所示。

图 1-26　设置 Eclipse 的安装目录

第7步 设置好路径之后，单击 INSTALL 按钮，弹出协议对话框，只需单击下方的 Accept Now 按钮继续安装即可，如图 1-27 所示。

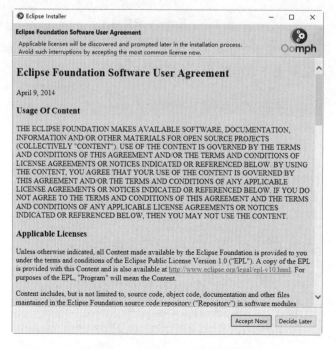

图 1-27　单击 Accept Now 按钮

第 8 步　此时会看到一个安装进度条，这说明安装程序开始正式安装 Eclipse 了，如图 1-28 所示。安装过程通常会比较慢，需要耐心等待。

图 1-28　开始安装

第 9 步　安装完成之后，会在其下方显示一个 LAUNCH 按钮，如图 1-29 所示。

图 1-29　显示一个 LAUNCH 按钮

第 10 步　单击 LAUNCH 按钮，就可以启动 Eclipse 了。Eclipse 会在首次运行时弹出设置 Workspace(工作空间)的对话框，在此可以设置一个自己常用的本地路径作为 Workspace，

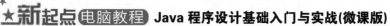

如图 1-30 所示。

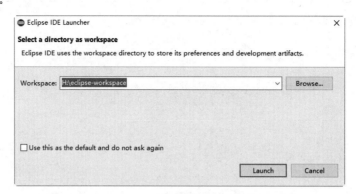

图 1-30　设置工作空间

1.5.3　新建一个 Eclipse 项目

第 1 步　打开 Eclipse，在菜单栏中依次选择 File | New | Java Project 命令，新建一个项目，如图 1-31 所示。

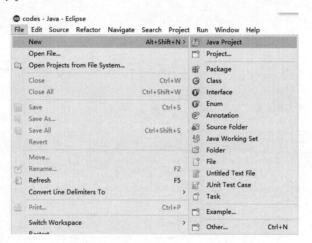

图 1-31　选择 Java Project 命令

第 2 步　打开 New Java Project 对话框，在 Project name 文本框中输入项目名称，如输入"one"，其他选项保持默认设置即可，最后单击 Finish 按钮，如图 1-32 所示。

第 3 步　在 Eclipse 左侧的 Package Explorer 面板中，右击工程名称 one，在弹出的快捷菜单中选择 New | Class 命令，如图 1-33 所示。

第 4 步　打开 New Java Class 对话框，在 Name 文本框中输入类名，如"First"，并分别选中 public static void main(String[] args)和 Inherited abstract methods 复选框，如图 1-34 所示。

第 5 步　单击 Finish 按钮后，Eclipse 会自动打开刚刚创建的类文件 First.java，如图 1-35 所示。此时会发现 Eclipse 会自动创建一些 Java 代码，提高了开发效率。

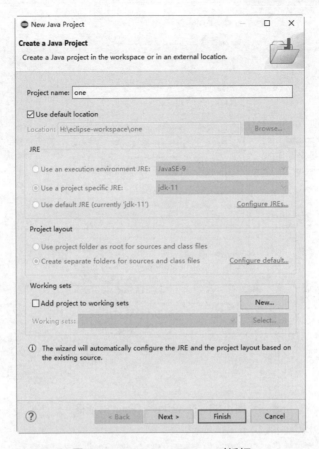

图 1-32　New Java Project 对话框

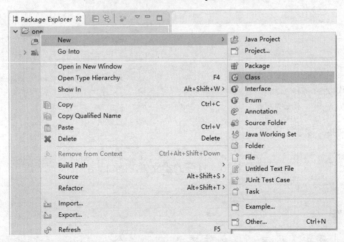

图 1-33　选择 Class 命令

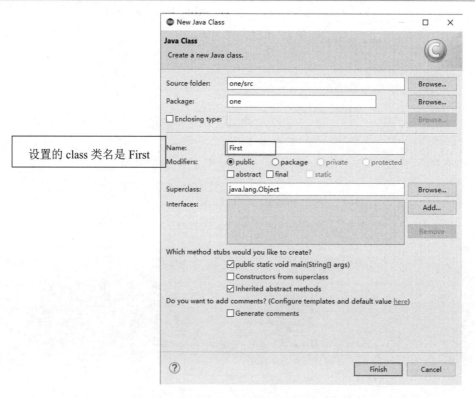

图 1-34　New Java Class 对话框

设置的 class 类名是 First

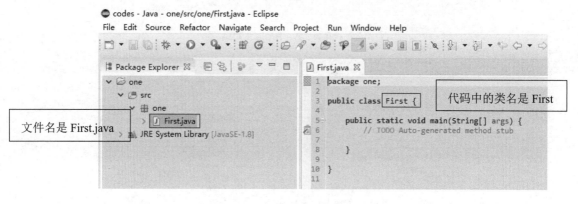

文件名是 First.java

代码中的类名是 First

图 1-35　打开的类文件 First.java

 智慧锦囊

　　在上面的步骤中，设置的类文件名是 First，会在 Eclipse 工程中创建一个名为 First.java 的文件，并且文件里面的代码也体现出类名 First。在图 1-34 和图 1-35 中标注的 3 个 First 必须大小写完全一致，否则程序就会出错。

第 6 步　在自动生成的代码中添加如下一行 Java 代码：

```
System.out.println("第一段 Java 程序！");
```

添加后的效果如图 1-36 所示。

```java
package one;

public class First {

    public static void main(String[] args) {
        // TODO Auto-generated method stub
        System.out.println("第一段Java程序! ");
    }

}
```

图 1-36　添加一行代码

刚刚创建的项目 one 在我们的 workspace 目录中，打开这个目录，会发现里面有自动生成的文件夹和文件，如图 1-37 所示。

.settings	2018/10/9 23:20	文件夹
bin	2018/10/9 23:21	文件夹
src	2018/10/9 23:21	文件夹
.classpath	2018/10/9 23:20	CLASSPATH 文件
.project	2018/10/9 23:20	PROJECT 文件

图 1-37　项目 one 在 workspace 目录中的文件

1.5.4　编译并运行 Eclipse 项目

第 1 步　编译代码的方法非常简单，只需单击 Eclipse 工具栏中的 ⊙ 按钮即可编译运行当前的 Java 项目。例如，选择本章 1.5.3 节中的项目 one，单击 ⊙ 按钮后会成功编译并运行这个项目，执行效果如图 1-38 所示。

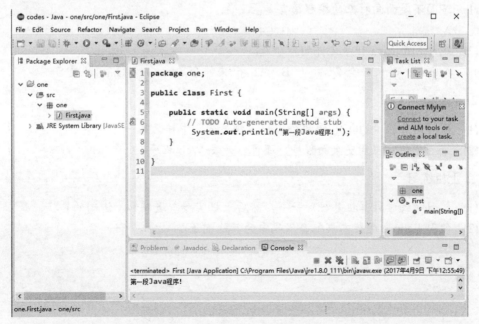

图 1-38　Eclipse 执行效果

第2步 如果在一个项目工程中有多个.java 文件,而我们只想编译调试其中的某一个文件,这时应该怎样实现呢?可以右击要运行的 Java 文件,如 First.java,然后在弹出的快捷菜单中依次选择 Run As | Java Application 命令,此时便只会运行文件 First.java,执行效果和前面的完全一样,如图1-39所示。

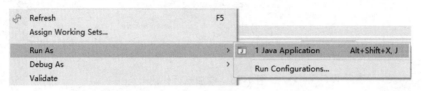

图 1-39 选择 Run As | Java Application 命令

第3步 编译完成后,Eclipse 会在 one 项目工程目录下自动生成编译后的文件 First.class,具体位置是 one/bin/one/First.class。这就说明在 Eclipse 运行 Java 程序时,也需要先编译 Java 文件生成.class 文件,然后运行的是被编译后的文件 First.class。

1.6 思考与练习

本章首先介绍Java 语言的发展历程和体系架构知识,然后详细阐述了Java 语言的特点,并且介绍了搭建 Java 开发环境的知识。通过本章的学习,读者应该熟悉 Java 语言的基础知识,并掌握它们的使用方法和技巧。

1. 选择题

(1) 下面不是面向对象的编程语言是( )。

A. Java   B. C++   C. C

(2) 编译一个 Java 程序文件的命令是( )。

A. javac -d .文件全名   B. java -d .文件全名   C. java 类名

2. 判断题

(1) Java 语言在"TIOBE 编程语言社区排行榜"中排名第一。   (   )

(2) Java 不但可以开发桌面程序,还可以开发 Web 程序。   (   )

3. 上机练习

(1) 学习《大学计算机基础》一书,然后上机实践二进制和十进制的转换。

(2) 使用 Eclipse 运行本书配套代码中的其他例子。

新起点
电脑教程

第 2 章

Java 语言基础语法

本章主要内容

和其他编程语言一样，学习 Java 也要学习语法知识，如变量、常量、运算符和数据类型等。在本章中，将讲解 Java 语言的基本语法知识，主要包括量、数据类型、标识符、关键字、运算符、表达式、字符串和注释等方面的知识，为读者学习本书后面的知识奠定基础。

2.1 常量和变量

量是用来传递数据的介质,有着十分重要的作用。在 Java 语言中的量既可以是固定不变的,也可以是变化的。根据是否可变,可以将 Java 中的量分为常量和变量。在接下来的内容中,将详细讲解 Java 语言中常量和变量的基本知识。

↑扫码看视频

2.1.1 常量

永远不变的量就是常量,常量的值不会随着时间的变化而发生改变,在程序中通常用来表示某一固定值的字符或字符串。在 Java 程序中,经常用大写字母来表示常量名,具体格式如下所示。

```
final double PI=value;
```

在上述代码中,PI 是常量的名称,value 是常量的值。

 实例 2-1: 定义几个 Java 常量
　　　　　源码路径: daima\2\ding.java

实例文件 ding.java 的主要实现代码如下所示。

```
public class Math {
    //下面开始定义各种数据类型的常量
    public final double PI = 3.1415926;
    public final int aa = 24;
    public final int bb = 36;
    public final int cc = 48;
    public final int dd = 60;
    public String str1="hello";
    public String str2="aa";
    public String str3="bb";
    public String str4="cc";
    public String str5="dd";
    public String str6="ee";
    public String str7="ff";
    public String str8="gg";
    public String str9="hh";
    public String str10="ii";
    public Boolean mm=true;
    public Boolean nn=false;
}
```

在上述代码中,分别定义了不同类型的常量,既有 double 类型,也有 int 类型,还有 String 类型和 Boolean 类型。

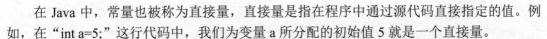

在 Java 中，常量也被称为直接量，直接量是指在程序中通过源代码直接指定的值。例如，在"int a=5;"这行代码中，我们为变量 a 所分配的初始值 5 就是一个直接量。

并不是所有数据类型都可以指定直接量，能指定直接量的通常只有 3 种类型：基本类型、字符串类型和 null 类型。具体来说，Java 支持以下 8 种类型的直接量。

> int 类型的直接量：在程序中直接给出的整型数值，可分为十进制、八进制和十六进制 3 种，其中八进制需要以 0 开头，十六进制需要以 0x 或 0X 开头，如 123、012(对应十进制的 10)、0x12(对应十进制的 18)等。

> long 类型的直接量：在整数数值后添加 l(字母)或 L 后就变成了 long 类型的直接量，如 3L，0x12L(对应 10 进制的 18L)等。

> float 类型的直接量：在一个浮点数后添加 f 或 F 就是 float 类型的直接量，这个浮点数既可以是标准小数形式，也可以是科学记数法形式，如 5.34F、3.14E5f。

> double 类型的直接量：直接给出一个标准小数形式或者科学记数法形式的浮点数就是 double 类型的直接量，如 5.34、3.14E5。

> boolean 类型的直接量：该类型的直接量只有两个，即 true 和 false。

> char 类型的直接量：该类型的直接量有 3 种形式，分别是用单引号括起的字符、转义字符和 Unicode 值表示的字符，如'a'、'\n'和'\u0061'。

> String 类型的直接量：一个用双引号括起来的字符序列就是 String 类型的直接量。

> null 类型的直接量：该类型的直接量只有一个值，即 null。

在上面 8 种类型的直接量中，null 类型是一种特殊类型，它只有一个值，即 null，而且这个直接量可以赋给任何引用类型的变量，用以表示这个引用类型变量中保存的地址为空，即还未指向任何有效对象。

2.1.2　变量

在 Java 程序中，变量是指在程序的运行过程中其值会随时发生变化的量。在声明变量时都必须为其分配一个类型，在程序的运行过程中，变量空间内的值是发生变化的，这个内存空间就是变量的实质。为了操作方便，给这个空间取了个名字，称为变量名。但是即使申请了内存空间，变量也不一定有值。要想让变量有值，就必须要放入一个值。在申请变量的时候，无论是什么样的数据类型，它们都会有一个默认的值，如 int 数据变量的默认值是 0，char 数据变量的默认值是 null，byte 数据变量的默认值是 0。

在 Java 程序中，声明变量的基本格式与声明常量的方式有所不同，具体格式如下所示。

```
typeSpencifier varName=value;
```

> typeSpencifier：可以是 Java 语言中所有合法的数据类型，这和常量是一样的。

> varName：变量名，变量和常量的最大区别在于，value 的值是可有可无的，还可以对其进行动态初始化。

Java 中的变量分为局部变量和全局变量两种，具体说明如下。

1. 局部变量

局部变量，顾名思义，就是在一个方法块或者一个函数内起作用，超过这个范围，它

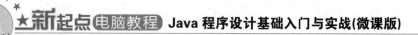

将没有任何作用。由此可以看出，变量在程序中是随时可以改变的，随时都在传递着数据。

 实例 2-2： 用变量计算三角形、正方形和长方形的面积

源码路径：daima\2\PassTest.java

实例文件 PassTest.java 的主要实现代码如下所示。

```
public static void main(String args[]){
        //计算三角形面积
①      int a3=12,b3=34;              //赋值 a3 和 b3
②      int s3=a3*b3/2;               //面积公式
        //输出结果
③      System.out.println("三角形的面积为"+s3);
        //计算正方形面积
④      double a1=12.2;              //赋值 a1
⑤      double s1=a1*a1;            //面积公式
//输出结果
⑥          System.out.println("正方形的面积为"+s1);
            //计算长方形面积
⑦          double a2=388.1,b2=332.3;   //赋值 a2 和 b2
⑧          double s2=a2*b2;            //面积公式
⑨          System.out.println("长方形的面积为"+s2);              //输出结果
}
```

①、②定义两个 int 类型变量 a3 和 b3 并赋值，设置变量 s3 的值是 a3 乘以 b3 然后除以 2。

③、⑥、⑨分别使用 println()函数打印输出变量 s3、s1 和 s2 的值。

④、⑤分别定义两个 double 类型的变量 a1 和 s1，设置 a1 的初始值是 12.2，设置 s1 的值是 a1 的平方。

⑦定义两个 double 类型的变量 a2 和 b2，设置 a2 的初始值是 388.1，设置 b2 的初始值是 332.3。

⑧定义一个 double 类型的变量 s2，并设置其初始值是 a2 乘以 b2。

执行后的效果如图 2-1 所示。

```
三角形的面积为204
正方形的面积为148.83999999999997
长方形的面积为20050.03
```

图 2-1 执行效果

2. 全局变量

明白了局部变量后就不难理解全局变量了，其实它就是比局部变量的作用区域更大的变量，能在整个程序内起作用。

 实例 2-3： 输出设置的变量值

源码路径：daima\2\Quan.java

实例文件 Quan.java 的主要实现代码如下所示。

```
public class Quan {
    //下面分别定义变量 x、y、z、z1、a、b、c、d、e
    byte x;
    short y;                //定义变量 y
    int z;                  //定义变量 z
    int z1;                 //定义变量 z1
    long a;                 //定义变量 a
    float b;                //定义变量 b
    double c;               //定义变量 c
    char d;                 //定义变量 d
    boolean e;              //定义变量 e
    //下面设置 z1 的值，并分别输出 x、y、z、a、b、c、d、e 的值
    public static void main(String[] args){
        int z1=111;         //给 z1 赋值
    System.out.println(" 打印数据 z="+z1);
    //下面开始分别输出数据
    Quan m=new Quan();   //定义一个对象 m
    System.out.println(" 打印数据 x="+m.x);
    System.out.println(" 打印数据 y="+m.y);
    System.out.println(" 打印数据 z="+m.z);
    System.out.println(" 打印数据 a="+m.a);
    System.out.println(" 打印数据 b="+m.b);
    System.out.println(" 打印数据 c="+m.c);
    System.out.println(" 打印数据 d="+m.d);
    System.out.println(" 打印数据 e="+m.e);
}
}
```

在上述实例代码中，全局变量将对这个程序产生作用，但是局部可以随时更改这个变量的值。在上面的程序里，定义了两个 int z1；在局部中重新定义了这个变量，在这个局部中该变量的值将会发生改变。运行上面的程序，在这里定义了 byte 变量 "x"、short 变量 "y"、int 变量 "z" 和 "z1"、long 变量 "a"、float 变量 "b"、double 变量 "c"、char 变量 "d"、boolean 变量 "e"，都未赋予初始值，但是在执行的时候都出现了值。这说明，不管什么类型的变量，都有默认值，如果未给变量定义一个初始值，系统将赋予一个默认值，执行后的效果如图 2-2 所示。

```
打印数据z=111
打印数据x=0
打印数据y=0
打印数据z=0
打印数据a=0
打印数据b=0.0
打印数据c=0.0
打印数据d=
打印数据e=false
```

图 2-2　执行效果

智慧锦囊

在面对变量作用域的问题时，一定要确保变量要先定义然后再使用，但是需要注意的是，在定义变量后不一定可以一直使用前面定义的变量。

2.2 数 据 类 型

Java 中的数据类型可以分为基本数据类型和引用类型两种。基本数据类型是 Java 的基础类型，它包括整数类型、浮点类型、字符类型和布尔类型，在本章将重点讲解。引用数据类型由基本数据类型组成，如类、接口、数组。

↑扫码看视频

2.2.1 为什么要使用数据类型

使用数据类型的根本原因是现实项目的需求！对程序员来讲，操作一个任意形式的变量，是很不容易掌握的一件事情，也很容易出错。通过引入数据类型的概念，可以限制人为的操作，从而降低操作难度、降低出错率、提高计算机内存的使用率。整数、小数、英文字符、中文字符等元素在计算机中都是用不同类型的数据表示的，计算机会委派指定大小的内存处理不同类型的数据。例如，遇到 short 类型，计算机会委派两个 byte(字节)的内存来处理，遇到 int 类型会委派 4 个 byte 的内存来处理。如果不引入数据类型的概念，要处理整数和英文字符等不同类的元素，计算机该怎么办？计算机只能设置一个固定大小的内存来处理各种元素，假如设置得太小，如两个 byte，可能会发生因为太小而不能处理的情况。如果设置得太大，如 1000 个 byte，则可能会发生因为太大而过度消耗内存的情况。

Java 中的数据类型可以分为基本数据类型和引用数据类型两种。基本数据类型是 Java 的基础类型，包括整数类型、浮点类型、字符类型和布尔类型。引用数据类型由基本数据类型组成，是用户根据自己的需要定义并实现其运算的类型，如类、接口、数组。Java 数据类型的具体分类如图 2-3 所示。

智慧锦囊

实际上，Java 中还存在另外一种基本类型 void，它也有对应的包装类 java.lang.void，不过我们无法直接对它们进行操作。

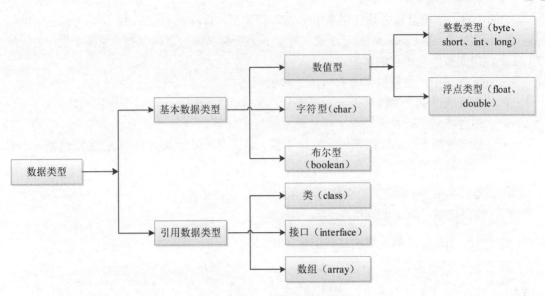

图 2-3　Java 数据类型的分类

2.2.2　基本数据类型值的范围

基本数据类型是本章的重点，Java 中的基本类型共有三大类，8 个品种，分别是字符类型 char、布尔类型 boolean，以及数值类型 byte、short、int、long、float、double。数值类型又可以分为整数类型 byte、short、int、long 和浮点类型 float、double。Java 中的数值类型不存在无符号的，它们的取值范围是固定的，不会随着机器硬件环境或者操作系统的改变而改变。

在 Java 语言中，8 种基本类型的具体取值范围如下所示。

➢ byte：8 位，1 字节，最大数据存储容量是 255，存放的数据范围是-128~127。

➢ short：16 位，2 字节，最大数据存储容量是 65536，数据范围是-32768~32767。

➢ int：32 位，4 字节，最大数据存储容量是 $2^{32}-1$，数据范围是 $-2^{31}\sim2^{31}-1$。

➢ long：64 位，8 字节，最大数据存储容量是 $2^{64}-1$，数据范围为 $-2^{63}\sim2^{63}-1$。

➢ float：32 位，4 字节，数据范围为 3.4e-45~1.4e38，直接赋值时必须在数字后加上 f 或 F。

➢ double：64 位，8 字节，数据范围为 4.9e-324~1.8e308，赋值时可以加 d 或 D，也可以不加。

➢ boolean：只有 true 和 false 两个取值。

➢ char：16 位，2 字节，存储 Unicode 码，用单引号赋值。

Java 决定了每种基本类型的大小，这些大小并不随着机器结构的变化而变化，大小不可更改正是 Java 程序具有很强移植能力的原因之一。

2.2.3　字符型

在 Java 程序中，存储字符的数据类型是字符型，用字母 char 表示。字符型通常用于表

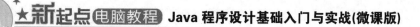

示单个的字符，字符常量必须使用单引号"'"括起来。Java 语言使用 16 位的 Unicode 编码集作为编码方式，而 Unicode 被设计成支持世界上所有书面语言的字符，包括中文字符，所以 Java 程序支持各种语言的字符。

在 Java 程序中，字符型常量有以下 3 种表示形式。

➢ 直接通过单个字符来指定字符常量，如'A'、'9'和'0'等。

➢ 通过转义字符表示特殊字符常量，如'\n'、'\f'等。

➢ 直接使用 Unicode 值来表示字符常量，格式是'\uXXXX'，其中 XXXX 代表一个十六进制的整数。

 实例 2-4： 输出字符型变量的值

源码路径：daima\2\Zifu.java

实例文件 Zifu.java 的主要实现代码如下所示。

```
①public class Zifu
②{
③    public static void main(String args[])
④    {
⑤        char ch1='\u0001';              //赋值 ch1
⑥        char ch2='\u0394';              //赋值 ch2
⑦        char ch3='\uffff';              //赋值 ch3
⑧        System.out.println(ch1);        //输出 ch1
⑨        System.out.println(ch2);        //输出 ch2
⑩        System.out.println(ch3);        //输出 ch3
⑪    }
⑫}
```

①定义一个类，名为 Zifu，这个文件的名字必须和类相同，即 Zifu.java。

②、④、⑪、⑫是大括号分隔符。

③是 Java 程序的入口主函数。

⑤、⑥、⑦分别赋值 3 个 char 类型的变量 ch1、ch2 和 ch3。

⑧、⑨、⑩分别使用 println()函数打印输出变量 ch1、ch2 和 ch3 的值。

执行后的效果如图 2-4 所示。

图 2-4　执行效果

上述实例的执行效果只是显示了一些图形，为什么呢？这是使用 Unicode 码表示的结果。Unicode 所定义的国际化字符集能表示迄今为止的所有字符集，如拉丁文、希腊语等几十种语言，大部分字符我们是看不懂的，用户不需要掌握。读者请注意，在执行的结果处有一个问号，它有可能是真的问号，也有可能是不能显示的符号。但是为了正常地输出这些符号，该怎么处理？Java 提供了转义字符，以"\"开头，十六进制计数法用"\"和"U"字开头，后面跟着十六进制数字。常用的转义字符如表 2-1 所示。

表 2-1　转义字符

转 义 字 符	描　　述
\0x	八进制字符
\u	十六进制 Unicode 字符
\'	单引号字符
\"	双引号字符
\\	反斜杠
\r	回车
\n	换行
\f	走纸换页
\t	横向跳格
\b	退格

2.2.4　整型

整型是 Java 语言中常用的数据类型，它是有符号的 32 位整数数据类型，整型 int 可以用在数组、控制语句等多个地方，Java 系统会把 byte 和 short 自动提升为整型 int。类型 int 是最常用的整数类型，在通常情况下，一个 Java 整数常量默认就是 int 类型。

知识精讲

对于初学者来说，需要特别注意以下两点。

① 如果直接将一个较小的整数常量(在 byte 或 short 类型的范围内)赋给一个 byte 或 short 变量，系统会自动把这个整数常量当成 byte 或者 short 类型来处理。

② 如果使用一个巨大的整数常量(超出了 int 类型的表述范围)时，Java 不会自动把这个整数常量当成 long 类型来处理。如果希望系统把一个整数常量当成 long 类型来处理，应在这个整数常量后增加 l 或者 L 作为后缀。通常推荐使用 L，因为 l 很容易跟 1 混淆。

实例 2-5：通过整数类型计算正方形和三角形的面积
源码路径：daima\2\zheng.java

实例文件 zheng.java 的主要实现代码如下所示。

```
①public static void main(String args[]){
    //开始计算正方形面积
②   int b=7;                    //赋值 b
③   int L=b*4;                  //赋值 L
④   int s=b*b;                  //赋值 s
⑤   System.out.println("正方形的周长为"+L);      //输出周长
```

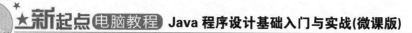

```
⑥   System.out.println("正方形的面积为"+s);     //输出面积
⑦   //开始计算三角形面积
⑧   int a3=5,b3=7;           //赋值 a3 和 b3
⑨   int s3=a3*b3/2;          //计算面积
⑩   System.out.println("三角形的面积为"+s3);   //输出面积
    }
```

①是 Java 程序的入口主函数。

②、③、④分别定义 3 个 int 类型的变量 b、L 和 s。其中变量 b 的初始值是 7，变量 L 的初始值是变量 b 的值乘以 4，变量 s 的初始值是变量 b 的值的平方。

⑤、⑥分别使用 println()函数打印输出变量 L 和 s 的值。

⑧定义 int 类型变量 a3 的初始值为 5，定义 int 类型变量 b3 的初始值为 7。

⑨定义 int 类型变量 s3 的初始值为变量 a3 和变量 b3 的乘积除以 2。

⑩使用 println()函数打印输出变量 s3 的值。

执行后的效果如图 2-5 所示。

```
正方形的周长为28
正方形的面积为49
三角形的面积为17
```

图 2-5　执行效果

 智慧锦囊

其实我们可以把一个较小的整数常量(在 int 类型的表述范围以内)直接赋给一个 long 类型的变量，这并不是因为 Java 会把这个较小的整数常量当成 long 类型来处理。Java 依然会把这个整数常量当成 int 类型来处理，只是这个 int 类型的值会完成自动类型转换，转换成 long 类型。

2.2.5　浮点型

整型在计算机中肯定是不够用的，这时候就出现了浮点型数据。浮点型数据用来表示 Java 中的浮点数，浮点型数据表示有小数部分的数字，总共有两种类型，即单精度浮点型 (float)和双精度浮点型(double)，它们的取值范围比整型大许多，下面对其进行讲解。

1. 单精度浮点型——float

单精度浮点型是专指占用 32 位存储空间的单精度数据类型，在编程过程中，当需要小数部分且对精度要求不高时，一般使用单精度浮点型，这种数据类型很少用，这里不做详细讲解。

2. 双精度浮点型——double

双精度浮点型占用 64 位存储空间，在计算中占有很大的比重，保证数值的准确性。double 类型代表双精度浮点数，float 代表单精度浮点数。一个 double 类型的数值占 8

个字节，64 位；一个 float 类型的数值占 4 个字节，32 位。Java 语言的浮点数有两种表示形式。

(1)　十进制数形式：这种形式就是平常简单的浮点数，如 5.12、512.0、0.512。浮点数必须包含一个小数点，否则会被当成 int 类型处理。

(2)　科学记数法形式：如 5.12e2(即 $5.12×10^2$)，5.12E2(也是 $5.12×10^2$)。必须指出的是，只有浮点类型的数值才可以使用科学记数形式表示。例如，51200 是一个 int 类型的值，但 512E2 则是浮点型的值。

Java 语言的浮点型默认是 double 型，如果希望 Java 把一个浮点型值当成 float 处理，应该在这个浮点型值后面紧跟 f 或 F。例如，"5.12"代表一个 double 型的常量，它占 64 位的内存空间；5.12f 或者 5.12F 才表示一个 float 型的常量，占 32 位的内存空间。当然，也可以在一个浮点数后面添加 d 或 D 后缀，强制指定是 double 类型，但这通常没必要。

 知识精讲

因为 Java 浮点数使用二进制数据的科学记数法来表示浮点数，因此可能不能精确表示一个浮点数，如我们把 5.2345556f 值赋给一个 float 类型的变量，接着输出这个变量时看到该变量的值已经发生了改变。如果使用 double 类型的浮点数则比 float 类型的浮点数更加精确，但如果浮点数的精度足够高(小数点后的数字很多时)，依然可能发生不能精确表示一个浮点数的情况。如果开发者需要精确保存一个浮点数，可以考虑使用 BigDecimal 类。

 实例 2-6：使用浮点型计算圆的面积
源码路径：daima\2\Syuan.java

实例文件 Syuan.java 的主要实现代码如下所示。

```java
public class Syuan{
  public static void main(String args[]){
①    double r=45.0324;                 //赋值变量 r
②    final double PI=3.1415926;        //赋值 PI
③    double area=PI*r*r;               //面积计算
④    System.out.println("圆的面积是: S="+area);     //输出面积
  }
}
```

①定义一个 double 类型的变量 r，表示圆的半径，设置初始值是 45.0324。

②定义一个 double 类型的变量 PI，设置初始值是 3.1415926。这里使用关键字 final 修饰了变量 PI。在 Java 程序中，使用 final 修饰的变量表示常量，一旦赋值后就无法改变。所以此处的 PI 是常量，值永远是 3.1415926。

③定义一个 double 类型的变量 area 表示圆的面积，设置其值是变量(其实是常量)PI 的值乘以变量 r 的平方。

④使用 println()函数打印输出变量 area 的值。

执行后的效果如图 2-6 所示。

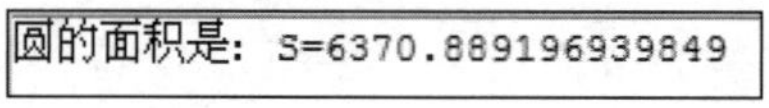

圆的面积是：S=6370.889196939849

图 2-6　执行效果

2.2.6　布尔型

布尔型是一种表示逻辑值的简单类型，它的值只能是"真"或"假"这两个值中的一个。它是所有的诸如 a<b 这样的关系运算的返回类型。Java 中的布尔型只有一个——boolean类型，用于表示逻辑上的"真"或"假"。boolean 类型的值只能是 true 或 false，不能用 0或者非 0 来代表。布尔类型在 if、for 等控制语句的条件表达式中比较常见，在 Java 语言中使用 boolean 型变量的控制流程主要有下面几种。

➢　if 条件控制语句。

➢　while 循环控制语句。

➢　do 循环控制语句。

➢　for 循环控制语句。

 实例 2-7：赋值布尔型变量并输出结果

源码路径：daima\2\Bugu.java

实例文件 Bugu.java 的主要实现代码如下所示。

```
public static void main(String args[]) {
①    boolean b;                    //定义变量b
②    b = false;                    //赋值变量b
③    System.out.println("b is " + b);
④    b = true;                     //赋值b
⑤     System.out.println("b is " + b);    //输出b的值
     //布尔值可以控制if语句的运行
⑥    if(b) System.out.println("This is executed.");
⑦        b = false;               //赋值b
     //布尔值可以控制if语句的运行
⑧    if(b) System.out.println("This is not executed.");
⑨        System.out.println("10 > 9 is " + (10 > 9));
}
```

①定义一个 boolean 类型的变量 b。

②设置变量 b 的初始值是 false。

③、⑤使用 println()函数打印输出变量 b 的值。

④重新设置变量 b 的值是 true。

⑥在 Java 程序中，布尔值可以控制 if 语句的运行。因为本行中变量 b 的值是 true，所以会运行 if(b)后面的打印语句，在后面使用 println()函数打印输出文本"This is executed."。

⑦重新设置变量 b 的值是 false。

⑧因为本行中变量 b 的值是 false，所以不会运行 if(b)后面的 println()函数打印语句。

⑨使用 println()函数打印输出 10＞9 的运算结果。

执行后的效果如图 2-7 所示。

```
b is false
b is true
This is executed.
10 > 9 is true
```

图 2-7 执行效果

2.3 运 算 符

运算符是程序设计中重要的构成元素之一，运算符可以细分为算术运算符、关系运算符、逻辑运算符、位运算符和条件运算符。在本节的内容中，将详细讲解 Java 语言中运算符的基本知识。

↑扫码看视频

2.3.1 算术运算符

在数学中有加、减、乘、除运算，算术运算符(Arithmetic Operators)就是用来处理数学运算的符号，这是最简单也是最常用的符号。在数字的处理中几乎都会用到算术运算符，算术运算符可以分为基本运算符、求余运算符和递增或递减运算符等几大类。具体说明如表 2-2 所示。

表 2-2 算术运算符

类 型	运 算 符	说 明
基本运算符	+	加
	-	减
	*	乘
	/	除
求余运算符	%	求余
递增或递减	++	递增
	--	递减

1. 基本运算符

在 Java 程序中，使用最广泛的便是基本运算符。

实例 2-8：使用基本运算符的加减乘除 4 种运算
源码路径：daima\2\JiBen1.java

实例文件 JiBen1.java 的主要实现代码如下所示。

```java
public static void main(String args[]) {
①      int a=12;
②      int b=4;
//下面开始使用 4 种运算符
③      System.out.println(a-b);
④      System.out.println(a+b);
⑤      System.out.println(a*b);
⑥      System.out.println(a/b);
}
```

①、②分别定义两个 int 类型的变量 a 和 b，设置 a 的初始值是 12、b 的初始值是 4。

③使用 println()函数打印输出变量 a 和变量 b 的差。

④使用 println()函数打印输出变量 a 和变量 b 的和。

⑤使用 println()函数打印输出变量 a 和变量 b 的乘积。

⑥使用 println()函数打印输出变量 a 除以 b 的结果。

执行后的效果如图 2-8 所示。

```
8
16
48
3
```

图 2-8　执行效果

2. 求余运算符

在现实应用中，除法运算的结果不一定总是整数，它的计算结果是使用第一个运算数除以第二个运算数，得到一个整除的结果后剩下的值，也就是余数。在 Java 程序中，求余运算符用于计算除法操作中的余数。由于求余运算符也需要进行除法运算，因此如果求余运算的两个运算数都是整数类型，则求余运算的第二个运算数不能是 0，否则将引发除以零异常。如果求余运算的两个操作数中有一个或者两个是浮点数，则允许第二个操作数是 0或 0.0，只是求余运算的结果是非数：NaN(NaN 是 Java 中的特殊数字，表示非数字类型)。0 或 0.0 对零以外的任何数求余都将得到 0 或 0.0。

　知识精讲

　　求余运算符是一种很奇怪的运算符，在数学运算中很少被提及，其实可以很简单地理解它。求余运算符一般被用在除法中，它的取值不是商，而是余数。例如，5%2，求余运算符求的是余数，所以结果是 1，而不是商值结果 2.5。

　实例 2-9：使用 "%" 运算符

　　源码路径：daima\2\Yushu.java

实例文件 Yushu.java 的主要实现代码如下所示。

```
public static void main(String[] args) {
  //求余数
①    int A=19%3;
②    int K=-19%-3;
③    int Q=19%-3;
④    int J=-19%3;
⑤    System.out.println("A=19%3 的余数"+A);
⑥    System.out.println("K=-19%-3 的余数"+K);
⑦    System.out.println("Q=19%-3 的余数"+Q);
⑧    System.out.println("J=-19%3 的余数"+J);
}
```

①定义一个 int 类型的变量 A，设置其初始值是 19 除以 3 的余数。

②定义一个 int 类型的变量 K，设置其初始值是-19 除以-3 的余数。

③定义一个 int 类型的变量 Q，设置其初始值是 19 除以-3 的余数。

④定义一个 int 类型的变量 J，设置其初始值是-19 除以 3 的余数。

⑤、⑥、⑦、⑧分别使用 println()函数打印输出 4 个变量 A、K、Q 和 J 的值。

执行后的效果如图 2-9 所示。

```
A=19%3的余数1
K=-19%-3的余数-1
Q=19%-3的余数1
J=-19%3的余数-1
```

图 2-9　执行效果

3. 递增或递减

递增或递减运算符分别是指 "++" 或 "--"，每执行一次，变量将会增加 1 或者减少 1，它可以放在变量的前面，也可以放在变量的后面。无论哪一种都能改变变量的结果，但它们有一些不同，这种变化让初学程序的人甚感疑惑。递增、递减对于初学程序的人来说是一个难点，读者一定要加强理解，不是理解++与--的问题，而是它们在变量前用还是在变量后用的问题。

 实例 2-10：使用递增或递减运算符

源码路径：daima\2\Dione.java

实例文件 Dione.java 的主要实现代码如下所示。

```
public static void main(String args[]){
①    int a=199;
②    int b=1009;
//数据的递增与递减
③    System.out.println(a++);
④    System.out.println(a);
⑤    System.out.println(++a);
⑥    System.out.println(b--);
⑦    System.out.println(b);
⑧    System.out.println(--b);
}
```

①、②分别定义两个 int 类型的变量 a 和 b，设置 a 的初始值是 199，设置 b 的初始值

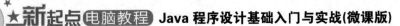

是 1009。

③使用 println()函数打印输出 a++的值，此处是先执行程序，然后才加 1，所以结果是 199。

④使用 println()函数打印输出 a 的值，因为在③行的最后加 1 了，所以这里的结果是 200。

⑤使用 println()函数打印输出++a 的值，++a 是先加 1 再执行程序。这里要紧接着④行中 a 的值 200，所以本行的结果是 201。

⑥使用 println()函数打印输出 b--的值，b--是先执行 b 程序，然后才减 1，所以本行的结果是 1009。

⑦使用 println()函数打印输出 b 的值，因为在⑥行的最后减 1 了，所以这里的结果是 1008。

⑧使用 println()函数打印输出--b 的值，--b 是 b 先减 1，然后再执行程序。这里要紧接着⑦行中 b 的值 1008，所以本行的结果是 1007。

执行后的效果如图 2-10 所示。

```
199
200
201
1009
1008
1007
```

图 2-10　执行效果

2.3.2　关系运算符和逻辑运算符

在 Java 程序设计中，关系运算符(Relational Operators)和逻辑运算符(Logical Operator)显得十分重要。关系运算是指值与值之间的相互关系，逻辑(logical)关系是指可以用真值和假值链接在一起的方法。

1. 关系运算符

在数学运算中有大于、小于、等于、不等于的关系，在程序中可以使用关系运算符来表示上述关系。在表 2-3 中列出了 Java 中的关系运算符，通过这些关系运算符会产生一个结果，这个结果是一个布尔值，即 true 或 false。在 Java 中任何类型的数据都可以用 "=="比较是否相等，用 "!="比较是否不相等，只有数字才能比较大小，关系运算的结果可以直接赋予布尔变量。

2. 逻辑运算符

布尔逻辑运算符是最常见的逻辑运算符，用于对 Boolean 型操作数进行布尔逻辑运算。Java 中的布尔逻辑运算符如表 2-4 所示。

逻辑运算符与关系运算符运算后得到的结果一样，都是 Boolean 类型的值。在 Java 程序设计中，"&&"和"||"布尔逻辑运算符不总是对运算符右边的表达式求值，如果使用逻辑与"&"和逻辑或"|"，则表达式的结果可以由运算符左边的操作数单独决定。通过表 2-5 读者可以了解常用逻辑运算符"&&""||""!"运算后的结果。

表 2-3　关系运算符

类　　型	说　　明
==	等于
! =	不等于
>	大于
<	小于
>=	大于等于
<=	小于等于

表 2-4　逻辑运算符

类　　型	说　　明
&&	与(AND)
‖	或(OR)
∧	异或(XOR)
｜	简化或(Short-circuit OR)
&	简化与(Short-circuit AND)
!	非(NOT)

表 2-5　逻辑运算符操作

A	B	A&&B	A‖B	!A
false	false	false	false	true
false	true	false	true	true
true	false	false	true	false
true	true	true	true	false

在接下来的内容中，将通过一个具体实例来说明关系运算符的基本用法。

 实例 2-11：使用关系运算符
源码路径：daima\2\guanxi.java

实例文件 guanxi.java 的主要实现代码如下所示。

```
public static void main(String args[]){
①   char a='k';        //赋值 a
②   char b='k';        //赋值 b
③   char c='A';        //赋值 c
④   int d=100;         //赋值 d
⑤   int e=101;         //赋值 e
⑥   System.out.println(a==b);
     //下面开始分别输出对应的运算结果
⑦   System.out.println(b==c);
⑧   System.out.println(b!=c);
```

```
⑨    System.out.println(d<e);
}
```

①、②、③分别定义 3 个 char 类型的变量 a、b 和 c，并分别设置它们的初始值。

④、⑤分别定义两个 int 类型的变量 d 和 e，并分别设置它们的初始值。

⑥使用 println()函数打印输出 a==b 的结果。

⑦使用 println()函数打印输出 b==c 的结果。

⑧使用 println()函数打印输出 b!=c 的结果。

⑨使用 println()函数打印输出 d<e 的结果。

执行后的效果如图 2-11 所示。

```
true
false
true
true
```

图 2-11　执行效果

2.3.3　位运算符

在 Java 程序设计中，使用位运算符来操作二进制数据。读者必须注意，位运算符只能操作二进制数据。如果用在其他进制的数据中，需要先将其他进制的数据转换成二进制数据。位运算(Bitwise Operators)可以直接操作整数类型的位，这些整数类型包括 long、int、short、char 和 byte。Java 语言中位运算符的具体说明如表 2-6 所示。

表 2-6　位运算符

位运算符	说　　明
~	按位取反运算
&	按位与运算
|	按位或运算
^	按位异或运算
>>	右移
>>>	右移并用 0 填充
<<	左移

因为位运算符能够在整数范围内对位操作，所以这样的操作对一个值产生什么效果是很重要的。具体来说，了解 Java 如何存储整数值、如何表示负数是非常有用的。在表 2-7 中演示了操作数 A 和操作数 B 按位进行运算的结果。

移位运算符把数字的位向右或向左移动，产生一个新的数字。Java 的右移运算符有两个，分别是>>和>>>。

> ➢　>>运算符：能够把第一个操作数的二进制码右移指定位数后，将左边空出来的位以原来的符号位来填充。即如果第一个操作数原来是正数，则左边补 0。如果第一个操作数是负数，则左边补 1。

➤ >>>：能够把第一个操作数的二进制码右移指定位数后，将左边空出来的位总是以 0 来填充。

表 2-7 位运算操作

操作数 A	操作数 B	A|B	A&B	A^B	~A
0	0	0	0	0	1
0	1	1	0	1	1
1	0	1	0	1	0
1	1	1	1	0	0

在接下来的内容中，将通过一个具体实例来说明位运算符的基本用法。

 实例 2-12：使用位运算符

源码路径：daima\2\wei.java

实例文件 wei.java 的主要实现代码如下所示。

```java
public class wei {
    public static void main(String[] args){
①    int a=129;
②    int b=128;
③    System.out.println("a 和 b 与的结果是: "+(a&b));
    }
}
```

①、②分别定义两个 char 类型的变量 a 和 b，并分别设置它们的初始值。

③使用 println()函数打印输出 a&b 的结果。因为 a 的值是 129，转换成二进制就是 10000001，而 b 的值是 128，转换成二进制就是 10000000。根据与运算符的运算规律，只有两个位都是 1，结果才是 1，所以 a&b 的运算过程是：

```
a      10000001
b      10000000
a&b    10000000
```

由此可以知道 a 和 b 的与运算结果就是 10000000，转换成十进制就是 128。执行后的效果如图 2-12 所示。

```
<terminated> wei [Java Application]
a 和b 与的结果是：128
```

图 2-12 位运算符

2.3.4 条件运算符

条件运算符是一种特殊的运算符，也被称为三目运算符。它与前面所讲解的运算符有很大不同，在 Java 中提供了一个三元运算符，其实这跟后面讲解的 if 语句有相似之处。条件运算符的目的是决定把哪个值赋给前面的变量。在 Java 语言中使用条件运算符的语法格式如下所示。

变量=(布尔表达式)？为 true 时所赋予的值：为 false 时所赋予的值；

实例 2-13：使用条件运算符

源码路径：daima\2\tiao.java

实例文件 tiao.java 的主要实现代码如下所示。

```
public static void main(String args[]){
①    double chengji=70;
②    String Tiao=(chengji>=90)?"已经很优秀":
                        "不是很优秀，还需要努力!";
     //输出结果
③    System.out.println(Tiao);
}
```

①定义 double 类型的变量 chengji，设置其初始值是 70。

②定义 String 类型的变量 Tiao，并赋值显示一个条件运算符结果。设置如果变量 chengji 大于或等于 90，则输出"已经很优秀"的提示，反之就输出"不是很优秀，还需要努力！"的提示。

③使用 println()函数打印输出 Tiao 的值。因为在代码中设置 chengji=70，所以执行后的效果如图 2-13 所示。

不是很优秀，还需要努力！

图 2-13　执行效果

2.3.5　运算符的优先级

数学中的运算都是从左向右运算的，在 Java 中除了单目运算符、赋值运算符和三目运算符外，大部分运算符也是从左向右结合的。单目运算符、赋值运算符和三目运算符是从右向左结合的，也就是它们是从右向左运算的。乘法和加法是两个可结合的运算，也就是说，这两个运算符左右两边的操作符可以互换位置而不会影响结果。

运算符有不同的优先级，所谓优先级就是在表达式运算中的运算顺序，表 2-8 中列出了包括分隔符在内的所有运算符的优先级顺序，上一行中的运算符总是优先于下一行的。

表 2-8　运算符的优先级

名　称	运　算　符
分隔符	.　[]　()　{}　,　;
单目运算符	++　--　~　!
强制类型转换运算符	(type)
乘法/除法/求余	*　/　%
加法/减法	+　-
移位运算符	<<　>>　>>>
关系运算符	<　<=　>=　>　instanceof

名　　称	运　算　符
等价运算符	==　　　!=
按位与	&
按位异或	^
按位或	|
条件与	&&
条件或	||
三目运算符	?:
赋值	=　+=　-=　*=　/=　&=　|=　^=　%=　<<=　>>=　>>>=

根据表 2-8 所示的运算符的优先级，假设 int a=3，开始分析下面 b 的计算过程。

```
int b= a+2*a
```

程序先执行 2*a 得到 6，再计算 a+6 得到 9。如果使用( )就可以改变程序的执行过程，例如：

```
int b=(a+2)*a
```

则先执行 a+2 得到 5，再计算 5*a 得 15。

 实例 2-14：使用表达式与运算符

源码路径：daima\2\biaoone.java

实例文件 biaoone.java 的主要实现代码如下所示。

```
public static void main(String args[]){
①    int a=231;
②    int b=4;
③    int h=56;
④    int k=45;
⑤    int x=a+h/b;
⑥    int y=h+k;
⑦    System.out.println(x);
⑧    System.out.println(y);
⑨    System.out.println(x==y);
}
```

①、②、③、④分别定义 4 个 int 类型的变量 a、b、h 和 k，设置 a 的初始值是 231，设置 b 的初始值是 4，设置 h 的初始值是 56，设置 k 的初始值是 45。

⑤定义一个 int 类型的变量 x，并赋值为 "a+h/b"，根据优先级规则，先计算除法 h/b，然后计算加法。

⑥定义一个 int 类型的变量 y，并赋值为 "h+k"。

⑦、⑧、⑨使用 println()函数分别打印输出变量 x、y 和表达式 x==y 的值。

执行后的效果如图 2-14 所示。

```
245
101
false
```

图 2-14　执行效果

 知识精讲

书写 Java 运算符的两点注意事项。

① 不要把一个表达式写得过于复杂，如果一个表达式过于复杂，则应把它分成几步来完成。

② 不要过多地依赖运算符的优先级来控制表达式的执行顺序，这样可读性太差，应尽量使用小括号( )来控制表达式的执行顺序。

2.4　字　符　串

字符串（String）是由 0 个或多个字符组成的有限序列，是编程语言中表示文本的数据类型。通常以字符串的整体作为操作对象，例如在串中查找某个子串、求取一个子串、在串的某个位置上插入一个子串以及删除一个子串等。在本节的内容中，将详细讲解在 Java 语言中操作字符串的知识。

↑扫码看视频

2.4.1　字符串的初始化

在 Java 程序中，使用关键字 new 来创建 String 实例，具体格式如下所示。

```
String a=new String( );
```

上面的代码创建了一个名为 String 的类，并赋给字符串变量 a，但它此时是一个空的字符串，接下来就为这个字符串赋值，赋值代码如下所示。

```
a="I am a person Chongqing"
```

在 Java 程序中，我们将上述两句代码合并，就可以产生一种简单的字符串表示。

```
String a=new String ("I am a person Chongqing");
```

除了上面的表示方法，还有下面这种表示字符串的形式。

```
String a= ("I am a person Chongqing");
```

实例 2-15：初始化一个字符串
源码路径：daima\2\Stringone.java

实例文件 Stringone.java 的主要实现代码如下所示。

```
public static void main(String[] args) {
①    String str = "上邪";
②    System.out.println("OK");
③    String cde = "别人笑我太疯癫";
④    System.out.println(str + cde);
}
```

①定义一个字符串变量 str，设置 str 的初始值是"上邪"。

②使用 println()函数打印输出字符串"OK"。

③定义一个字符串变量 cde，设置 cde 的初始值是"别人笑我太疯癫"。

④使用 println()函数打印输出字符串 str 和字符串 cde 的组合。

执行后的效果如图 2-15 所示。

```
OK
上邪别人笑我太疯癫
```

图 2-15　执行效果

智慧锦囊

　　字符串并不是原始的数据类型，它应是复杂的数据类型，对它进行初始化的方法不止一种，但也没有规定哪种最优秀，用户可以根据自己的习惯使用。

2.4.2　String 类

在 Java 程序中可以使用类 String 来操作字符串，在此类中有许多方法可以供程序员使用。

1. 索引

在 Java 程序中，通过索引函数 charAt()可以返回参数指定的索引位置。需要注意的是，这里的索引数字从零开始，其使用格式如下所示。

```
public char charAt (int index)
```

2. 追加字符串

追加字符串函数 concat()的功能是在字符串的末尾再添加字符串，追加字符串是一个比较常用的方法，具体语法格式如下所示。

```
Public String concat (String S)
```

实例 2-16：使用索引方法
源码路径：daima\2\suoyin.java

实例文件 suoyin.java 的主要实现代码如下所示。

```
public class suoyin {
  public static void main(String args[]){
①    String x="dongjiemeili";
②    System.out.println(x.charAt(5));
  }
}
```

①定义一个字符串变量 x，设置 x 的初始值是"dongjiemeili"。

②使用 println()函数打印输出字符串变量 x 中索引值为 5 的字母。执行后的效果如图 2-16 所示。

图 2-16 执行效果

3. 比较字符串

比较字符串函数 equalsIgnoreCase()的功能是将两个字符串进行比较，看是否相同，如果相同，返回一个值 true，如果不相同，则返回一个值 false，其格式如下。

```
public Boolean equalsIgnoreCase(String s)
```

4. 取字符串长度

在 String 中有一个方法可以获取字符串的长度，其语法格式如下所示。

```
public int length ( )
```

5. 替换字符串

替换是两个动作，第一个是查找，第二个是替换。在 Java 中实现替换字符串的方法十分简单，只需要使用 replace()方法即可实现。使用此方法的语法格式如下所示。

```
public String replace (char old, char new)
```

6. 字符串的截取

有的时候，经常需要从长的字符串中截取一段字符串，此功能可以通过 substring()方法实现，此方法有两种使用格式。

第一种格式如下：

```
public String substring (int begin)
```

第二种格式如下：

```
public String substring (int begin, int end)
```

2.5　实践案例与上机指导

通过本章的学习，读者基本可以掌握 Java 语言基础语法的知识。其实 Java 语言基础语法的知识还有很多，这需要读者通过其他渠道来深入学习。下面通过练习操作，以达到巩固学习、拓展提高的目的。

↑扫码看视频

2.5.1　自动类型转换

如果系统支持把某种基本类型的值直接赋给另一种基本类型的变量，则这种方式被称为自动类型转换。当把一个取值范围小的数值或变量直接赋给另一个取值范围大的变量时，系统将可以进行自动类型转换。

Java 中的所有数值型变量之间可以进行类型转换，取值范围小的可以向取值范围大的进行自动类型转换，就比如有两瓶水，当把小瓶里的水倒入大瓶中时不会有任何问题。Java 支持自动类型转换的类型如图 2-17 所示。

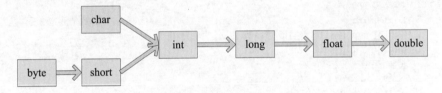

图 2-17　自动类型转换图

在图 2-17 所示的类型图中，箭头左边的数值类型可以转换为箭头右边的数值类型。当把任何基本类型的值和字符串值进行连接运算时，基本类型的值将自动转换为字符串类型，虽然字符串类型不再是基本类型，而是引用类型(有关引用类型的知识，将在本书后续章节中详细介绍)。因此如果希望把基本类型的值转换为对应的字符串，可以把基本类型的值和一个空字符串进行连接。

 实例 2-17：演示 Java 的自动转换
源码路径：daima\2\zidong.java

实例文件 zidong.java 的主要实现代码如下所示。

```java
public static void main(String[] args) {
    int a  = 6;                 //定义 int 类型变量 a
    float f = a;                //int 可以自动转换为 float 类型
    System.out.println(f);      //打印输出 6.0
    byte b = 9;                 //定义一个 byte 类型的整数变量
```

```
//下面这行代码将出错，byte 型不能自动转换为 char 型
char c = b;
//下面这行代码正确，byte 型变量可以自动转换为 double 型
double d = b;
System.out.println(d);      //此行将输出 9.0
}
```

执行后的效果如图 2-18 所示。

```
6.0
9.0
```

图 2-18   执行效果

2.5.2   强制转换

如果希望把图 2-17 中箭头右边的类型转换为左边的类型，则必须使用强制转换来实现。Java 中强制类型转换的语法格式如下所示。

```
(targetType)value
```

强制类型转换的运算符是圆括号"( )"。下面的实例演示了使用强制类型转换的过程。

实例 2-18：演示 Java 的强制转换

源码路径：daima\2\qiangzhi.java

实例文件 qiangzhi.java 的主要实现代码如下所示。

```
public static void main(String[] args) {
        int iValue = 233;        //定义 int 类型变量 iValue 的初始值是 233
        //强制把一个 int 类型的值转换为 byte 类型的值
        byte bValue = (byte)iValue;
        //将输出-23
        System.out.println(bValue);
        double dValue = 3.98;
        //强制把一个 double 类型的值转换为 int
        int toI = (int)dValue;
        //将输出 3
        System.out.println(toI);
}
```

在上述代码中，当把一个浮点数强制类型转换为一个整数时，Java 将直接截断浮点数的小数部分。除此之外，上面程序还把一个 233 强制类型转换为 byte 型整数，从而变成了-23，这就是典型的溢出。执行后的效果如图 2-19 所示。

```
<terminated>
-23
3
```

图 2-19   执行效果

2.6　思考与练习

本章首先介绍了什么是运算符，然后详细阐述了 Java 语言中基础语法的知识，并且通过具体实例介绍了各种基础语法的使用方法。通过本章的学习，读者应该熟悉 Java 语言的基础语法知识，并掌握它们的使用方法和技巧。

1. 选择题

(1) 下面的转义字符表示单引号字符的是(　　)。

A. \'　　　　　　　　　　B. \\　　　　　　　　　　C. \r

(2) 求余运算符一般被用在除法中，它的取值不是商，而是余数。例如，5%2 的结果是(　　)。

A. 1　　　　　　　　　　B. 2.5　　　　　　　　　　C. 0

2. 判断题

(1) 求余运算符一般被用在除法中，它的取值不是商，而是余数。例如，3%2，求余运算符求的是余数，所以结果是 1，而不是商值结果 1.5。　　　　　　　　　　(　　)

(2) 递增和递减运算符分别是指"++"和"--"，每执行一次，变量将会增加 1 或者减少 1，它可以放在变量的前面，也可以放在变量的后面。　　　　　　　　　　(　　)

3. 上机练习

(1) 编写一个 Java 程序，使用截取字符串的方法截取一个字符串的部分内容。

(2) 编写一个 Java 程序，实现字符串的大小写转换。

电脑教程

第 3 章

使用条件语句

本章要点

本章要点

- 使用 if 语句
- 使用 switch 语句

本章主要内容

在 Java 程序中有许多条件语句，条件语句在很多教材中也被称为顺序结构。通过条件语句，可以判断不同条件的执行结果。本章将带领读者一起领会 Java 语言中条件语句的基本知识，并通过具体实例来讲解各个知识点的详细使用流程。

3.1 使用 if 语句

　　if 语句是假设语句，换句话说，if 语句是 Java 程序中最基础的条件语句。if 关键字的中文意思是"如果"，按其细致的语法归纳来说，Java 语言中的 if 语句共有 3 种，分别是 if 语句、if-else 语句和 if-else-if 语句。在本节将向读者详细讲解上述 3 种 if 语句的基本知识，并通过具体实例来讲解 if 语句的基本用法。

↑扫码看视频

3.1.1　if 语句

　　if 语句由保留字符 if、条件语句和位于后面的语句组成，条件语句通常是一个布尔表达式，结果为 true 或 false。如果条件为 true，则执行语句并继续处理其后的下一条语句；如果条件为 false，则跳过该语句并继续处理紧跟着整个 if 语句的下一条语句；当条件 condition 为 true 时，执行 statement1 语句；当 condition 为 false 时，则执行 statement2 语句，其执行流程如图 3-1 所示。

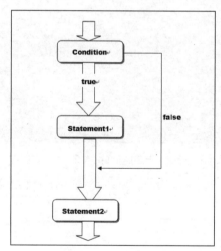

图 3-1　if 语句执行流程

使用 if 语句的语法格式如下所示。

```
if (条件表达式)
```

　　语法说明：if 是该语句中的关键字，后续紧跟一对小括号，该对小括号任何时候都不能省略，小括号的内部是具体的条件，语法上要求该表达式结果为 boolean 类型。后续为功能代码，也就是当条件成立时执行的代码，在书写程序时，为了直观地表达包含关系，功能代码一般需要缩进。

例如下面的演示代码。

```
int a = 10;                    //定义 int 类型变量 a 的初始值是 10
  if (a >= 0)
    System.out.println ("a 是正数"); //如果 a 大于等于 0 时的输出内容
  if ( a % 2 == 0)
    System.out.println ("a 是偶数"); //如果 a 能够整除 2 时的输出内容
```

在上述演示代码中，第一个条件是判断变量 a 的值是否大于等于零，如果该条件成立则执行输出；第二个条件是判断变量 a 是否为偶数，如果成立也输出。

再看下面代码的执行流程。

```
int m = 20;                    //定义 int 类型变量 m 的初始值是 20
if ( m > 20)                   //如果变量 m 的值大于 20
    m += 20;                   //m 的值加上 20
System.out.println (m);        //输出 m 的值
```

按照前面的语法格式说明，只有 m+=20;这行代码属于功能代码，而后续的输出语句和前面的条件形成顺序结构，所以该程序执行以后输出的结果为 20。如果当条件成立时，需要执行的语句有多句，此时可以使用语句块来进行表述，具体语法格式如下所示。

```
if (条件表达式){
  功能代码块;
}
```

这种语法格式中，使用一个代码块来代替前面的功能代码，这样可以在代码块内部书写任意多行的代码，也使整个程序的逻辑比较清楚，所以在实际的代码编写中推荐使用这种逻辑。

 实例 3-1：判断成绩是否及格

　　源码路径：daima\3\Ifkong.java

实例文件 Ifkong.java 的主要代码如下所示。

```
public static void main(String args[]){
①    int chengji = 45;
②    if(chengji>60){
③      System.out.println("及格");
     }
④    System.out.println("不及格");
}
```

①定义 int 类型变量 chengji，设置初始值为 45。

②使用 if 语句，如果变量 chengji 的值大于 60，则输出③中的提示文本"及格"。

④如果变量 chengji 的值不大于 60，则输出本行中的提示文本"不及格"。

在上述实例 022 的代码中，因为没有满足 if 语句中的条件，所以没有执行 if 语句里面的内容。执行后的效果如图 3-2 所示。

不及格

图 3-2　执行效果

3.1.2　if 语句的延伸

在第一个 if 语句中，大家可以看到，它并不对条件不符合的内容进行处理，这在程序中是不可饶恕的错误。因为这是不允许的，所以 Java 引进了另外一种条件语句：if-else，其基本语法格式如下所示。

```
if (condition)          //设置一个条件 condition
statement1;             //如果条件 condition 成立，则执行 statement1 这一行代码
else                    //如果条件 condition 不成立
statement2;             //则执行 statement2 这一行代码
```

if-else 语句的执行流程如图 3-3 所示。

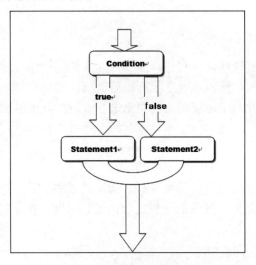

图 3-3　if-else 语句执行流程

　实例 3-2：对两种条件给出不同的答案

源码路径：daima\3\Ifjia.java

实例文件 Ifjia.java 的主要代码如下所示。

```
    public static void main(String args[]){
①   int a = 100;
②   if(a>99){
③   System.out.println("大于 99");
        }
④   else{
⑤       System.out.println("小于等于 99");
        }
⑥   System.out.println("检验完毕");
```

①定义 int 类型变量 a，设置初始值为 100。

②使用 if 语句，如果变量 a 的值大于 99，则输出③行中的提示文本"大于 99"。

④如果变量 a 的值不大于 99，则输出⑤行中的提示文本"小于等于 99"。

⑥无论变量 a 的值是否大于 99，程序都会执行本行代码，打印输出文本"检验完毕"。

执行后的效果如图 3-4 所示。

图 3-4　执行效果

智慧锦囊

在 Java 程序中，变量名可以是中文。

3.1.3　多条件判断的 if 语句

if 语句实际上是一种十分强大的条件语句，它可以对多种情况进行判断。判断多条件的语句是 if-else-if，其语法格式如下所示。

```
if (condition1)
        statement1;
else if (condition2)
        statement2;
else
        statement3
```

上述语法格式的执行流程如下所示。

(1) 判断第一个条件 condition1，当为 true 时执行 statement1，并且程序运行结束。当 condition1 为 false 时，则继续执行后面的代码。

(2) 当 condition1 为 false 时，接下来先判断 condition2 的值，当 condition2 为 true 时执行 statement2，并且程序运行结束。当 condition2 为 false 时，则执行后面的 statement3。也就是说，当前面的两个条件 condition1 和 condition2 都不成立，为 false 时，才会执行 statement3。

if-else-if 的执行流程如图 3-5 所示。

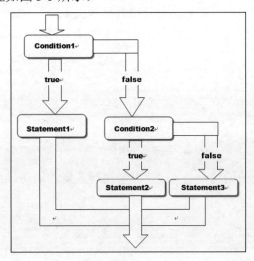

图 3-5　多条件判断的 if-else-if 语句执行流程

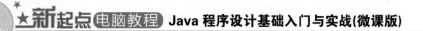

在 Java 语句中，if-else 可以嵌套无限次，可以说只要遇到结果为 true 的 condition 条件，就会执行对应的语句，然后结束整个程序的运行。

 实例 3-3： 判断多个条件然后给出不同的值
源码路径：daima\3\IfDuo.java

实例文件 IfDuo.java 的具体实现代码如下所示。

```
public static void main(String args[]){
①  int 总成绩 = 452;
②  if(总成绩>610)
③      System.out.println("重点本科");
④  else if(总成绩>570)
⑤      System.out.println("一般本科");
⑥  else if(总成绩>450)
⑦      System.out.println("专科");
⑧  else if(总成绩>390)
⑨      System.out.println("高职");
⑩  else
⑪      System.out.println("落榜");
⑫  System.out.println("检查完毕");
}
```

①定义 int 类型变量"总成绩"，设置初始值为 452。这说明变量名可以是中文，但是不建议读者这么做，本实例用中文变量的目的只是向大家展示 Java 语言的这个功能。

②使用 if 语句，如果变量"总成绩"的值大于 610，则输出③行中的提示文本"重点本科"。

④如果变量"总成绩"的值大于 570 并小于等于 610，则输出⑤行中的提示文本"一般本科"。

⑥如果变量"总成绩"的值大于 450 并小于等于 570，则输出⑦行中的提示文本"专科"。

⑧如果变量"总成绩"的值大于 390 并小于等于 450，则输出⑨行中的提示文本"高职"。

⑩如果变量"总成绩"不满足上面②、④、⑥、⑧行列出的 4 个条件，说明此时变量"总成绩"的值小于等于 390，则输出⑪行中的提示文本"落榜"。

⑫无论变量"总成绩"的值是多少，程序都会执行本行代码，打印输出文本"检查完毕"。

执行后的效果如图 3-6 所示。

专科
检查完毕

图 3-6　执行效果

if-else-if 语句是嵌套的语句，是可以多状态进行判断的语句。

智慧锦囊

要按照逻辑顺序书写 if-else 语句

每个 if-else 语句在书写时是有顺序的，在实际书写时，必须按照逻辑上的顺序进行书写，否则将出现逻辑错误。if-else-if 语句是 Java 语言中提供的一个多分支条件语句，但是在判断某些问题时，书写会比较麻烦，所以在语法中提供了另外一个语句——switch 语句来更好地实现多分支语句的判别。

3.2 使用 switch 语句

switch 有"开关"之意，switch 语句是为了判断多条件而诞生的。使用 switch 语句的方法和使用 if 嵌套语句的方法十分相似，但是 switch 语句更加直观、更加容易理解。在本节的内容中，将详细讲解 switch 语句的基本用法。

↑扫码看视频

3.2.1 switch 语句的形式

switch 语句能够对条件进行多次判断，具体语法格式如下所示。

```
switch(整数选择因子) {
case 整数值 1 : 语句; break;
case 整数值 2 : 语句; break;
case 整数值 3 : 语句; break;
case 整数值 4 : 语句; break;
case 整数值 5 : 语句; break;
//..
case 整数值 n : 语句; break;
default:语句;
}
```

其中，"整数选择因子"必须是 byte、short、int 和 char 类型，每个整数值必须是与"整数选择因子"类型兼容的一个常量，而且不能重复。"整数选择因子"是一个特殊的表达式，能产生整数值。switch 能将"整数选择因子"的结果与每个整数值比较。若发现相符的，就执行对应的语句(简单或复合语句)。若没有发现相符的，就执行 default 语句。

知识精讲

在上面的定义格式中，大家会注意到，每个 case 均以一个 break 结尾。这样可使执行流程跳转至 switch 主体的末尾。这是构建 switch 语句的一种传统方式，但 break 是可选的。若省略 break，会继续执行后面的 case 语句的代码，直到遇到一个 break 为止。尽管通常不想出现这种情况，但对有经验的程序员来说，也许能够善加利用。注意最后的 default 语句没有 break，因为执行流程已到了 break 的跳转目地。当然，如果考虑到编程风格方面的原因，完全可以在 default 语句的末尾放置一个 break，尽管它并没有任何实际的用处。

switch 语句的执行流程如图 3-7 所示。

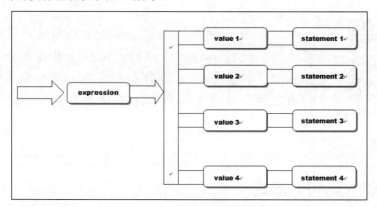

图 3-7　switch 语句执行流程

实例 3-4：使用 switch 语句

源码路径：daima\3\switchtest1.java

实例文件 switchtest1.java 的具体代码如下所示。

```
   public static void main(String args[]){
①   int a=567;
②   switch(a){
③      case 555:
④         System.out.println("a=555");
⑤         break;
⑥      case 557:
⑦         System.out.println("a=557");
⑧         break;
⑨      case 567:
⑩         System.out.println("a=567");
⑪         break;
⑫      default:
⑬         System.out.println("no");
      }
   }
```

①定义 int 类型变量 a，设置 a 的初始值为 567。

②使用 switch 语句，整数选择因子是变量 a。

③如果 a 的值等于 555，则输出④行中的文本提示 "a=555"。

⑥如果 a 的值等于 557，则输出⑦行中的文本提示 "a=557"。

⑨如果 a 的值等于 567，则输出⑩行中的文本提示 "a=567"。

⑫如果前面的 3 个 case 条件都不成立，则输出⑬行中的文本提示 "no"。

⑤、⑧、⑪使用 break 语句终止各自当前程序的执行。

事实证明，变量 a 的值是 567，所以执行后会输出⑩行中的文本提示 "a=567"，并使用 break 语句终止程序的执行。执行效果如图 3-8 所示。

```
a=567
```

图 3-8　执行效果

3.2.2　无 break 的情况

在本章前面演示的代码中，都多次出现了 break 语句，其实在 switch 语句中可以没有这个关键字。一般来说，当 switch 遇到关键字 break 时，程序会自动结束 switch 语句，如果把 switch 语句中的 break 关键字去掉，程序将自动运行，一直到程序结束。

 实例 3-5：在 switch 语句中去掉 break

源码路径：daima\3\switchone1.java

实例文件 switchone1.java 的具体代码如下所示。

```java
public static void main(String args[]){
    int a=11;
    switch(a){
        case 11:
           System.out.println("a=11");
        case 22:
           System.out.println("a=22");
        case 33:
           System.out.println("a=33");
        break;
        default:
       System.out.println("no");
    }
}
```

执行后的效果如图 3-9 所示。通过执行效果可以看出 break 的作用，它找到符合条件的内容后还在继续执行，所以 break 语句在 switch 语句中十分重要，如果没有 break 语句很有可能会发生意外，这正如本实例这样发生了意外。

```
a=11
a=22
a=33
```

图 3-9　执行效果

3.2.3　case 没有执行语句

在前面的讲解中，switch 里的 case 语句都有执行语句，倘若 case 里没有执行语句会怎么样呢？下面通过一个实例进行讲解。

 实例 3-6： 在 case 语句后没有执行的代码

源码路径：daima\3\Switchcase.java

实例文件 Switchcase.java 的具体代码如下所示。

```
public static void main(String args[]){
①    int a=111;
②    switch(a){
③        case 111:
④        case 222:
⑤        case 333:
⑥            System.out.println("a=111|a=222|a=333");
⑦        default:
⑧            System.out.println("no");
        }
}
```

①定义 int 类型变量 a，设置 a 的初始值为 111。

②使用 switch 语句，整数选择因子是变量 a。

③、④分别使用两个 case 语句，这两个 case 语句后面都没有执行语句。

⑤使用 case 语句，如果 a 的值等于 333，则输出⑥行中的文本提示"a=111|a=222|a=333"。

⑦如果前面的 3 个 case 条件都不成立，则输出⑧行中的文本提示"no"。

执行后的效果如图 3-10 所示。这说明当在 case 语句后没有执行的代码时，即使条件为 true，也会忽略掉不会执行。

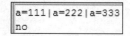

```
a=111|a=222|a=333
no
```

图 3-10　执行效果

3.2.4　default 可以不在末尾

通过前面的学习，很多初学者可能会误认为 default 一定位于 switch 的结尾。其实不然，它可以位于 switch 的任意位置，请看下面的实例代码。

 实例 3-7： default 可以不在末尾

源码路径：daima\3\switch1.java

实例文件 switch1.java 的具体实现代码如下所示。

```
public class switch1 {
  public static void main(String args[]){
    int a=1997;                    //定义 int 类型变量 a 的初始值是 1997
    switch(a)  {                    //使用 switch 语句，设置整数选择因子是变量 a
```

```
        case 1992:                                    //如果 a 的值等于 1992
            System.out.println("a=1992");             //打印输出文本提示"a=1992"
        default:                                       //如果所有的 case 条件都不成立
            System.out.println("no");                 //打印输出默认文本提示"no"
        case 1997:                                    //如果 a 的值等于 1997
            System.out.println("a=1997");             //打印输出文本提示"a=1997"
        case 2008:                                    //如果 a 的值等于 2008
            System.out.println("a=2008");             //打印输出文本提示"a=2008"
        }
    }
}
```

上述代码很容易理解，就是 a 对应着哪一个，就从哪一个语句向下执行，直到程序结束为止。如果下面没有相对应的程序，则从 default 开始执行，直到程序结束为止。执行后的效果如图 3-11 所示。

```
🔳 Problems  @ Java
<terminated> switch1
a=1997
a=2008
```

图 3-11　执行效果

3.3　实践案例与上机指导

通过本章的学习，读者基本可以掌握 Java 语言中条件语句的知识。其实 Java 条件语句的知识还有很多，这需要读者通过课外渠道来加深学习。下面通过练习操作，以达到巩固学习、拓展提高的目的。

↑扫码看视频

3.3.1　正确使用 switch 语句

switch 是控制选择的一种方式，编译器生成代码时可以对这种结构进行特定的优化，从而产生效率比较高的代码。在 Java 中，编译器能够根据分支的情况分别产生 tableswitch 和 lookupswitch，其中 tableswitch 适用于处理分支比较集中的情况，而 lookupswitch 适用于处理分支比较稀疏的情况。请看下面的实例代码。

 实例 3-8：正确使用 switch 语句
源码路径：daima\3\Testone1.java

实例文件 Testone1.java 的具体实现代码如下所示。

```
public class Testone1 {
    public static void main(String[] args) {
        int i = 3;                          //定义 int 类型变量 i，设置初始值为 3
        switch (i){                         //使用 switch 语句，设置整数选择因子是变量 i
            case 0:                         //如果 i 的值等于 0
                System.out.println("0");            //打印输出文本提示"0"
                break;
            case 1:                                 //如果 i 的值等于 1
                System.out.println("1");            //打印输出文本提示"1"
                break;
            case 3:                                 //如果 i 的值等于 3
                System.out.println("3");            //打印输出文本提示"3"
                break;
            case 5:                                 //如果 i 的值等于 5
                System.out.println("5");            //打印输出文本提示"5"
                break;
            case 10:                                //如果 i 的值等于 10
                System.out.println("10");           //打印输出文本提示"10"
                break;
            case 13:                                //如果 i 的值等于 13
                System.out.println("13");           //打印输出文本提示"13"
                break;
            case 14:                                //如果 i 的值等于 14
                System.out.println("14");           //打印输出文本提示"14"
                break;
        default:                                    //如果所有的 case 条件都不成立
                System.out.println("default");  //打印输出文本提示"default"
                break;
        }
    }
}
```

上面的 switch 语句代码非常简单，在编写代码时读者一定要清楚当参数 case 和参数 switch 的值相等时，系统就会执行对应的 case 语句。在 Java 中规定，参数 case 必须是常量表达式，也就是 case 语句参数必须是最终的，即 case 值只能是常量值或变量的最终具体值。执行上述代码后的效果如图 3-12 所示。

```
<terminated>
3
```

图 3-12　代码执行效果

3.3.2　正确使用 if 语句

条件语句在 Java 应用中使用得比较广泛，难点在于如何准确地抽象条件。例如，实现程序登录功能时，如果用户名和密码正确，则进入系统，否则弹出"密码错误"这样的提示信息等。下面的实例是一段经典的 if 语句代码。

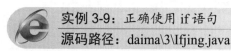

实例 3-9：正确使用 if 语句
源码路径：daima\3\Ifjing.java

实例文件 Ifjing.java 的具体实现代码如下所示。

```
public static void main(String[] args) {
    int month = 3;                   //定义 int 类型变量 month，设置初始值为 3
    int days = 0;                    //定义 int 类型变量 days，设置初始值为 0
    if(month == 1){                  //如果 month 值是 1，设置变量 days 的值是 31，表示
                                     //1 月有 31 天

    days = 31;
    }else if(month == 2){            //如果 month 值是 2，设置变量 days 的值是 28，表示
                                     //2 月有 28 天

    days = 28;
    } else if(month == 3){           //如果 month 值是 3，设置变量 days 的值是 31，表示
                                     //3 月有 31 天

    days = 31;
    } else if(month == 4){           //如果 month 值是 4，设置变量 days 的值是 30，表示
                                     //4 月有 30 天

    days = 30;
    } else if(month == 5){           //如果 month 值是 5，设置变量 days 的值是 31，表示
                                     //5 月有 31 天

    days = 31;
    } else if(month == 6){           //如果 month 值是 6，设置变量 days 的值是 30，表示
                                     //6 月有 30 天

    days = 30;
    } else if(month == 7){           //如果 month 值是 7，设置变量 days 的值是 31，表示
                                     //7 月有 31 天

    days = 31;
    } else if(month == 8){           //如果 month 值是 8，设置变量 days 的值是 31，表示
                                     //8 月有 31 天

    days = 31;
    } else if(month == 9){           //如果 month 值是 9，设置变量 days 的值是 30，表示
                                     //9 月有 30 天

    days = 30;
    } else if(month == 10){  //如果 month 值是 10，设置变量 days 的值是 31，
                                     //表示 10 月有 31 天

    days = 31;
    } else if(month == 11){          //如果 month 值是 11，设置变量 days 的值是 30，
                                     //表示 11 月有 30 天

    days = 30;
    } else if(month == 12){          //如果 month 值是 12，设置变量 days 的值是 31，
                                     //表示 12 月有 31 天

    days = 31;
    }
    System.out.print(days);
}
```

在书写 if 语句时，每个 else if 语句是有顺序的。在实际书写时，必须按照逻辑上的顺序进行书写，否则将出现逻辑错误。执行上述代码后的效果如图 3-13 所示。

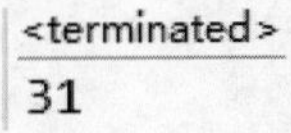

<terminated>
31

图 3-13　代码执行效果

3.4　思考与练习

在本章的内容中，详细阐述了 Java 语言中条件语句的知识，并且通过具体实例介绍了各种条件语句的使用方法。通过本章的学习，读者应该熟悉使用 Java 条件语句，掌握它们的使用方法和技巧。

1. 选择题

(1)　一般来说，当 switch 遇到一些关键字(　　)时，程序会自动结束 switch 语句。

    A. break　　　　　　　B. continue　　　　　　　C. loop

(2)　switch 语句是实现多路选择的一种易行方式(比如从一系列执行路径中挑选一个)。但它要求使用一个选择因子，并且必须是(　　)那样的值。

    A. int 或 char　　　　　B. int 或 string　　　　　C. char 或 float

2. 判断题

(1)　对于 if-else 语句来说，因为 if 的条件和 else 的条件是互斥的，所以在实际执行中，只有一个语句中的功能代码会得到执行。　　　　　　　　　　　　　　(　　)

(2)　switch 表达式的值决定选择哪个 case 分支，如果找不到相应的分支，就直接从 default 开始输出。　　　　　　　　　　　　　　　　　　　　(　　)

3. 上机练习

(1)　判断某年是否是闰年。

(2)　根据消费金额计算折扣。

新起点
电脑教程

第 4 章

使用循环语句

本章要点

- 循环语句
- 跳转语句

本章主要内容

在上一章的内容中，为了实现条件判断功能我们学习了条件语句，通过条件语句让程序的执行顺序发生了变化。为了在 Java 程序中满足循环和跳转等功能的需求，在本章将为读者详细讲解 Java 循环语句的知识，主要包括 for 语句、while 语句、do-while 语句和跳转语句。

4.1　使用循环语句

在 Java 程序中主要有 3 种循环语句，分别是 for 循环语句、while 循环语句和 do-while 循环语句，下面将对这 3 种循环语句进行详细讲解。

↑扫码看视频

4.1.1　for 循环语句

在 Java 程序中，for 语句是最为常见的一种循环语句，for 循环是一个功能强大且形式灵活的结构，下面对它进行讲解。

1. 书写格式

for 语句是一种十分常见的循环语句，其语法格式如下所示。

```
for(initialization;condition;iteration){
}
```

从上面的代码格式可以看出，for 循环语句由以下 3 部分组成。

➢ initialization：初始化操作部分，通常是变量的声明和初始化。

➢ condition：循环条件，是一个布尔表达式。

➢ iteration：循环表达式，是每次循环迭代后的操作。

上述每一部分都用分号分隔，如果只有一条语句需要重复执行，大括号就不需要。

在 Java 程序中，for 循环的执行过程如下。

(1)　当循环启动时先执行其初始化部分，通常这是设置循环控制变量值的一个表达式，作为控制循环的计数器。重要的是你要理解初始化表达式仅被执行一次。

(2)　计算条件 condition 的值。条件 condition 必须是布尔表达式，它通常将循环控制变量与目标值相比较。如果这个表达式为真，则执行循环体，如果为假，则循环终止。

(3)　执行循环体的反复部分，这部分通常是增加或减少循环控制变量的一个表达式。接下来重复循环，首先计算条件表达式的值，然后执行循环体，接着执行反复表达式。这个过程不断重复直到控制表达式变为假。

2. 执行方式

图 4-1 展示了 for 循环执行的流程。

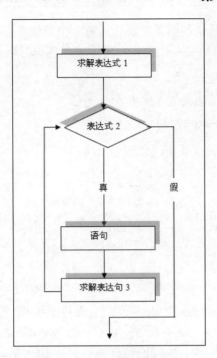

图 4-1　for 循环执行的流程

　实例 4-1：使用 for 循环语句输出 0～9 十个数字
源码路径：daima\4\Forone.java

实例文件 Forone.java 的主要代码如下所示。

```java
public class Forone1 {
  public static void main(String args[]) {
①    for(int a=0;a<10;a++){
②      System.out.println(a);
    }
  }
}
```

①定义一个 for 循环语句，在 initialization 部分定义了一个 int 类型的变量 a，并设置其初始值是 0。在 condition 部分设置的循环条件是 a<10，只要 a<10，则一直循环执行 iteration 表达式 a++。也就是说，每循环一次，变量 a 的值就递增 1 一次。

②打印输出循环结果，执行后的效果如图 4-2 所示。

图 4-2　执行效果

在一般情况下，for 循环语句的条件表达式有一个变量，但是允许有多个表达式。我们在书写初始化表达式时可以声明多个变量，每个变量用逗号隔开。下面通过一个实例代码来演示表达式中有多个变量的情况。

 实例 4-2：在 for 循环表达式中有多个变量
　　源码路径：daima\4\fortwo2.java

实例文件 fortwo2.java 的主要实现代码如下所示。

```java
public class fortwo2 {
 public static void main(String args[]){
//for 语句,只要变量 Aa 小于变量 Bb 就执行后面的循环
    for(int Aa=2,Bb=12;Aa<Bb;Aa++,Bb--){
        System.out.println("Aa="+Aa);
        System.out.println("Bb="+Bb);
    }
 }
}
```

在上述代码中，设置变量 Aa 的初始值是 2，设置变量 Bb 的初始值是 12。只要变量 Aa 小于变量 Bb，就分别循环执行 Aa++ 和 Bb-- 操作。即每循环一次，变量 Aa 的值就递增 1 一次，变量 Bb 的值就递减 1 一次。执行上述代码后的效果如图 4-3 所示。

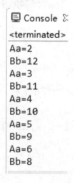

图 4-3　执行效果

3. for 语句嵌套

在 Java 中使用 for 循环语句时，是可以嵌套的，也就是说可以在一个 for 语句中使用另外一个 for 语句。for 嵌套的形式是：for(m){for(n){}}，它执行的方式是 m 循环执行一次，内循环执行 n 次，然后外循环执行第 2 次，内循环再执行 n 次，直到外循环执行完为止，内循环也会终止。请读者看下面的实例代码。

 实例 4-3：for 语句的嵌套用法
　　源码路径：daima\4\fortwo3.java

实例文件 fortwo3.java 的主要实现代码如下所示。

```java
public static void main(String[] args) {
    //第一层 for 嵌套语句
    for(int a=0;a<3;a++)       //设置 a 的初始值是 0,只要 a<3,就循环执行 a 递增 1 的操作
    {
```

```
        //第二层 for 嵌套语句
        for(int b=a;b<3;b++)   //设置 b 的初始值等于 a，只要 b<3，就循环执行 b 递增 1 的操作
        {
            System.out.println("$"); //循环打印输出美元符号
        }
        System.out.print("¥");          //循环打印输出人民币符号
    }
}
```

在上面的代码中，在一个 for 语句中使用了另外一个 for 语句，这就是 for 语句的嵌套。双重嵌套的语句是最常用的 for 语句嵌套形式。上面这段代码使用嵌套显示了人民币和美元符号，执行效果如图 4-4 所示。

```
                            $
                            $
                            $
                            ¥ $
                            $
                            ¥ $
                            ¥
```

图 4-4　for 循环执行效果

 实例 4-4：在屏幕中输出一个用 "*" 摆放的 4*5 图形
　　源码路径：daima\4\fortwo4.java

实例文件 fortwo4.java 的主要代码如下所示。

```
public static void main(String[] args) {
①      for(int x=1; x<5; x++)            //外循环控制的是行数；
        {
②          for(int y=1; y<6; y++)        //内循环控制的是每一行的列(个)数；
            {
③              System.out.print("*");
                        }
④          System.out.println();
}
```

①是外层循环，用于控制星号显示的行数。设置行数用变量 x 表示，初始值是 1，只要 x<5，就循环显示新的一行。

②是内层循环，用于控制星号显示的列数。设置列数用变量 y 表示，初始值是 1，只要 y<6，就循环显示新的一列。

③、④使用 println()函数打印输出 4 行 5 列的星号，执行后的效果如图 4-5 所示。

```
                    *****
                    *****
                    *****
                    *****
```

图 4-5　执行效果

4.1.2　while 循环语句

在 Java 程序里，除了 for 循环语句以外，while 语句也是十分著名的循环语句，其特点和 for 语句十分类似。while 循环语句的最大特点，就是不知道循环多少次时使用它。在 Java 程序中，当不知道某个语句块或者语句需要重复运行多少次时，通过使用 while 语句实现这种循环功能。当 while 表达式为真时，while 语句重复执行一条语句或者语句块。使用 while 语句的基本格式如下所示。

```
while (condition)                    // condition 表达式是循环条件，其结果是一个布尔值
{
}
```

while 语句的执行流程如图 4-6 所示。

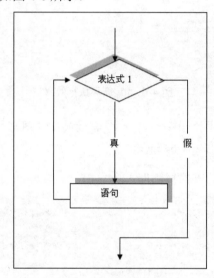

图 4-6　while 语句的执行流程

　智慧锦囊

　　如果 while 循环的循环体部分和迭代语句合并在一起，且只有一行代码，此时可以省略 while 循环后面的花括号。但这种省略花括号的做法，可能会降低程序的可读性。在使用 while 循环时，一定要保证循环条件有变成 false 的时候，否则这个循环将成为一个死循环，即永远无法结束这个循环。

4.1.3　do-while 循环语句

在许多程序中会存在这种情况：当条件为假时也需要执行语句一次。初学者可以这么理解，在执行一次循环后再测试表达式。在 Java 语言中，我们可以使用 do-while 语句实现上述功能描述的循环。

1．书写格式

在 Java 语言中，do-while 循环语句的特点是至少会执行一次循环体，因为其条件表达式在循环的最后。使用 do-while 循环语句的格式如下所示。

```
do{
        程序语句…
}
while (condition)        // condition 表示循环条件，是一个布尔值
```

在上述格式中，do-while 语句先执行"程序语句"一次，然后再判断表达式，如果表达式为真则循环继续，如果表达式为假则循环到此结束。

2．执行方式

在 Java 语言中，do-while 循环语句的执行流程如图 4-7 所示。

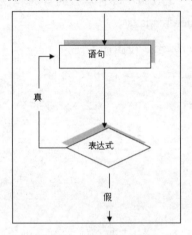

图 4-7　do-while 流程图

也就是说，在 do-while 语句中无论如何都要执行一次代码。

　实例 4-5：使用 do-while 语句
　　　　　　　　源码路径：daima\4\doone.java

实例文件 doone.java 的主要代码如下所示。

```
public static void main(String args[]){
①       int x=0;
②       do{
③         System.out.println(x);
④          x++;
⑤       }while(x<8);
}
```

①定义 int 类型变量 x，设置其初始值为 0。

②、③、④、⑤是使用 do-while 循环的部分，在⑤处设置循环条件 x<8。只要 x<8，就循环打印输出 x 的值，并且每次循环设置 x 值递增 1。

③、④打印输出变量 x 的值，只要满足循环条件 x<8，则循环输出 x 的值，并且每次循环 x 值都会递增 1，循环直到 x>8 为止。执行后的效果如图 4-8 所示。

```
0
1
2
3
4
5
6
7
```

图 4-8　执行效果

3. 应用举例

do-while 语句是常见的循环语句之一，使用它的频率十分高，接下来将通过一个具体实例来加深对 do-while 语句的学习与理解。

实例 4-6：计算不大于 120 的所有自然数的累加和

源码路径：daima\4\dothree.java

实例文件 dothree.java 的主要实现代码如下所示。

```java
public static void main(String args[]){
    int i = 1;                      //设置 int 类型变量 i，设置其初始值为 1
    int sum = 0;                    //设置 int 类型变量 sum，设置其初始值为 0
    do                              //开始 do-while 循环
    {
    sum += i++;                     //先运行 sum = sum+i，然后运行 i=i+1
    }
    while(i<=120);                  //do-while 循环的条件是 i 小于等于 120
    System.out.println(sum);        //打印输出 sum 的值
}
```

在编写上述 do-while 代码时，一定不要忘记 while()语句后面的分号"；"，初学者容易漏掉这个分号，这样会造成编译和运行时报错。执行效果如图 4-9 所示。

```
🔲 Problems  @ Javadoc  🔲 Declaration  🔲 Console ␡
<terminated> dothree [Java Application] C:\Program Files\Java\
7260
```

图 4-9　执行结果

4.2　使用跳转语句

在使用条件语句和循环语句的过程中，有时候不需要再进行循环，此时就需要特定的关键字来实现跳转功能，如 break。在本节的内容中，将详细讲解在 Java 中使用跳转语句的基本知识。

↑扫码看视频

4.2.1　break 语句的应用

在本章前面的内容中已经接触了 break 语句，了解到它在 switch 语句里可以终止一个语句。其实除了这个功能外，break 还能实现其他功能，如可以退出一个循环。break 语句根据用户使用的不同，可以分为无标号退出循环和有标号退出循环两种。其中无标号退出循环是指直接退出循环，当在循环语句中遇到 break 语句时循环会立即终止，循环体外面的语句也将会重新开始。

 实例 4-7：演示无标号退出循环的用法

源码路径：daima\4\break1.java

实例文件 break1.java 的主要实现代码如下所示。

```
public static void main(String args[]){
    for(int dd=0;dd<19;dd++)    //使用 for 循环，只要 dd 的值小于 19，就设置每次
                                //循环时 dd 的值递增 1
    {
       if(dd==3)     //使用 if 语句，如果 dd 值等于 3 则使用下面的 break 跳转
       {
          break;     //跳转功能从此开始
       }
       System.out.println(dd); //打印输出 dd 的值
    }
}
```

在上面的代码中，不管 for 循环有多少次循环，它都会在 d=3 时终止程序，执行后的效果如图 4-10 所示。

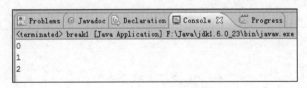

图 4-10　break 语句执行效果

其实 break 语句不但可以用在 for 语句中，还可以用在 while 语句和 do-while 语句中，下面将通过一个具体实例对它们进行讲解。

 实例 4-8：在 while 循环语句中使用 break

源码路径：daima\4\break2.java

实例文件 break2.java 的主要代码如下所示。

```
public static void main(String args[]){
①     int A=0;
②     while(A<18){
③        if(A==7){
④           break;
          }
⑤        System.out.println(A);
```

```
⑥          A++;
       }
}
```

①定义 int 类型变量 A，设置其初始值为 0。

②开始使用 while 循环，如果 A<18，则执行②～⑥行的 while 循环。

③、④使用 if 语句，如果 A=7，则执行④中的 break 语句。

⑤、⑥打印输出 A 的值，每循环一次，设置 A 的值递增 1。执行后的效果如图 4-11 所示。

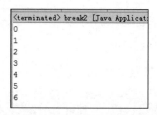

图 4-11　执行效果

4.2.2　return 语句的应用

在 Java 程序中，使用 return 语句可以返回一个方法的值，并把控制权交给调用它的语句。使用 return 语句的语法格式如下所示。

```
return[表达式];
```

表达式是可选参数，表示要返回的值，它的数据类型必须同方法声明中的返回值类型一致，这可以通过强制类型转换实现。

 知识精讲

在编写 Java 程序时，如果 return 语句被放在方法的最后，此时将用于退出当前的程序，并返回一个值。如果把单独的 return 语句放在一个方法中间时会出现编译错误。如果用户要把 return 语句放在中间，可以使用条件语句 if，然后将 return 语句放在一个方法中间，用来实现在程序中未执行完全部语句退出。

 实例 4-9：使用 return 语句

源码路径：daima\4\return1.java

实例文件 return1.java 的主要代码如下所示。

```
public static void main(String[] args) {
①      System.out.println("---------无返回值类型的 return 语句测试--------");
②      for (int i = 1;i <= 100 ; i++) {
③          if (i == 4) return;
④          System.out.println("i = " + i);
       }
}
```

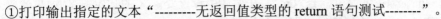

①打印输出指定的文本"--------无返回值类型的 return 语句测试--------"。

②使用 for 循环，i 初始值为 1，设置只要 i≤100，就执行循环。

③使用 if 语句，如果 i=4，则立即结束当前方法。

④打印输出变量 i 的值，执行后的效果如图 4-12 所示。

```
i = 1
i = 2
i = 3
```

图 4-12　执行效果

4.3　实践案例与上机指导

通过本章的学习，读者基本可以掌握 Java 循环语句的知识。其实 Java 循环语句的知识还有很多，这需要读者通过课外渠道来加深学习。下面通过练习操作，以达到巩固学习、拓展提高的目的。

↑扫码看视频

4.3.1　有标号的 break 语句

在 Java 程序中，只有在嵌套的语句中才可以使用有标号的 break 语句。在嵌套的循环语句中，可以在循环语句前面加一个标号，在使用 break 语句时，就可以使用 break 后面紧接着的标号来退出该标号所在的循环。

　实例 4-10：使用有标号的 break 语句

源码路径：daima\4\breakyou.java

实例文件 breakyou.java 的主要代码如下所示。

```
public static void main(String args[]){
①    out: for(int X=0;X<10;X++){
②        System.out.println("X="+X);
③        for(int Y=0;Y<10;Y++){
④            if(Y==7){
⑤                break out;
                }
⑥        System.out.println("Y="+Y);
            }
        }
}
```

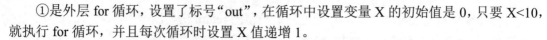

①是外层 for 循环,设置了标号"out",在循环中设置变量 X 的初始值是 0,只要 X<10,就执行 for 循环,并且每次循环时设置 X 值递增 1。

②、⑥分别打印输出 X 的值和 Y 的值。

③是内层 for 循环,在循环中设置变量 Y 的初始值是 0,只要 Y<10,就执行 for 循环,并且每次循环时设置 Y 值递增 1。

④、⑤使用 if 语句设置当 Y=7 时,执行⑤中的 break 语句,break 语句的功能是终止 out 循环语句的执行。

程序运行后,先执行外层循环,再执行内层循环,输出 X=0,然后内层循环语句输出 Y=0,然后依次输出 Y=1,Y=2,Y=3,Y=4……当 Y=7 时,将会执行 break 语句,退出 out 循环(外层循环)语句,从而退出循环。执行后的效果如图 4-13 所示。

```
X=0
Y=0
Y=1
Y=2
Y=3
Y=4
Y=5
Y=6
```

图 4-13 执行效果

智慧锦囊

带标号的 break 语句只能放在这个标号所指的循环里面,如果放到别的循环体里面将会出现编译错误。另外,break 后的标号必须是一个有效的标号,即这个标号必须在 break 语句所在的循环之前定义,或者在其所在循环的外层循环之前定义。当然如果把这个标号放在 break 语句所在循环之前定义,会失去标号的意义,因为 break 默认就是结束其所在的循环。通常紧跟 break 之后的标号,必须在 break 所在循环的外层循环之前定义才有意义。

4.3.2　continue 跳转语句

在 Java 语言中,continue 跳转语句不如前面几种跳转语句应用得多,其作用是强制一个循环提前返回,也就是让循环继续执行,但不执行本次循环剩余的循环体中的语句。

实例 4-11:使用 continue 语句
源码路径:daima\4\conone.java

实例文件 conone.java 的主要代码如下所示。

```
public static void main(String args[]) {
    for(int a=0;a<10;a++)        //使用 for 循环
    {
```

```
    System.out.print(a);        //打印输出变量 a 的值
    if(a%2==0)                  //如果 a 是一个偶数
    {
      continue;                 //使用 continue
    }
    System.out.println("$");//打印输出美元符号
  }
}
```

在上述代码中，先进入循环输出为 0，然后执行控制语句，计算结果为 true，在执行 continue 语句时，再也不执行循环语句中的剩余语句，回到循环语句，输出 1，然后进入选择控制语句，计算结果为 false，则不再执行 continue，继续执行，输出美元符号($)，依次类推。上述代码是无标号的，continue 也可带标号。执行后的效果如图 4-14 所示。

```
<terminated>
01$
23$
45$
67$
89$
```

图 4-14 执行效果

4.4 思考与练习

本章详细讲解了 Java 语言中各种循环语句的知识，并且通过具体实例介绍了循环语句的使用方法。通过本章的学习，读者应该熟悉使用 Java 循环语句，掌握它们的使用方法和技巧。

1. 选择题

(1) ( )语句的作用是强制一个循环提前返回，也就是让循环继续执行。

    A. continue   B. for   C. while

(2) 在 Java 程序中，只有在嵌套的语句中才可以使用有标号的( )语句。

    A. continue   B. break   C. for

2. 判断题

(1) 其实 break 语句不但可以用在 for 语句中，还可以用在 while 语句和 do-while 语句中。   ( )

(2) 在 Java 语言中，do-while 循环语句的特点是至少会执行两次循环体。   ( )

3. 上机练习

(1) 输出累加和不大于 30 的所有自然数。

(2) 使用嵌套循环输出九九乘法表。

新起点电脑教程

第5章

数 组

本章主要内容

　　数组是 Java 程序中最常见的一种数据结构，能够将相同类型的数据用一个标识符来封装到一起，构成一个对象序列或基本类型序列。数组比我们前面所学习的数据类型的存储效率要高，在本章将详细讲解数组和数组操作的基本知识。

5.1 一 维 数 组

数组是 Java 语言最重要的组成部分，如果按照数组内的维数来划分，可以将数组分为一维数组和多维数组。当数组中每个元素都只带有一个下标时，称这样的数组为一维数组。在本节的内容中，将详细讲解使用一维数组的知识。

↑扫码看视频

5.1.1 声明一维数组

数组是某一类元素的集合体，每一个元素都拥有一个索引值，只需要指定索引值就可以取出对应的数据。在 Java 中声明一维数组的格式如下所示。

```
int[] array;
```

也可以用下面的格式：

```
int array[];
```

虽然这两种格式的形式不同，但含义是一样的，各个参数的具体说明如下所示。

- ➢ int：数组元素类型。
- ➢ array：数组名称。
- ➢ []：一维数组的内容都是通过这个符号括起来。

除了上面声明的整型数组外，还可以声明多种数据类型的数组，如下面的代码。

```
boolean[] array;        //声明布尔型数组
float[] array;          //声明浮点型数组
double[] array;         //声明双精度型数组
```

5.1.2 创建一维数组

创建数组实质上就是为数组申请相应的存储空间，数组的创建需要用大括号 "{}" 括起来，然后将一组相同类型的数据放在存储空间里，Java 编译器负责管理存储空间的分配。创建数组的方法十分简单，具体格式如下所示。

```
int[] a={1,2,3,5,8,9,15};
```

上述代码创建了一个名为 a 的整型数组，但是为了访问数组中的特定元素，应指定数组元素的位置序数，也就是索引和下标，一维数组具体结构如图 5-1 所示。

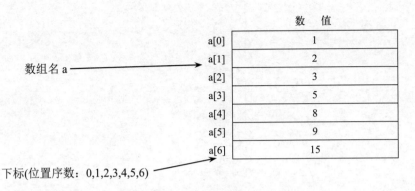

图 5-1 一维数组内部结构

上面这个数组的名称是 a，方括号的数值表示数组元素的序号，这个序号通常也被称为下标。这样就可以很清楚地表示每一个数组元素，数组 a 的第一个值就用 a[0]表示，第 2 个值就用 a[1]表示，依次类推。

 实例 5-1：创建并输出一维数组中的数据
源码路径：daima\5\shuzuone1.java

实例文件 shuzuone1.java 的主要代码如下所示。

```
public static void main(String[] args) {
①   int[] X={12,13,24,77,68,39,60};
②   int[] Y;
③   Y=X;
④   for(int i=0;i<X.length;i++){
⑤       Y[i]++;
⑥       System.out.println("X["+i+"]="+X[i]);
⑦       System.out.println("Y["+i+"]="+Y[i]);
    }
```

①定义一个 int 类型的数组 X，在里面存储了 7 个数组元素。

②定义了一个 int 类型的数组 Y，在③行设置数组 Y 的值和数组 X 的值相同。

④使用 for 循环遍历数组，设置 i 初始值为 0，如果 i 值小于数组 X 的长度，则执行 i 值递增 1 的循环。

⑤设置数组 Y 索引值递增 1。

⑥、⑦分别打印输出数组 X 和数组 Y 中的元素值。

因为数组基数都是从零开始的，所以最大数组下标为 length-1，在上述代码中，数组 Y 没有任何元素，它此时只是被实例化了一个对象，告诉编译器为它分配一定的存储空间，然后将数组 X 赋值给 Y，这个编译操作实际上就是将 X 数组的内存地址赋给数组 Y。在上述代码中，Y 数组并没有赋值。执行后的效果如图 5-2 所示。

```
X[0]=13
Y[0]=13
X[1]=14
Y[1]=14
X[2]=25
Y[2]=25
X[3]=78
Y[3]=78
X[4]=69
Y[4]=69
X[5]=40
Y[5]=40
X[6]=61
Y[6]=61
```

图 5-2　执行效果

5.1.3　初始化一维数组

在 Java 程序里，一定要将数组看作一个对象，其数据类型和前面基本数据类型相同。在很多时候我们需要对数组进行初始化处理，在初始化的时候需要规定数组的大小，当然也可以初始化数组中的每一个元素。下面的代码演示了 3 种初始化一维数组的方法。

```
int[] a=new int[8];              //使用 new 关键字创建一个含有 8 个元素的 int 类型的数组 a
int[] a=new int{1,2,3,4,5,6,7,8};        //初始化设置数组 a 中的 8 个数组元素
int[] a={1,2,3,4};               //初始化设置数组 a 中的 4 个数组元素
```

对上述代码的具体说明如下所示。
➢ int：数组类型。
➢ a：数组名称。
➢ new：对象初始化语句。

知识精讲

在初始化数组的时候，当使用关键字 new 创建数组后，一定要明白它只是一个引用，直到将值赋给引用，开始进行初始化操作后才算是真正的结束，在上面 3 种初始化数组的方法中，读者可以根据自己的习惯选择一种初始化方法。

实例 5-2：初始化一维数组，并将数组值输出打印
源码路径：daima\5\shuzuone3.java

实例文件 shuzuone3.java 的主要代码如下所示。

```
① import java.util.Random;
   public static void main(String[] args) {
② Random rand=new Random();
③ int[]x=new int[rand.nextInt(5)];
④ double[]y=new double[rand.nextInt(5)];
   //随机产生 0～4 之间的数作为 int 数组的长度
⑤ System.out.println("x 的长度为"+x.length);
```

```
⑥      System.out.println("y 的长度为"+y.length);
⑦          for(int i=0;i<x.length;i++){
⑧          x[i]=rand.nextInt(5);
⑨          System.out.println("x["+i+"]="+x[i]);
       }
⑩      for(int i=0;i<y.length;i++){
⑪          y[i]=rand.nextDouble();
⑫          System.out.println("y["+i+"]="+y[i]);//打印数组 y
       }
}
```

①插入类 Random，通过此类生成随机数字。

②实例化 Random 类对象，创建一个随机数对象 rand。

③随机产生 0～4 之间的数作为 int 类型数组 x 的长度。

④定义一个 double 类型的数组 y，设置数组元素个数是随机产生 0～4 之间的数。

⑤、⑥分别打印输出数组 x 和数组 y 的长度。

⑦使用 for 循环，设置 i 值小于数组 x 的长度则执行 i 值递增 1 的循环。

⑧随机产生 0～4 之间数字并赋给数组 x 作为数组长度。

⑨打印输出数组 x 中的数组元素。

⑩使用 for 循环，设置 i 值小于数组 y 的长度则执行 i 值递增 1 的循环。

⑪随机产生 double 类型的数值并赋给数组 y 的数组元素。

⑫打印输出数组 y 中的数组元素。

执行后的效果如图 5-3 所示。

```
x的长度为1
y的长度为2
x[0]=2
y[0]=0.3394141243642135
y[1]=0.5928809837346212
```

图 5-3　执行效果

5.2　二　维　数　组

在 Java 语言的多维数组中，二维数组是应用最为广泛的一种数组。二维数组是指有两个底标的数组，初学者可以将二维数组理解成一个围棋棋盘，要描述一个元素的位置，必须通过纵横两个底标来描述。在本节将详细讲解 Java 语言中二维数组的基本知识，为读者学习本书后面的知识打下基础。

↑扫码看视频

5.2.1 声明二维数组

前面已经学习声明一维数组的知识，就会发现声明二维数组也变得十分简单了，因为它与声明一维数组的方法十分相似。很多程序员将二维数组习惯地看作是一个特殊的一维数组，其每一个元素又是一个数组。声明二维数组的语法格式如下所示。

```
float A[][];          //float 类型的二维数组 A
char B[][];           //char 类型的二维数组 B
int C[][];            //int 类型的二维数组 C
```

上述代码中各个参数的具体说明如下所示。

- ➢ float、char 和 int：表示数组的类型。
- ➢ A、B 和 C：表示数组的名称。

5.2.2 创建二维数组

创建二维数组的过程，实际上就是在计算机上申请一个存储空间的过程，如下面是创建二维数组的代码。

```
int A[][]=
{1,3,5,7},
{2,4,6,8};
```

通过上述代码创建了一个二维数组，A 是数组名，实质上此二维数组相当于一个两行四列的矩阵，当需要取多维中的值时，可以使用下标来显示。具体格式如下所示。

```
Array[i-1][j-1]
```

上述代码中各个参数的具体说明如下所示。

- ➢ i：数组的行数。
- ➢ j：数组的列数。

下面以一个二维数组为例，看一下 3 行 4 列的数组内部结构，此数据的结构如表 5-1 所示。

表 5-1　二维数组内部结构

	列 1	列 2	列 3	列 4
行 0	A[0] [0]	A[0] [1]	A[0] [2]	A[0] [3]
行 1	A[1] [0]	A[1] [1]	A[1] [2]	A[1] [3]
行 2	A[2] [0]	A[2] [1]	A[2] [2]	A[2] [3]

实例 5-3：创建二维数组并输出打印里面的数据
源码路径：daima\5\shuzutwo1.java

实例文件 shuzutwo1.java 的主要代码如下所示。

```
public static void main(String[] args) {
    int [][] Aa={          //定义二维数组并初始化各个值
```

```
        {11,12,23,24},
        {15,26,27,18},
        {19,10,17,18},
        {13,14,15,16},
        {17,18,19,20},
    };
    for(int i=0;i<Aa.length;i++)            //循环输出数组行元素
        for(int j=0;j<Aa[i].length;j++){//循环输出数组列元素
            System.out.println("Aa["+i+"]["+j+"] ="+Aa[i][j]);
        }
}
```

在上述代码中，使用 for 循环语句打印输出了二维数组中的数据。在打印二维数组时，第一个 for 循环语句表示以行进行循环，第二个循环语句表示以每行的列数进行循环，这样就达到了取得二维数组中每个值的功能。执行后的效果如图 5-4 所示。

```
Aa[0][0] =11
Aa[0][1] =12
Aa[0][2] =23
Aa[0][3] =24
Aa[1][0] =15
Aa[1][1] =26
Aa[1][2] =27
Aa[1][3] =18
Aa[2][0] =19
Aa[2][1] =10
Aa[2][2] =17
Aa[2][3] =18
Aa[3][0] =13
Aa[3][1] =14
Aa[3][2] =15
Aa[3][3] =16
Aa[4][0] =17
Aa[4][1] =18
Aa[4][2] =19
Aa[4][3] =20
```

图 5-4 执行效果

5.2.3 初始化二维数组

初始化二维数组的方法非常简单，特别是在学习过初始化一维数组的方法后就感觉更为简单了，因为初始化二维数组和初始化一维数组的方法一样，也是使用下面的语法格式实现的。

```
array=new int[]…[]{第一个元素的值, 第二个元素的值, 第三个元素的值, …};
```

或者用对象数组的语法实现：

```
array=new int[]…[]{new 构造方法 (参数行), {new 构造方法 (参数列), …};
```

上述代码中各个参数的具体说明如下所示。

➢ array：数组名称。
➢ new：实例化对象语句。
➢ int：数组元素类型。

二维数组是多维数组中的一种，为了使数组的结构显得更加清晰，建议使用多个大括号 "{}" 括起来。下面以二维数组为例，如果希望第一维有三个索引，第二维有两个索引，就可以使用下列语法来指定元素的初始值。

```
int[][]array=new Integer[][]{
    {new Integer(1), new Integer(2)},
    {new Integer(3), new Integer(4)},
    {new Integer(5), new Integer(6)},
}
```

上述代码中各个参数的具体说明如下所示。

➢ array：数组名称。
➢ int：数组元素类型。
➢ new：实例化对象语句。
➢ Integer：数组元素类型。

 实例 5-4：找出二维数组中的最大值

源码路径：daima\5\shuzutwo3.java

实例文件 shuzutwo3.java 的主要代码如下所示。

```
public static void main(String args[]){
①    int[][] a = {{12,32},{10,34},{18,36}} ;
②    int max =a[0][0] ;
③    for(int i = 0;i<a.length;i++){
④      for(int j = 0;j<a[i].length;j++){
⑤        if(a[i][j]>max){
⑥          max = a[i][j];
          }
        }
      }
⑦    System.out.println("这个二维数组中的最大值:"+max);
      }
```

①定义一个 int 类型的二维数组 a，并设置了这个二维数组的初始值。
②假设二维数组中的第一个元素为最大值。
③第 1 个 for 循环语句表示以行进行循环，取得二维数组中每行中的最大值。
④第 2 个 for 循环语句表示以列进行循环，取得二维数组中每列中的最大值。
⑤如果在该数组中有比③和④行中最大值还要大的值，那么这个值就是数组中的最大元素。

执行后的效果如图 5-5 所示。

这个二维数组中的最大值：36

图 5-5　执行效果

在数组中寻找最大元素和最小元素是十分常见的操作，如在公司里面查询本月工资情况时都需要求最大值和最小值。

5.3　三　维　数　组

三维数组也是多维数组的一种，是二维数组和一维数组的升级。在一些情况下，一维数组和二维数组很可能不能描述一种相同类型的数据，这个时候可以考虑用三维数组。在本节将详细讲解三维数组的基本知识，为学习本书后面的知识打下基础。

↑扫码看视频

5.3.1　声明和创建三维数组

声明三维数组的方法十分简单，与声明一维数组、二维数组的方法相似，具体格式如下所示。

```
float a[][][];
char b[][][];
```

上述代码中各个参数的具体说明如下所示。

➤ float：数组类型。

➤ a：数组名称。

➤ b：数组名称。

在 Java 程序中，创建一个三维数组的方法也十分简单，如下面的代码。

```
int[][][] a=new int[2][2][3];
```

在上面创建数组的代码中，定义了一个 2×2×3 的三维数组，我们可以将其想象成一个 2×3 的二维数组。

5.3.2　初始化三维数组

初始化三维数组的方法十分简单，如下面的代码初始化了一个三维数组。

```
int[][][]a={
 //初始化三维数组
{{1,2,3}, {4,5,6}}
{{7,8,9},{10,11,12}}
}
```

通过上述代码，定义并且初始化了三维数组的元素值。

 实例 5-5：使用三层循环遍历三维数组

源码路径：daima\5\shuzuduo1.java

实例文件 shuzuduo1.java 的主要代码如下所示。

```
public static void main(String[] args) {
①      int array[][][] = new int[][][]{
            { { 1, 2, 3 }, { 4, 5, 6 } },
            { { 7, 8, 9 }, { 10, 11, 12 } },
            { { 13, 14, 15 }, { 16, 17, 18 } }
        };
②      array[1][0][0] = 97;
③      for (int i = 0; i < array.length; i++) {
④          for (int j = 0; j < array[0].length; j++) {
⑤              for (int k = 0; k < array[0][0].length; k++) {
⑥                  System.out.print(array[i][j][k] + "\t");
                }
⑦              System.out.println();
            }
        }
}
```

①定义一个 int 类型的三维数组 array，然后在大括号中初始化了数组中的元素值。

②改变数组中 array[1][0][0]元素的值为 97。

③、④、⑤使用 for 循环遍历数组中的所有元素，因为这是一个三维数组，故需要三次用到 for 循环。

⑥打印输出数组中的所有元素。

⑦设置每当打印输出多维数组中的一维数组后马上换行，换行后打印输出下一维的数组元素。执行后的效果如图 5-6 所示。

1	2	3
4	5	6
7	8	9
10	11	12
13	14	15
16	17	18

图 5-6　执行效果

5.4　实践案例与上机指导

通过本章的学习，读者基本可以掌握 Java 语言中数组的知识。其实 Java 数组的知识还有很多，这需要读者通过课外渠道来加深学习。下面通过练习操作，以达到巩固学习、拓展提高的目的。

↑扫码看视频

5.4.1 复制数组

复制数组是指复制一个数组内的数值，在 Java 中可以使用 System 中的方法 arraycopy() 实现复制数组的功能。方法 arraycopy() 的语法格式如下所示。

```
System.arraycopy(arrayA,0,arrayB,0,a.length);
```

➢ array A：来源数组名称。
➢ 0：来源数组起始位置。
➢ array B：目的数组名称。
➢ 0：目的数组起始位置。
➢ a.length：复制来源数组元素的个数。

上述复制数组方法 arraycopy() 有一定的局限性，我们可以改写这个方法，让此方法的功能更加强大，进而复制数组内的任何元素。具体格式如下所示。

```
System.arraycopy(arrayA,2,arrayB,3,3);
```

➢ array A：来源数组名称。
➢ 2：来源数组起始位置第 2 个元素。
➢ array B：目的数组名称。
➢ 3：目的数组起始位置第 3 个元素。
➢ 3：在来源数组第 2 个元素开始复制 3 个元素。

 实例 5-6：复制一维数组中的元素
源码路径：daima\5\shuzugong1.java

实例文件 shuzugong1.java 的主要代码如下所示。

```
public class shuzugong1 {
public static void main(String[] args) {
    int X;                                    //定义 int 类型变量 X
    int Y[] = { 10, 9, 8, 7, 6, 5, 4, 3, 2, 1 };//定义 int 类型数组 Y，并赋值
                                              //10 个整数
    System.arraycopy(Y, 0, Y, 0, Y.length);   //开始复制数组
    for (X = 0; X < Y.length; X++)            //遍历输出数组 Y 中的元素
      System.out.print(Y[X] + " ");
    System.out.println();
 }
}
```

执行后的效果如图 5-7 所示。

```
10 9 8 7 6 5 4 3 2 1
```

图 5-7 执行效果

5.4.2 比较数组

比较数组就是检查两个数组是否相同，如果相同，则返回一个布尔值 true；如果不相同，

则返回布尔值 false。在 Java 中可以使用方法 equalse()比较数组是否相同，具体格式如下所示。

```
Arrays.equalse(arrayA,arrayB);
```

➢ arrayA：待比较数组名称。

➢ arrayB：待比较数组名称。

如果两个数组相同就会返回 true，如果两个数组不相同就会返回 false。

实例 5-7： 比较两个一维数组

源码路径： daima\5\shuzugong3.java

实例文件 shuzugong3.java 的主要代码如下所示。

```java
public static void main(String[] args){
    int[]a1={1,2,3,4,5,6,7,8,9,0};
    int[]a2=new int[9];
    System.out.println(Arrays.equals(a1, a2));
    int[]a3={1,2,3,4,5,6,7,8,9,0};
    System.out.println(Arrays.equals(a1, a3));
    int[]a4={1,2,3,4,5,6,7,8,9,5};
    System.out.println(Arrays.equals(a1, a4));
}
```

执行后的效果如图 5-8 所示。

```
false
true
false
```

图 5-8　执行效果

智慧锦囊

在比较数组的时候，一定要在程序前面加上一句 "import.java.util.Arrays;"，否则程序会自动报错。

5.4.3　排序数组

排序数组是指对数组内的元素进行排序，在 Java 中可以使用方法 sort()实现排序功能，并且排序规则是默认的。使用方法 sort()的语法格式如下所示。

```
Arrays.sort(a);
```

参数 a 是待排序数组名称。

下面通过一个实例代码来演示如何使用方法 sort()来排序数组内元素。

实例 5-8： 使用 sort()排序数组内元素

源码路径： daima\5\shuzugong6.java

实例文件 shuzugong6.java 的主要实现代码如下所示。

```
import java.util.Arrays;
public class shuzugong6 {
    public static void main(String[] args){
        String []a=new String[] {"123","XYZ","ABCD","256"};    //初始化数组 a 的元素，
                                                                //既有数字也有字母
        Arrays.sort(a);                            //对数组 a 中的元素进行排序
        System.out.println(Arrays.asList(a));      //打印输出排序后的结果
    }
}
```

执行后的效果如图 5-9 所示。

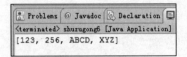

图 5-9 执行效果

5.5 思考与练习

本章详细阐述了 Java 语言中数组的知识，并且通过具体实例介绍了各种数组的使用方法。通过本章的学习，读者应该熟练使用 Java 数组，掌握它们的使用方法和技巧。

1. 选择题

(1) 数组中第一个元素的索引是(   )。

    A. 0　　　　　　　　　B. 1　　　　　　　　　C. 2

(2) 二维数组是多维数组中的一种，为了使数组的结构显得更加清晰，建议使用多个(   )括起来。

    A. {}　　　　　　　　B. []　　　　　　　　C. ()

2. 判断题

(1) 在 Java 程序里，一定要将数组看作一个对象，它的数据类型和基本数据类型相同。

    (   )

(2) 在 Java 中可以使用方法 binarySearch()搜索数组中的某一个元素。　　(   )

3. 上机练习

(1) 基本数据类型的数组排序。

(2) 复合数据类型的数据排序。

第 6 章

Java 的面向对象

本章主要内容

　　Java 是一门面向对象的语言，为我们提供了定义类、定义属性、定义方法等最基本的功能。类被认为是一种自定义的数据类型，可以使用类来定义变量，所有使用类定义的变量都是引用变量，它们将会引用到类的对象，对象由类负责创建。类用于描述客观世界里某一类对象的共同特征，而对象则是类的具体存在，Java 程序使用类的构造器来创建该类的对象。在本章将详细讲解 Java 面向对象的一些知识与特性，重点学习类和方法的相关知识。

6.1　面向对象基础

↑扫码看视频

面向对象编程方法学是Java编程的指导思想。在使用Java进行编程时,应该首先利用对象建模技术(OMT)来分析目标问题,抽象出相关对象的共性,对它们进行分类,并分析各类之间的关系;然后再用类来描述同一类对象,归纳出类之间的关系。

在 Java 语言中,除了 8 个基本数据类型值之外都是对象,对象就是面向对象程序设计的中心。对象是人们要进行研究的任何事物,从最简单的数字到复杂的航空母舰等均是对象。对象不仅能表示具体的事物,还能表示抽象的规则、计划或事件。对象是具有状态的,一个对象用数据来描述它的状态。Java 通过为对象定义 Field(以前常被称为属性,现在也称为字段)来描述对象的状态。对象也具有操作,这些操作可以改变对象的状态,对象的操作也被称为对象的行为,Java 通过为对象定义方法来描述对象的行为。对象实现了数据和操作的结合,使数据和操作封装于对象的统一体中。对象是 Java 程序里的核心,所以,Java 里的对象具有唯一性,每个对象都有一个标识来引用它,如果某个对象失去了标识,这个对象将变成垃圾,只能等着系统垃圾回收来回收它。Java 语言不允许直接访问对象,而是通过对对象的引用来操作对象。

1. 类

Java 中的每一个源程序至少都会有一个类,如本书前面介绍的实例中,用关键字 class 定义的都是类。Java 是面向对象的程序设计语言,类是面向对象的重要内容,我们可以把类当成一种自定义数据类型,可以使用类来定义变量,这种类型的变量统称为引用型变量。也就是说,所有类是引用数据类型。

2. 对象

对象是实际存在的某个类中的个体,因而也称实例(instance)。对象的抽象是类,类的具体化就是对象,也可以说类的实例是对象。类用来描述一系列对象,类会概述每个对象应包括的数据,类概述每个对象的行为特征。因此,我们可以把类理解成某种概念、定义,它规定了某类对象所共同具有的数据和行为特征。

在面向对象的程序中,首先要将一个对象看作一个类,假定人是类,任何一个人都是一个对象,类只是一个大概念而已,而类中的对象是具体的,具有各自的属性(如漂亮、身材好)和方法(如会作诗、会编程)。

3. Java 中的对象

通过上面的讲解可知,在我们的身边会发现有很多对象,如车、狗、人等。所有这些对象都有自己的状态和行为。拿一条狗来举例，它的状态有名字、品种、颜色，行为有叫、摇尾巴和跑。

对比现实对象和软件对象，它们之间十分相似。软件对象也有状态和行为，软件对象的状态就是属性，行为通过方法来体现。在软件开发过程中，方法操作对象内部状态的改变，对象的相互调用也是通过方法来完成。

智慧锦囊

类和对象的区别如下。

① 类用于描述客观世界里某一类对象的共同特征，而对象则是类的具体存在，Java 程序使用类的构造器来创建该类的对象。

② 类是创建对象的模板和蓝图，是一组类似对象的共同抽象定义。类是一个抽象的概念，不是一个具体的东西。

③ 对象是类的实例化结果，是实实在在的存在，代表现实世界的某一事物。

4. 属性

属性有时也被称为字段，用于定义该类或该类的实例所包含的数据。在 Java 程序中，属性通常用来描述某个具体对象的特征，是静态的。例如，姚明(对象)身高 2.6 米多，小白(对象)的毛发是棕色的，二郎神(对象)额头上有只眼睛等都是属性。

5. 方法

方法则用于定义该类或该类的实例的行为特征或功能实现。每个对象有它们自己的行为或者是使用它们的方法，如一只狗(对象)会跑会叫等，我们把这些行为称为方法，是动态的，可以使用这些方法来操作一个对象。

6. 类的成员

属性和方法称为这个对象的成员，因为它们是构成一个对象的主要部分，没有这两样东西，那么对象也没有存在的意义了。

6.2　创　建　类

只要是一门面向对象的编程语言(如 C++、C#和 PHP 等)，就一定有类这一概念。类是指将相同属性的东西放在一起，类是一个模板，能够描述一类对象的行为和状态。

↑扫码看视频

6.2.1　定义类

在 Java 语言中，定义类的语法格式如下所示。

```
[修饰符] class 类名
{
        零个到多个构造器的定义...
        零个到多个属性...
        零个到多个方法...
}
```

在上面定义类的语法格式中，修饰符可以是 public、final 或 static，或者完全省略这三个修饰符，类名只要是一个合法的标识符即可，但这仅仅满足的是 Java 的语法要求；如果从程序的可读性方面来看，Java 类名必须是由一个或多个有意义的单词连接而成，每个单词的首字母大写，其他字母全部小写，单词与单词之间不要使用任何分隔符。

在定义一个类时可以包含 3 种最常见的成员，分别是构造器、属性和方法。这 3 种成员都可以定义零个或多个，如果 3 种成员都只定义了零个，这说明定义了一个空类，这没有太大的实际意义。类中各个成员之间的定义顺序没有任何影响，各个成员之间可以相互调用。但是需要注意的是，static 修饰的成员不能访问没有 static 修饰的成员。

在下面的代码中，定义一个名为 person 的类，这是具有一定特性(人类)的一类事物，而 Tom 则是类的一个对象实例，其代码如下所示。

```
class person {
int age;                          //人具有 age 属性
String name;                      //人具有 name 属性
 void speak(){                     //人具有 speak 方法
    System.out.println("My name is"+name);
 }
public static void main(String args[]){
//类及类属性和方法的使用
person Tom=new person();          //创建一个对象
Tom.age=27;                       //对象的 age 属性是 27
Tom.name="TOM";                   //对象的 name 属性是 TOM
Tom.speak();                      //对象的方法是 speak
}
```

在一个类中需要具备对应的属性和方法，其中属性用于描述对象，而方法用于让对象实现某个具体功能。例如，在上述实例代码中，类、对象、属性和方法的具体说明如下所示。

- ➢ 类：代码中的 person 就是一个类，代表人类。
- ➢ 对象：代码中的 Tom(注意，不是 TOM)就是一个对象，代表一个具体的人。
- ➢ 属性：代码中有两个属性：age 和 name，其中，属性 age 表示 Tom 对象这个人的年龄是 27，属性 name 表示 Tom 对象这个人的名字是 TOM。
- ➢ 方法：代码中的 speak 就是一个方法，表示 Tom 对象这个人具有说话这一技能。

6.2.2　定义属性

在 Java 中定义属性的语法格式如下所示。

[修饰符] 属性类型 属性名 [=默认值]；

上述格式的具体说明如下所示。

➢ 修饰符：修饰符既可以省略，也可以是 public、protected、private、static、final，其中 public、protected、private 最多只能出现其中之一，可以与 static、final 组合起来修饰属性。

➢ 属性类型：属性类型可以是 Java 语言允许的任何数据类型，包括基本类型和现在介绍的引用类型。

➢ 属性名：属性名则只要是一个合法的标识符即可，但这只是从语法角度来说的；如果从程序可读性角度来看，属性名应该由一个或多个有意义的单词连接而成，第一个单词的首字母小写，后面每个单词首字母大写，其他字母全部小写，单词与单词之间不需使用任何分隔符。

➢ 默认值：在定义属性时可以定义一个可选的默认值。

6.2.3　定义方法

在 Java 中定义方法的语法格式如下所示。

[修饰符] 方法返回值类型 方法名 [=形参列表]；
{
由零条或多条可执行语句组成的方法体
}

➢ 修饰符：可以省略，也可以是 public、protected、private、static、final、abstract，其中 public、protected、private 最多只能出现其中之一；abstract 和 final 最多只能出现其中之一，它们可以与 static 组合起来共同修饰方法。

➢ 方法返回值类型：返回值类型可以是 Java 语言允许的任何数据类型，包括基本类型和引用类型；如果声明了方法返回值类型，则方法体内必须有一个有效的 return 语句，该语句返回一个变量或一个表达式，这个变量或者表达式的类型必须与此处声明的类型匹配。如果在一个方法中没有返回值，则必须使用 void 来声明没有返回值。

➢ 方法名：方法名命名规则与属性命名规则基本相同，但通常建议方法名以英文中的动词开头。

➢ 形参列表：形参列表用于定义该方法可以接受的参数，形参列表由零组到多组"参数类型形参名"组合而成，多组参数之间以英文逗号(,)隔开，形参类型和形参名之间以英文空格隔开。一旦在定义方法时指定了形参列表，则调用该方法时必须传入对应的参数值——谁调用方法，谁负责为形参赋值。

在方法体中的多条可执行语句之间有严格的执行顺序，排在方法体前面的语句总是先执行，排在方法体后面的语句总是后执行。

在本书前面的章节中已经多次接触过方法，如 public static void main(String args[]){}这段代码中就使用了方法 main()，在下面的代码中也定义了几个方法。

```
//定义一个无返回值的方法
public void cheng(){              //方法名是 cheng
System.out.println("我已经长大了");//方法 cheng 的功能是打印输出文本"我已经长大了"
//…
```

```
}
//定义一个有返回值的方法
public int Da(){                    //方法名是 Da
int a=100;                          //定义变量 a，设置初始值是 100
return a;                           //方法 Da 的功能是返回变量 a 的值
```

6.2.4 定义构造器

构造器是创建对象时被自动调用的一种特殊方法，目的是实现初始化操作。构造器的名称应该与类的名称一致。当在 Java 程序中创建一个对象时，系统会对该对象的属性默认进行初始化，基本类型属性的值为 0(数值类型)、false(布尔类型)，把所有的引用类型设置为 null。构造器是一个类创建对象的根本途径，如果一个类没有构造器，这个类通常将无法创建实例。为此 Java 语言提供构造器机制，系统会为该类提供一个默认的构造器。一旦程序员为一个类提供了构造器，系统将不再为该类提供构造器。

构造器是一种特殊的方法，用于构造该类的实例。定义构造器的语法格式与定义方法的语法格式非常像，Java 语言通过关键字 new 来调用构造器，从而返回该类的实例。在 Java 中定义构造器的语法格式如下所示。

```
[修饰符] 构造器名 (形参列表);
{
        由零条或多条可执行语句组成的构造器执行体
}
```

上述格式的具体说明如下所示。
- ➤ 修饰符：修饰符可以省略，也可以是 public、protected、private 其中之一。
- ➤ 构造器名：构造器名必须和类名相同。
- ➤ 形参列表：和定义方法形参列表的格式完全相同。

智慧锦囊

构造器不能定义返回值类型声明，也不能使用 void 定义构造器没有返回值。如果为构造器定义了返回值类型，或使用 void 定义构造器没有返回值，编译时不会出错，但 Java 会把这个所谓的构造器当成方法来处理。

6.3 修 饰 符

在本章前面的内容中讲解定义属性和方法的知识时，曾经提到过修饰符的问题。在 Java 语言中，为了严格控制访问权限，特意引进了修饰符这一概念。在本节的内容中，将详细讲解修饰符的基本知识。

↑扫码看视频

6.3.1　public 修饰符

在 Java 程序中，如果将属性和方法定义为 public 类型，那么此属性和方法所在的类及其子类、同一个包中的类、不同包中的类都可以访问这些属性和方法。

实例 6-1： 在类中创建 public 的属性和方法

源码路径：daima\6\Leitwo1.java

实例文件 Leitwo1.java 的主要代码如下所示。

```java
public class Leitwo1{              //定义类 Leitwo1
  public int a;                   //定义 public 的 int 类型变量 a
  public void print(){            //定义方法 print()
    System.out.println("a 的值为"+a);        //打印输出 a 的值
  }
}
class textone textone{            //定义类 textone
  public static void main(String args[]){
    Leitwo1 aa=new Leitwo1();          //定义类 Leitwo1 的对象 aa
    aa.a=4478;       //因为 a 是 public 类型的,所以这里可用,可以设置对象 aa 的 a 值为 4478
    aa.print();      //调用函数 print()打印输出 a 的值
  }
}
```

在上面的实例代码中，textone 类可以随意访问 Leitwo1 的方法和属性。执行后的效果如图 6-1 所示。

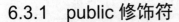

图 6-1　执行效果

6.3.2　private 私有修饰符

在 Java 程序里，如果将属性和方法定义为 private 类型，那么该属性和方法只能在自己的类中被访问，在其他类中不能被访问。下面的实例代码很好地说明了这一特点：私有属性和私有方法可以在本类中起作用。

实例 6-2： 私有属性和私有方法可以在本类中起作用

源码路径：daima\6\Leitwo3.java

实例文件 Leitwo3.java 的主要代码如下所示。

```java
public class Leitwo3{              //定义类 Leitwo3
 private String uname;            //定义私有属性 uname
 private int uid;                 //定义私有属性 uid
public String getuname(){         //定义公有方法 getuname()
     return uname;                //方法 getuname()的返回值 uname
  }
  private int getuid(){           //定义私有方法 getuid()
   return uid;                    //方法 getuid()的返回值是 uid
```

```
}
  public Leitwo3(String uname,int uid) {  //此方法和类同名,所以是一个构造
                                          //方法,参数是 uname 和 uid
    this.uname=uname;                     //为属性 uname 赋值
    this.uid=uid;                         //为属性 uid 赋值
  }
 public static void main(String args[]){
  Leitwo3 PrivateUse1=new Leitwo3("AAA",21002); //定义第 1 个对象 PrivateUse1,
                                          //设置 uname 的值是 AAA, uid 的值是 21002
  Leitwo3 PrivateUse2=new Leitwo3("BBB",61002);  //定义第 2 个对象 PrivateUse2,
                                          //设置 uname 的值是 BBB, uid 的值是 61002
  String a1=PrivateUse1.getuname();       //定义字符串对象 a1,在对象 PrivateUse1
                                          //中调用公有方法 getuname()
  System.out.println("姓名:"+a1);         //打印输出 uname 姓名信息
  int a2=PrivateUse1.getuid();            //定义字符串对象 a2,在对象 PrivateUse1
                                          //中调用私有方法 getuid()
  System.out.println("学号:"+a2);         //打印输出 uid 学号信息
  String a3=PrivateUse2.getuname();       //定义字符串对象 a3,在对象 PrivateUse2
                                          //中调用公有方法 getuname()
  System.out.println("姓名:"+a3);         //打印输出 uname 姓名信息
  int a4=PrivateUse2.getuid();            //定义字符串对象 a4,在对象 PrivateUse2
                                          //中调用私有方法 getuid()
  System.out.println("学号:"+a4);         //打印输出 uid 学号信息
  }
}
```

执行上述代码后的效果如图 6-2 所示。

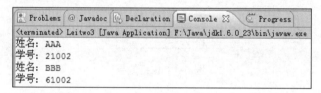

图 6-2　执行效果

6.3.3　protected 保护修饰符

在编写 Java 应用程序时,如果使用了修饰符 protected 修饰属性和方法,那么该属性和方法只能在自己的子类和类中被访问。下面的实例很好地说明了这一特点。

 实例 6-3:使用 protected 保护修饰符
源码路径:daima\6\Leitwo4.java

实例文件 Leitwo4.java 的主要代码如下所示。

```
public class Leitwo4{                     //定义类 Leitwo4
 protected  int a;                        //定义保护变量 a
 protected void print(){                  //定义保护方法 print()
   System.out.println("a="+a);            //打印输出变量 a 的值
 }
 public static void main(String args[]){
   Leitwo4 a1=new Leitwo4();              //定义对象 a1
```

```
   a1.a=2011;                        //设置对象 a1 的 a 的值是 2011
   a1.print();                       //调用保护方法 print()
   Leitwo4 a2=new Leitwo4();         //定义对象 a2
   a2.a=2012;                        //设置对象 a2 的 a 的值是 2012
   a2.print();                       //调用保护方法 print()
 }
}
```

执行上述代码后的效果如图 6-3 所示。

a=2011
a=2012

图 6-3　执行效果

6.3.4　其他修饰符

前面三节讲解的 3 个修饰符是在 Java 中最常用的修饰符。除了这 3 个修饰符外，在 Java 程序中还有其他许多修饰符，具体说明如下所示。

➤ 默认修饰符：如果没有指定访问控制修饰符，则表示使用默认修饰符，这时变量和方法只能在自己的类及该类同一个包下的类中访问。

➤ static：被 static 修饰的变量为静态变量，被 static 修饰的方法为静态方法。

➤ final：被 final 修饰的变量在程序整个执行过程中最多赋一次值，所以它经常被定义为常量。

➤ transient：它只能修饰非静态的变量。

➤ volatile：和 transient 一样，它只能修饰变量。

➤ abstract：被 abstract 修饰的成员称作抽象方法。

➤ synchronized：该修饰符只能应用于方法，不能修饰类和变量。

 实例 6-4：使用默认修饰符创建属性和方法

源码路径：daima\6\leitwo5.java

实例文件 leitwo5.java 的主要代码如下所示。

```
public class leitwo5 leitwo5{         //定义类 leitwo5
   int a;                            //a 前面没有修饰符，所以是默认的
   int b;                            //b 前面没有修饰符，所以是默认的
   void print(){                     //print()前面没有修饰符，所以是默认的
     int c=a+b;
     System.out.println("a+b="+c);   //输出 a 和 b 的和
   }
}
class UserOne1{                       //定义类 UserOne1
   public static void main(String args[]){
     leitwo5 a1=new leitwo5();        //定义对象 a1
     a1.a=2;                          //设置 a 的值为 2
     a1.b=3;                          //设置 b 的值为 3
     a1.print();                      //调用函数 print()输出 a 和 b 的和
   }
}
```

在上面的实例代码中,全局变量和方法的访问权限修饰符都是默认的,由于类 UserOne1 中的变量和方法都是默认的,所以类在 UserOne1 中访问默认的方法 Print(),由此可见,变量和方法对于自己所在的类和在默认的包(包的知识在后面讲解)下的类都是可见的,执行后的效果如图 6-4 所示。

a+b=5

图 6-4　执行效果

6.4　方　　法

方法是类或对象行为特征的抽象,是类或对象中最重要的组成部分之一。Java 中的方法完全类似于传统结构化程序设计里的函数,Java 里的方法不能独立存在,所有的方法都必须定义在类里。方法在逻辑上要么属于类,要么属于对象。

↑扫码看视频

6.4.1　传递方法参数

Java 里的方法是不能独立存在的,调用方法也必须使用类或对象作为主调者。如果在声明方法时包含了形参声明,则调用方法时必须给这些形参指定参数值,调用方法时实际传给形参的参数值也被称为实参。究竟 Java 的实参值是如何传入方法的呢?这是由 Java 方法的参数传递机制来控制的。传递 Java 方法参数的方式只有一种,即使用值传递方式。值传递是指将实际参数值的副本(复制品)传入方法中,而参数本身不会受到任何影响。

 实例 6-5: 演示传递方法的参数

源码路径: daima\6\chuandi.java

实例文件 chuandi.java 的主要代码如下所示。

```java
public static void swap(int a , int b) {
    //下面 3 行代码实现 a、b 变量的值交换
    int tmp = a;              //定义一个临时变量来保存 a 变量的值
    a = b;                    //把 b 的值赋给 a
    b = tmp;                  //把临时变量 tmp 的值赋给 b
    System.out.println("swap 方法里, a 的值是" + a + "; b 的值是" + b);
}
public static void main(String[] args) {
    int a = 6;                //设置 a 的值是 6
    int b = 9;                //设置 b 的值是 9
    swap(a , b);              //调用函数 swap()交换 a 和 b 的值
    System.out.println("交换结束后, 实参 a 的值是" + a + "; 实参 b 的值是" + b);
}
```

执行后的效果如图 6-5 所示。

swap方法里，a的值是9；b的值是6
交换结束后，实参a的值是6；实参b的值是9

图 6-5　执行效果

6.4.2　长度可变的方法

自 JDK 1.5 之后，在 Java 中可以定义形参长度可变的参数，从而允许为方法指定数量不确定的形参。如果在定义方法时，在最后一个形参的类型后增加 3 个点 "…"，则表明该形参可以接受多个参数值，多个参数值被当成数组传入。在下面的实例代码中定义了一个形参长度可变的方法。

实例 6-6：定义一个形参长度可变的方法

源码路径：daima\6\Bian.java

实例文件 Bian.java 的主要代码如下所示。

```
//定义了形参个数可变的方法 test()
public static void test(int a , String... books)   //参数 books 前面有 3 个点，
                                                   //是长度可变的
{
   //books 被当成数组处理
   for (String tmp : books)        //参数 books 被当成数组处理
   {
      System.out.println(tmp);     //打印输出 books 中的元素
   }
   //输出整数变量 a 的值
   System.out.println(a);          //输出整数变量 a 的值
}
public static void main(String[] args)
{
   //调用 test 方法，为方法 test()设置 args 参数可以传入多个字符串参数值
   test(5 , "AAA" , "BBB");
   //调用 test 方法，为方法 test()设置参数值为 args 参数可以传入多个字符串
   test(23 , new String[]{"CCC" , "DDD"});
}
```

在上述代码中，当我们调用 test()方法时，books 参数可以传入多个字符串作为参数值。从 test()方法体的代码来看，形参个数可变的参数其实就是一个数组参数。执行效果如图 6-6 所示。

AAA
BBB
5
CCC
DDD
23

图 6-6　执行效果

6.4.3 构造方法

当使用一个类创建对象的时候，Java 会调用该类的构造方法，构造方法的命名必须与类名一致，不然将会发生编译错误。构造方法之所以特殊，是因为无论是否定义构造方法，所有的类都会自动地定义构造方法。倘若用户定义了构造方法，则以用户定义为准，如果没有定义，则调用默认的构造方法。在 Java 中声明构造方法的格式如下所示。

```
[构造方法修饰符]方法名([参数列表])
{
方法体
}
```

由此可见，构造方法名不使用 void 关键字，只使用一个 public 之类的修饰符而已。

实例 6-7： 在类中创建一个构造方法

源码路径：daima\6\Dog.java

实例文件 Dog.java 的主要代码如下所示。

```
public clas Dog{
①  String name;
   int age;
②  public Dog () {          //构造方法
      System.out.println("我是构造方法");
   }
③  void bark(){             // 汪汪叫
      System.out.println("汪汪，不要过来");
   }
④  void hungry(){           // 饥饿
      System.out.println("主人，我饿了");
   }
   public static void main(String[] args) {
⑤     Dog myDog = new Dog();
   }
}
```

①分别定义 String 变量 name 和 int 类型变量 age。

②定义构造方法 Dog()，功能是打印输出文本"我是构造方法"。

③定义普通方法 bark()，功能是打印输出文本"汪汪，不要过来"。

④定义普通方法 hungry()，功能是打印输出文本"主人，我饿了"。

⑤创建对象 myDog，这里虽然没有明确调用②、③、④定义的 3 个方法，但是在类实例化的过程中 Java 自动执行构造方法，它不需要我们手动调用。所以本实例执行后的效果如图 6-7 所示。

我是构造方法

图 6-7 执行效果

6.4.4　递归方法

如果一个方法在其方法体内调用它自身，这被称为方法的递归。方法递归包含了一种隐式的循环，它会重复执行某段代码，但这种重复执行无须循环控制，如下面这道数学题。

已知有一个数列：f(0)=1，f(1)=4，f(n+2)=2* f(n+1)+f(n)，其中 n 是大于 0 的整数，求 f(10) 的值。

上述数学题目可以使用递归来求得，如在下面的实例代码中，定义了 fn 方法来计算 f(10)。

 实例 6-8：使用递归方法 fn 计算 f(10) 的值

源码路径：daima\6\digui.java

实例文件 digui.java 的主要代码如下所示。

```java
public class digui{
  public static int fn(int n) {      //定义方法 fn()，参数是 n
    if (n == 0) {                    //如果 n=0
      return 1;                      //返回 1
    }
    else if (n == 1) {               //如果 n=1
      return 4;                      //返回 4
    }
    else     {                       //如果 n 是其他值(不是 0 也不是 4)

      //方法中调用它自身，就是方法递归
      return 2 * fn(n - 1) + fn(n - 2);//返回 2 * fn(n - 1) + fn(n - 2)
    }
  }
  public static void main(String[] args) {
    //输出 fn(10) 的结果
    System.out.println(fn(10));      //打印输出 fn(10) 的结果
  }
}
```

在上述代码中，对于 fn(10) 来说，等于 2*fn(9)+fn(8)，其中 fn(9) 又等于 2*fn(8)+fn(7)+⋯以此类推，最终得到 fn(2) 等于 2*fn(1)+ fn(0)，即 fn(2) 是可计算的，然后一路反算回去，就可以最终得到 fn(10) 的值。仔细看上面递归的过程会发现，当一个方法不断地调用它本身时，必须在某个时刻方法的返回值是确定的，即不再调用它本身。否则这种递归就变成了无穷递归，类似于死循环。因此定义递归方法时规定：递归一定要向已知方向递归。

执行效果如图 6-8 所示。

10497

图 6-8　执行效果

智慧锦囊

　　递归是非常有用的，如我们希望遍历某个路径下所有文件，但这个路径下的文件夹的深度是未知的，此时就可以使用递归来实现这个愿望，在系统中可以定义一个方法，该方法接受一个文件路径作为参数，该方法可遍历当前路径下所有文件和文件路径，即在该方法里再次调用该方法本身来处理该路径下所有文件路径。由此可见，只要一个方法的方法体实现中再次调用了方法本身，就是递归方法。

6.5　使用 this

　　在本书前面讲解变量时，曾经将变量分为局部变量和全局变量两种。此时大家可以试想一下，当局部变量和全局变量的数据类型和名称都相同时，全局变量将会被隐藏，不能够使用。为了解决这个问题，Java 规定可以使用关键字 this去访问全局变量。

↑扫码看视频

在 Java 程序中，使用 this 的语法格式如下所示。

```
this.成员变量名
this.成员方法名()
```

下面通过一段实例代码讲解 this 的用法。

　　实例 6-9：讲解 this 的用法
　　源码路径：daima\6\leithree1.java

实例文件 leithree1.java 的主要代码如下所示。

```
public class leithree1 {
    public String color="粉红";                      //定义全局变量
    //定义一个方法
    public void hu(){
        String color="咖啡";                          //定义局部变量
        System.out.println ("她的外套是"+color+"色的"); //使用局部变量
        System.out.println("她的外套是"+this.color+"色的");//使用全局变量

    }
    public static void main(String args[]){
        leithree1 bb=new leithree1();   //定义对象bb
        bb.hu();                         //调用函数hu()

    }
}
```

通过上述代码,在 main()方法中调用这个 hu()方法。执行后的效果如图 6-9 所示。如果在使用全局变量时去掉 this,则不会使用全局变量"粉红",而是默认使用局部变量"咖啡",如图 6-10 所示。

她的外套是咖啡色的　　　　　　　　她的外套是咖啡色的
她的外套是粉红色的　　　　　　　　她的外套是咖啡色的

图 6-9　执行效果　　　　　　　图 6-10　去掉 this 时的执行效果

知识精讲

Java 中的 this 关键字总是指向调用的对象。根据 this 出现位置的不同,this 作为对象的默认引用有以下两种情形。

① 在构造器中引用该构造器执行初始化的对象。

② 在方法中引用调用该方法的对象。

6.6　使用类和对象

在 Java 程序中,使用对象实际上就是引用对象的方法和变量,通过点运算符"."可以实现对变量的访问和对方法的调用。在 Java 程序中,方法和变量都有一定的访问权限,如 public、protected 和 private 等,通过一定的访问权限来允许或者限制其他对象的访问。

↑扫码看视频

6.6.1　创建和使用对象

在 Java 程序中,一般通过关键字 new 来创建对象,电脑会自动为对象分配一个空间,然后访问变量和方法,不同的对象变量也是不同的,方法由对象调用。

实例 6-10:在类中创建和使用对象
源码路径:daima\6\leidui1.java

实例文件 leidui1.java 的主要代码如下所示。

```java
public class leidui1 {
    int X=12;                    //定义 int 类型变量 X 的初始值是 12
    int Y=23;                    //定义 int 类型变量 Y 的初始值是 23
    public void printFoo(){ //定义函数 printFoo()
      System.out.println("X="+X+",Y="+Y);  //函数 printFoo()的功能是打印输出 X 和 Y 的值
```

```
    }
    public static void main(String args[]){
        leidui1 Z=new leidui1();        //定义对象 Z
        Z.X=41;                         //使用点设置 X 的值是 41
        Z.Y=75;                         //使用点设置 Y 的值是 75
        Z.printFoo();                   //使用点调用函数 printFoo()
        leidui1 B=new leidui1();        //定义对象 B
        B.X=23;                         //使用点设置 X 的值是 23
        B.Y=38;                         //使用点设置 Y 的值是 38
        B.printFoo();                   //使用点调用函数 printFoo()
    }
}
```

执行后的效果如图 6-11 所示。

```
X=41,Y=75
X=23,Y=38
```

图 6-11　执行效果

6.6.2　使用静态变量和静态方法

在前面的修饰符中已经讲过，只要使用修饰符 static 关键字在变量和方法前面，这个变量和方法就被称作静态变量和静态方法，静态变量和静态方法访问只需要类名，通过运算符 "." 即可以实现对变量的访问和对方法的调用。

 实例 6-11： 使用静态变量和静态方法
源码路径：daima\6\leijing1.java

实例文件 leijing1.java 的主要代码如下所示。

```
public class leijing1 {                  //定义类 leijing1
    static int X;                        //定义静态变量 X
    static int Y;                        //定义静态变量 Y
        public void printJingTai(){      //定义函数 printJingTai()，功能是打印
                                         //输出 X 和 Y 的值
            System.out.println("X="+X+",Y="+Y);
        }
        public static void main(String args[]){
        leijing1 Aa=new leijing1();      //定义对象 Aa
        Aa.X=4;                          //对象设置静态变量 X，无效
        Aa.Y=5;                          //对象设置静态变量 Y，无效
        leijing1.X=112;                  //类设置静态变量 X，有效
        leijing1.Y=252;                  //类设置静态变量 Y，有效
        Aa.printJingTai();               //对象调用公有方法，有效
        leijing1 Bb=new leijing1();      //定义对象 Bb
        Bb.X=3;                          //对象设置静态变量 X，无效
        Bb.Y=8;                          //对象设置静态变量 Y，无效
        leijing1.X=131;                  //类设置静态变量 X，有效
        leijing1.Y=272;                  //类设置静态变量 Y，有效
        Bb.printJingTai();               //对象调用公有方法，有效
    }
}
```

在上述代码中，用 new 运算符创建了一个对象。执行后的效果如图 6-12 所示。

```
X=112,Y=252
X=131,Y=272
```

图 6-12 执行效果

6.7 实践案例与上机指导

通过本章的学习，读者基本可以掌握 Java 面向对象的基础知识。其实 Java 面向对象的知识还有很多，这需要读者通过课外渠道来加深学习。下面通过练习操作，以达到巩固学习、拓展提高的目的。

↑扫码看视频

6.7.1 抽象类和抽象方法基础

抽象方法和抽象类必须使用 abstract 修饰符来定义，有抽象方法的类只能被定义成抽象类，类里可以没有抽象方法。所谓抽象类是指只声明方法的存在而不去实现它的类，抽象类不能进行实例化，也就是不能创建其对象。在定义抽象类时，要在关键字 class 前面加上关键字 abstract，其具体格式如下所示。

```
abstract class 类名{
        类体
}
```

在接下来的实例中，首先编写一段创建抽象类的代码，然后通过几段代码去实现它。

 实例 6-12：使用抽象类和抽象方法
　　　　源码路径：daima\6\Fruit.java、pingguo.java、Juzi.java、zong.java

首先新建一个名为 Fruit 的抽象类，其主要代码如下所示。

```
public abstract class Fruit {            //定义一个抽象类
  public String color;                   //定义颜色变量
  //定义构造方法
  public Fruit(){
     color="红色";                        //对变量 color 进行初始化
  }
  //定义抽象方法
  public abstract void harvest();        //收获方法
}
```

抽象类是不会具体实现的，如果不实现，那么这个类将不会有任何意义。所以接下来可以新建一个类来继承这个抽象类(继承的知识将在本书后面讲解)，其代码如下所示。

```
public class pingguo extends Fruit{        //定义一个子类pingguo
    public void harvest(){                 //开始编写方法harvest()的具体实现
        System.out.println("苹果已经收获!"); //方法harvest()的功能是打印输出
                                           //文本"苹果已经收获!"
    }
}
```

接下来新建一个名为 Juzi 的类，其代码如下所示。

```
public class Juzi  {                       //定义类Juzi
    public void harvest(){                 //开始编写方法harvest()的具体实现
        System.out.println("橘子已经收获!"); //方法harvest()的功能是打印输出
                                           //文本"橘子已经收获!"
    }
}
```

最后，新建一个名为 zong 的类，其代码如下所示。

```
public class zong {                        //定义类zong
    public static void main(String[] args){
        System.out.println("调用苹果类的harvest()方法的结果:");  //打印显示提示
                                                              //文本
        pingguo pingguo=new pingguo();     //新建苹果对象
        pingguo.harvest();                 //调用类pingguo中的harvest()方法
        System.out.println("调用橘子类的harvest()方法的结果:"); //打印显示提示
                                                             //文本
        Juzi orange=new Juzi();            //新建橘子对象
        orange.harvest();                  //调用类orange中的harvest()方法
    }
}
```

到此为止，整个程序编写完毕，执行后的效果如图 6-13 所示。

```
调用苹果类的harvest()方法的结果:
苹果已经收获!
调用橘子类的harvest()方法的结果:
橘子已经收获!
```

图 6-13　使用抽象类和抽象方法

6.7.2　抽象类必须有一个抽象方法

抽象类最大的规则是必须有一个抽象方法，下面通过一段实例代码来演示这个规则。

实例 6-13：抽象类必须有一个抽象方法

源码路径：daima\6\leichou.java

实例文件 leichou.java 的主要代码如下所示。

```
abstract class Cou {            //定义一个抽象类
  int a1;                       //定义int类型的变量a1
  int b1;                       //定义int类型的变量b1
  Cou(int a,int b)              //定义构造方法
  {
    a1=a;                       //赋值a1的值
```

```
    b1=b;                              //赋值 b1 的值
  }
 abstract int mathtext();             //定义抽象方法 mathtext()
}
class Cou1 extends Cou                //定义类 Cou 的子类 Cou1
{
 Cou1(int a,int b)                    //定义构造方法
 {
    super(a,b);                       //使用 super 调用父类中的某一个构造方法(应该
                                      //为构造方法中的第一条语句)
 }
 int mathtext()                       //定义
 {
    return a1+b1;
 }
}
class Cou2 extends Cou{
 Cou2(int a,int b)                    //定义构造方法
 {
    super(a,b);                       //使用 super 调用父类中的某一个构造方法(应该
                                      //为构造方法中的第一条语句)
 }
 int mathtext(){
    return a1-b1;
 }
}
public class leichou                  //定义类 leichou
{
 public static void main(String args[]){
    Cou1 abs1=new Cou1(3,2);          //定义 Cou1 的对象 abs1,分别赋值 a 和 b 的值为 3 和 2
    Cou2 abs2=new Cou2(4,2);          //定义 Cou2 的对象 abs2,分别赋值 a 和 b 的值为 4 和 2
    Cou abs;                          //定义 Cou 的对象 abs
    abs=abs1;                         //设置 abs 的值等于 abs1
    System.out.println("加过后, 它的值是"+abs.mathtext());
    abs=abs2;
    System.out.println("除过后, 它的值是"+abs.mathtext());
 }
}
```

在上述代码中，abs.mathtext()调用的是类 Cou1 中的方法 mathtext()，实现了 a+b 的操作，所以 abs.mathtext()的结果是 5。而 abs.mathtext()调用的是类 Cou2 中的方法 mathtext()，实现了 a-b 的操作，所以 abs.mathtext()的结果是 2。执行后的效果如图 6-14 所示。

加过后，它的值是5
除过后，它的值是2

图 6-14　抽象类的规则

6.8　思考与练习

本章详细阐述了 Java 面向对象的基本知识，并且通过具体实例介绍了各种面向对象技术的使用方法。通过本章的学习，读者应该熟悉 Java 面向对象的知识，掌握它们的使用方

法和技巧。

1. 选择题

(1) Java 语言通过关键字(　　)来调用构造器, 从而返回该类的实例。
　　A. class　　　　　　B. new　　　　　　C. void

(2) 在 Java 程序中, 使用修饰符(　　)来定义抽象方法和抽象类。
　　A. class　　　　　　B. abstract　　　　　C. void

2. 判断题

(1) 在 Java 程序里, 如果将属性和方法定义为 private 类型, 那么该属性和方法只能在自己的类中被访问, 在其他类中不能被访问。　　　　　　　　　　　　　　(　　)

(1) 在编写 Java 应用程序时, 如果使用了修饰符 protected 修饰属性和方法, 那么该属性和方法只能在自己的子类和类中被访问。　　　　　　　　　　　　　　(　　)

3. 上机练习

(1) 抽象类中的私有方法。
(2) 忽略抽象类外部子类。

新起点
电脑教程

第 7 章

继承、重载和接口

本章要点

- 继承
- 重写和重载
- 隐藏和封装
- 接口

本章主要内容

在上一章的内容中，讲解了类和方法的基本知识，通过具体实例演示了类和方法在 Java 程序中的作用，本章将进一步讲解 Java 语言在面向对象方面的核心技术，逐一讲解继承、重载和接口等知识。

7.1 继　　承

　　继承是面向对象最重要的特征，在本书前面的章节中其实已经使用过继承。在本节的内容中，将详细讲解 Java 语言中继承的基本知识。

↑扫码看视频

7.1.1　什么是继承

　　类的继承是指从已经定义的类中派生出一个新类，是指在定义一个新类时，可以基于另外一个已存在的类，可以从已存在的类中继承过来有用的功能(如属性和方法)。这时已存在的类便是父类，这个新类被称为子类。在上述继承关系中，父类一般具有各个子类共性的特征，而子类可以增加一些更具个性的方法。类的继承具有传递性，即子类还可以继续派生子类，位于上层的类概念更加抽象，位于下层的类的概念更加具体。

7.1.2　父类和子类

　　继承是面向对象的机制，利用继承可以创建一个公共类，这个类具有多个项目的共同属性，然后一些具体的类继承该类，同时再加上自己特有的属性。在 Java 中实现继承的方法十分简单，具体格式如下所示。

```
<修饰符>class<子类名>extends<父类名>{
    [<成员变量定义>]…
    [<方法的定义>]…
}
```

　　通常把子类称为父类的直接子类，把父类称为子类的直接超类。假如类 A 继承了类 B 的子类，则必须符合下面的要求。

> ➢ 存在另外一个类 C，类 C 是类 B 的子类，类 A 是类 C 的子类，则可以判断出类 A 是类 B 的子类。
> ➢ 在 Java 程序中，一个类只能有一个父类，也就是说，在 extends 关键字前只能有一个类，它不支持多重继承。

 实例 7-1：新建两个类，让其中一个类继承另一个类
　　源码路径：daima\7\Jione1.java

　　实例文件 Jione1.java 的主要代码如下所示。

```
class jitwo                //定义类 jitwo，从后面的代码看这是一个父类
{
  String name;             //定义 Strin 类型变量 name
  int age;                 //定义 int 类型变量 age
  long number;             //定义 long 类型变量 number
  jitwo(long number,String name,int age)   //构造方法 jitwo()
  {
    System.out.println("姓名 "+name);  //打印输出姓名 name
    System.out.println("年龄" +age);    //打印输出年龄 age
    System.out.println("手机 " +number);   //打印输出手机 number
  }
}
①class super2b extends jitwo  //定义子类 super2b，父类是 jitwo
{
  super2b(long number,String name,int age,boolean b) //构造方法 super2b()
  {
②    super(number,name,age);               //通过 super 调用父类中的构造方法
    System.out.println("喜欢运动?"+b); //打印输出喜欢的运动
  }
}
public class Jione1        //定义类 Jione1
{
  public static void main(String args[])
  {
③    super2b abc1=new super2b(15881,"花花",18,true);         //设置参数值
  }
}
```

①类 super2b 是一个子类，继承了父类 jitwo 中的属性和方法。

②通过 super 调用父类中的构造方法，这说明子类是可以使用父类中的属性和方法的。

③定义了子类 super2b 的对象 abc1，调用子类 super2b 中的构造方法 super2b()，最终执行的是父类中的构造方法 jitwo()，设置了 4 个参数的值，分别是 15881、花花、18 和 true。执行后的效果如图 7-1 所示。

```
姓名 花花
年龄18
手机 15881
喜欢运动? true
```

图 7-1　执行效果

7.1.3　调用父类的构造方法

构造方法是 Java 类中比较重要的方法，一个子类可以十分简单地访问构造方法，在本书前面已经使用过多次，如本章 7.1.2 中的实例 7-1 的②中。Java 语言调用父类构造方法的具体格式如下所示。

```
super(参数);
```

实例 7-2：在子类中调用父类的构造方法

源码路径：daima\7\Chinese.java

实例文件 Chinese.java 的主要代码如下所示。

```
class Ren {                                    //定义父类 Ren
    public static void prt(String s)           //定义方法 prt()
    {
        System.out.println(s);                 //打印输出参数 s
    }

    Ren() {                                    //没有参数的构造方法 Ren
        prt("A Person.");                      //打印输出文本
    }

    Ren(String name) {                         //有参数的构造方法 Ren
        prt("A person name is:" + name);       //打印输出文本
    }
}
public class Chinese extends Ren {             //定义子类 Chinese
    Chinese()                                  //定义没有参数的构造方法 Chinese
    {
①       super();                               //调用父类无参构造方法
②       prt("A chinese.");                     //调用父类中的方法 prt()
    }
    Chinese(String name) {                     //定义有参数的构造方法 Chinese
③       super(name);                           //调用父类具有相同形参的构造函数
        prt("his name is:" + name);            //调用父类中的方法 prt()
    }
    Chinese(String name, int age) {            //定义有参数的构造方法 Chinese
④       this(name);                            //调用当前具有相同形参的构造函数
        prt("his age is:" + age);              //调用父类中的方法 prt()
    }

    public static void main(String[] args) {
        Chinese cn = new Chinese();            //定义对象 cn
        cn = new Chinese("kevin");             //调用具有一个参数的构造方法
        cn = new Chinese("kevin", 22);         //调用具有两个参数的构造方法
    }
}
```

在上述代码中，this 和 super 不再像前面实例那样用点"."来调用一个方法或成员，而是直接在其后加上适当的参数，因此它的意义也就有了变化。在 super 后加参数后调用的是父类中具有相同参数形式的构造函数，如①和③处。在 this 后加参数后调用的是当前具有相同参数的构造函数，如④处。当然，在 类 Chinese 中的各个构造函数中，this 和 super 在一般方法中的各种用法也仍可使用，比如②处，可以将其替换为"this.prt"(因为它继承了父类中的那个方法)或者"super.prt"(因为它是父类中的方法且可被子类访问)的形式，这样可以正确运行，只是有一点画蛇添足的味道。执行后的效果如图 7-2 所示。

```
A Person.
A chinese.
A person name is:kevin
his name is:kevin
A person name is:kevin
his name is:kevin
his age is:22
```

图 7-2　执行效果

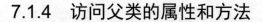
7.1.4　访问父类的属性和方法

在 Java 程序中，一个类的子类可以访问父类中的属性和方法，具体语法格式如下所示。

```
Super.[方法和全局变量];
```

实例 7-3：用子类去访问父类的属性

源码路径：daima\7\AccessSuperProperty.java

实例文件 AccessSuperProperty.java 的主要代码如下所示。

```
class BaseClass                        //定义父类 BaseClass
{
①   public int a = 5;                  //定义 int 类型变量 a 的值是 5
}
class SubClass extends BaseClass       //定义子类 SubClass，其父类 BaseClass
{
②   public int a = 7;                  //定义公用的 int 类型变量 a 的值是 7
    public void accessOwner()          //定义方法 accessOwner()
    {
        System.out.println(a);         //打印输出变量 a 的值
    }
    public void accessBase()           //定义方法 accessBase()
    {
③       System.out.println(super.a);   //定义方法 accessBase()
    }
    public static void main(String[] args){
④       SubClass sc = new SubClass();  //定义 SubClass 对象 sc
        System.out.println(sc.a);      //直接访问 SubClass 对象的 a 属性将会输出 7
        //输出 7
        sc.accessOwner();              //调用方法 accessOwner()
        //输出 5
        sc.accessBase();               //调用方法 accessBase()
    }
}
```

　　①、②分别在父类和子类中创建一个同名变量属性 a，a 的初始值不同，此时子类
SubClass 中的 a 将会覆盖父类 BaseClass 中的 a。

　　③通过 super 来访问方法调用者对应的父类对象。

　　④当系统创建 SubClass 对象 sc 时，会对应创建一个 BaseClas 对象。其中 SubClass 对
象中 a 的值为 7，对应 BaseClass 对象中 a 的值为 5。只是 5 这个数值只有在 SubClass 类定
义的实例方法中使用 super(Java 的关键字)作为调用者才可以访问到。所以执行后的效果如
图 7-3 所示。

7

7

5

图 7-3　执行效果

智慧锦囊

在上述实例中，如果被覆盖的是类属性，在子类的方法中则可以通过父类名作为调用者来访问被覆盖的类属性。如果子类里没有包含和父类同名的属性，则子类将可以继承到父类属性。如果在子类实例方法中访问该属性时，则无须显式使用 super 或父类名作为调用者。由此可见，如果我们在某个方法中访问名为 a 的属性，但没有显式指定调用者，系统查找 a 的顺序如下。

(1) 查找该方法中是否有名为 a 的局部变量。

(2) 查找当前类中是否包含名为 a 的属性。

(3) 查找 a 的直接父类中是否包含名为 a 的属性，依次上溯 a 的父类，直到 java.lang.Object 类，如果最终不能找到名为 a 的属性，则系统出现编译错误。

7.1.5 多重继承

不要被"多重"吓到，多重继承十分简单，假如类 B 继承了类 A，类 C 继承了类 B，这种情况就叫作 Java 的多重继承。下面通过一个具体实例来演示 Java 多重继承的用法。

实例 7-4： 使用多重继承

源码路径：daima\7\Duolei.java

实例文件 Duolei.java 的主要实现代码如下所示。

```java
public class Duolei {          //定义类 Duolei
    String bname;              //定义 String 类型的属性变量 bname
    int    bid;                //定义 int 类型的属性变量 bid
    int    bprice;             //定义 int 类型的属性变量 bprice
    Duolei(){                  //定义构造方法 Duolei()用于初始化
        bname="羊肉串";         //设置 bname 的值是"羊肉串"
        bid=14002;             //设置 bid 的值是 14002
        bprice=45;             //设置 bprice 的值是 45
    }
    Duolei(Duolei a) {         //定义构造方法 Duolei()，这个有参数
        bname=a.bname;         //bname 赋值
        bid=a.bid;             //bid 赋值
        bprice=a.bprice;       //bprice 赋值
    }
    Duolei(String name,int id,int price) { //定义构造方法 Duolei()，这个有参数
        bname=name;            //bname 赋值
        bid=id;                //bid 赋值
        bprice=price;          //bprice 赋值

    }
    void print()    {          //定义方法 print()，打印输出小吃信息
        System.out.println("小吃名："+bname+"  序号："+bid+"  价格："+bprice);
    }
}
```

```
class Badder extends Duolei{        //定义子类 Badder，父类是 Duolei
    String badder;                  //定义 String 类型的属性变量 badder
    Badder()                        //定义无参构造方法
    {
        super();                    //调用父类同参构造方法
        badder="沙县小吃";           //badder 赋值为"沙县小吃"
    }
    Badder( Badder b)               //定义有参构造方法
    {
        super(b);                   //调用父类同参构造方法
        badder=b.badder;            //badder 赋值
    }

    Badder(String x,int y,int z,String aa)  //定义有参构造方法
    {
        super(x,y,z);               //调用父类同参构造方法
        badder=aa;                  //badder 赋值
    }
}
//定义子类 Factory，父类是 Badder，根据继承关系，说明类 Factory 是类 Duolei 的孙子
class Factory extends Badder
{
    String factory;                 //定义 String 类型的属性变量 factory
    Factory()                       //定义无参构造方法
    {
        super();                    //调用父类同参构造方法
        factory="成都小吃";          //赋值 factory
    }

    Factory(Factory c)              //定义有参构造方法
    {
        super(c);                   //调用父类同参构造方法
        factory=c.factory;          //赋值 factory
    }
    //定义有参构造方法
    Factory(String x,int y,int z,String l,String n)
    {
        super(x,y,z,l);             //调用父类同参构造方法
        factory=n;                  //赋值 factory
    }
}

class zero{
    public static void main(String args[]){
        Factory a1=new Factory();               //Factory 对象 a1 调用孙子类中的构造方法
                                                //Factory()
        //Factory 对象 a2 调用孙子类中的构造方法 Factory()，注意参数
        Factory a2=new Factory("希望火腿",92099,25,"沙县蒸饺","金华小吃");
        Factory a3=new Factory(a2);             //Factory 对象 a3 调用孙子类中的构造方法
                                                //Factory()
        System.out.println(a1.badder);          //打印输出 a1 的 badder 值
        System.out.println(a1.factory);         //打印输出 a1 的 factory 值
        a1.print();                             //调用 print()方法
        System.out.println(a2.badder);          //打印输出 a2 的 badder 值
        System.out.println(a2.factory);         //打印输出 a2 的 factory 值
```

```
        a2.print();                        //调用 print()方法
        a3.print();                        //调用 print()方法
    }
}
```

执行上述代码后的效果如图 7-4 所示。

```
沙县小吃
成都小吃
小吃名：羊肉串 序号：14002   价格：45
沙县蒸饺
金华小吃
小吃名：希望火腿 序号：92099   价格：25
小吃名：希望火腿 序号：92099   价格：25
```

图 7-4 多重继承

7.1.6 重写父类的方法

子类扩展了父类，子类是一个特殊的父类。在大多数时候，子类总是以父类为基础，然后增加额外新的属性和方法。但是也有一种例外情况，子类需要重写父类的方法。例如，飞鸟类都包含了飞翔的方法，鸵鸟作为一种特殊的鸟类，也是鸟的一个子类，所以鸵鸟可以从飞鸟类中获得飞翔方法，但是鸵鸟不会飞，所以这个飞翔方法不适合鸵鸟，因此需要为鸵鸟重写鸟类的方法。为了说明上述问题，我们通过下面的实例代码进行说明。

 实例 7-5：重写父类中的方法
源码路径：daima\7\feiniao.java、tuoniao.java

首先在文件 feiniao.java 中定义类 feiniao，具体代码如下所示。

```java
public class feiniao{                      //定义类 feiniao
    //鸟类的 fly()方法
    public void fly(){
        System.out.println("我会飞...");     //打印输出文本
    }
}
```

然后编写文件 tuoniao.java，在里面定义类 tuoniao，此类扩展了类 feiniao，重写了 feiniao 类的 fly()方法。具体代码如下所示。

```java
public class tuoniao extends feiniao{          //定义子类 tuoniao, 父类是 feiniao
    //重写鸟类的 fly 方法
    public void fly(){
        System.out.println("我只能在地上跑...");
    }
    public void callOverridedMethod(){
        //在子类方法中通过 super 来显式调用父类被覆盖的方法
        super.fly();
    }
    public static void main(String[] args){
        //创建 os 对象
        tuoniao os = new tuoniao();
        //执行 os 对象的 fly 方法，将输出"我只能在地上跑..."
```

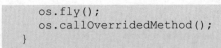

```
        os.fly();
        os.callOverridedMethod();
    }
}
```

执行上述代码后的效果如图 7-5 所示。

我只能在地上跑……
我会飞……

图 7-5　执行效果

 知识精讲

　　上面这种子类包含与父类同名方法的现象被称为方法重写，也被称为方法覆盖 (Override)。可以说子类重写了父类的方法，也可以说子类覆盖了父类的方法。Java 方法的重写要遵循"两同两小一大"规则："两同"是指方法名相同、形参列表相同；"两小"是指子类方法返回值类型应比父类方法返回值类型更小或相等，子类方法声明抛出的异常类应比父类方法声明抛出的异常类更小或相等；"一大"是指子类方法的访问权限应比父类方法更大或相等。特别需要指出的是，覆盖方法和被覆盖方法要么都是类方法，要么都是实例方法，不能一个是类方法，一个是实例方法。

7.2　重写和重载

　　在面向对象的时候，重写和重载十分重要，它们都体现出了 Java 的优越性。虽然两者的名字十分接近，但是实际上却相差得很远，两者并不是同一概念。在本节将详细讲解重写和重载的基本知识，为读者学习本书后面的知识打下基础。

↑扫码看视频

7.2.1　重写

　　重写是建立在 Java 里面的类的继承基础之上的，能够使 Java 语言结构变得更加丰富。对于初学者来说很难理解重写，但是只要明白它的思想就变得十分简单。重写实际上就是重写子类，重新编写父类的方法以达到自己的需要。下面通过一段实例代码来讲解定义方法重写的过程。

 实例 7-6：使用方法重写
　　源码路径：daima\7\chongxie.java、Cxie.java

实例文件 chongxie.java 的主要实现代码如下所示。

```
public class chongxie            //定义父类
{
   void print()                  //定义方法print()，能够打印输出文本"父类的方法"
   {
      System.out.println("父类的方法");
   }
}
class Chongxieone extends chongxie   //定义子类Chongxieone，父类是chongxie
{
   void print()                  //在子类中也定义了方法print()，这个就是重写方法
   {
      System.out.println("子类，重写了父类的方法");
   }
}
```

上述代码不会执行任何结果，但是在父类中有 void print(){}这个方法，通过在子类中重写此方法来达到子类的要求。

在编写 Java 程序时避免不了子类重写父类，新定义的类必然会有新的特征，不然这个类也没有意义。上面这段代码的目的只是让读者明白如何重写，但是没有实际的意义。下面给出一段完整的实例文件 Cxie.java 让读者领会重写的重要性，其实现代码如下所示。

```
class Cxie                       //定义父类Cxie
{
 String sname;
 int     sid;
 int     snumber;
 void print()                    //父类中的方法print()
 {
    System.out.println("公司名:"+sname+"  序号:"+sid+"公司人数:"+snumber);
 }
 Cxie( String name,int id,int number)
 {
    sname=name;
    sid=id;
    snumber=number;
 }
}
class Cxietwo extends Cxie    //定义子类Cxietwo，父类是Cxie
{
 String sadder;
 Cxietwo(String x,int y,int z,String aa) {
    super(x,y,z);
    sadder=aa;
 }
 void print()                    //子类中的方法print()，这个就是重写方法
 {
    System.out.println("学院/系别:"+sname+"  序号:"+sid+"  总人数:"+snumber+"
       地址:"+sadder);
 }
}
class gongsi{
 public static void main(String args[]){
    Cxietwo a1=new Cxietwo("计算机系",21,2700,"西三楼");
```

```
    a1.print();         //调用方法print(),因为被重写,所以最终调用的是子类中的print()
    }
}
```

执行上述代码后的效果如图 7-6 所示。

学院/系别：计算机系 序号：21　总人数：2700　地址：西三楼

图 7-6　重写

智慧锦囊

Java 中的重写具有自己的规则，初学者需要牢记下面的规则。

① 重写方法不能比被重写方法限制更严格的访问级别，即访问权限可以扩大但不能缩小。

② 标识为 final 的方法不能被重写，静态方法不能被重写。

③ 重写方法的返回类型必须与被重写方法的返回类型相同。

④ 重写方法的参数列表必须与被重写方法的参数列表相同。

⑤ 重写方法不能抛出新的异常，或者比被重写方法声明的检查异常更广的检查异常，但是可以抛出更少或者不抛出异常。

⑥ 抽象方法必须在具体类中被重写。

7.2.2　重载

重写和重载虽然不是同一个概念，但是它们也有相似之处，那就是它们都能体现出 Java 的优越性。重载大大减少了程序员的编码负担，开发者不需要记住那些复杂而难记的名称即可满足项目需求。

在 Java 程序中，同一类中可以有两个或者多个方法具有相同的方法名，只要它们的参数不同即可，这就是方法的重载。Java 中的重载规则十分简单，参数决定了重载方法的调用。当调用重载方法时，要调用哪个参数取决于其参数，如果是 int 参数调用该方法，则调用自带的 int 方法；如果是 double 参数调用该方法，则调用自带的 double 重载方法。

实例 7-7：演示方法的重载

源码路径：daima\7\Czai.java

实例文件 Czai.java 的主要代码如下所示。

```
public class Czai{
①  public void test(){
        System.out.println("无参数");
    }
②  public void test(String msg){
        System.out.println("重载的 test 方法 " + msg);
    }
```

```
    public static void main(String[] args){
        Czai ol = new Czai();
③  ol.test();
④  ol.test("hello");
    }
}
```

①、②分别定义两个同名方法 test(),但是方法的形参列表不同。系统可以区分这两个方法,这种类型的方法被称为方法重载。

③调用方法 test()时没有传入参数,因此系统调用上面没有参数的 test()方法。

④调用方法 test()时传入了一个字符串参数,因此系统调用上面有一个字符串参数的 test()方法。执行后的效果如图 7-7 所示。

无参数
重载的test方法 hello

图 7-7　执行效果

7.3　隐藏和封装

在 Java 程序中可以通过某个对象直接访问其属性,但是会引起一些潜在的问题。例如,将某个 Person 类的 age 属性直接设为 10000,虽然在语法上没有任何问题,但是违背了客观现实。为此在 Java 中推出了封装这一概念,可以将类和对象的属性进行封装处理。

↑扫码看视频

7.3.1　Java 中的封装

封装(Encapsulation)是面向对象三大特征之一,是指将对象的状态信息隐藏在对象内部,不允许外部程序直接访问对象内部信息,而是通过该类所提供的方法来实现对内部信息的操作和访问。封装是面向对象编程语言对客观世界的模拟,客观世界里的属性都被隐藏在对象内部,外界无法直接操作和修改。例如,Person 对象中的 age 属性,只能随着岁月的流逝而增加,我们不能随意修改 Person 对象的 age 属性。概括起来,在 Java 中封装类或对象的目的如下所示。

➢　隐藏类的实现细节。

➢　让使用者只能通过事先预定的方法来访问数据,从而可以在该方法里加入控制逻辑,限制对属性的不合理访问。

➢　进行数据检查,从而有利于保证对象信息的完整性。

➢　便于修改,提高代码的可维护性。

在 Java 中为了实现良好的封装,需要从以下两个方面考虑。

> 将对象的属性和实现细节隐藏起来，不允许外部直接访问。
> 把方法暴露出来，让方法来操作或访问这些属性。

由此可见，封装有两个方面的含义，一是把该隐藏的隐藏起来，二是把该暴露的暴露出来。这两个含义都需要使用 Java 提供的访问控制符来实现。

7.3.2 使用访问控制符

在 Java 中提供了 3 个访问控制符，分别是 private、protected 和 public，分别代表了 3 个访问控制级别。除此之外，还有一个不加任何访问控制符的访问控制级别 default，也就是说，Java 一共提供了 4 个访问控制级别，由小到大分别是 private、default、protected 和 public。其中 default 并没有对应的访问控制符，当不使用任何访问控制符来修饰类或类成员时，系统默认使用 default 访问控制级别。上述这 4 个访问控制级别的具体说明如下所示。

> private：如果类里的一个成员(包括属性和方法)使用 private 访问控制符修饰时，这个成员只能在该类的内部被访问。很显然，这个访问控制符用于修饰属性最合适。使用 private 来修饰属性就可以把属性隐藏在类的内部。
> default：如果类里的一个成员(包括属性和方法)或者一个顶级类不使用任何访问控制符修饰，我们就称它是默认访问控制，default 访问控制的成员或顶级类可以被相同包下其他类访问。
> protected：如果一个成员(包括属性和方法)使用 protected 访问控制符修饰，那么这个成员既可以被同一个包中其他类访问，也可以被不同包中的子类访问。在通常情况下，如果使用 protected 来修饰一个方法，通常是希望其子类来重写这个方法。
> public：这是一个最宽松的访问控制级别，如果一个成员(包括属性和方法)或者一个顶级类使用了 public 修饰，这个成员或顶级类就可以被所有类访问，不管访问类和被访问类是否处于同一包中，是否具有父子继承关系。

访问控制符用于控制一个类的成员是否可以被其他类访问，对于局部变量来说，其作用域就是它所在的方法，不可能被其他类来访问，因此不能使用访问控制符来修饰。

Java 中的顶级类也可以使用访问控制符修饰，但是顶级类只能有两种访问控制级别，分别是 public 和 default(默认的)。顶级类不能使用 private 和 protected 修饰，因为顶级类既不处于任何类的内部，也就没有其外部类的子类，因此 private 和 protected 访问控制符对顶级类没有意义。例如，在下面的实例代码中，使用了合理的访问控制定义了一个 Person 类。

 实例 7-8：使用访问控制符

源码路径：daima\7\Person.java、TestPerson.java

实例文件 Person.java 的主要实现代码如下所示。

```
public class Person{              //定义类 Person
 private String name;             //定义私有属性变量 name
 private int age;                 //定义私有属性变量 age
 public Person(){                 //定义公有构造方法 Person()
 }
 public Person(String name , int age){ //实现构造方法 Person()
   this.name = name;
```

```
        this.age = age;
    }
    public void setName(String name) {        //定义方法 setName()
        //执行合理性校验，要求用户名必须在 1~8 位
        if (name.length() > 8 || name.length() <1){
            System.out.println("您设置的人名不符合要求");
            return;
        }
        else{
            this.name = name;
        }
    }
    public String getName() {                    //定义方法 getName()
        return this.name;
    }
    public void setAge(int age)                  //定义方法 setAge()
    {
        //执行合理性校验，要求用户年龄必须在 0~200
        if (age > 200 || age < 0){
            System.out.println("您设置的年龄不合法");
            return;
        }
        else{
            this.age = age;
        }
    }
    public int getAge() {
        return this.age;
    }
}
```

通过上述代码定义了 Person 类，该类的 name 和 age 属性只能在 Person 类内才可以操作和访问，在 Person 类之外只能通过各自对应的 setter 和 getter 方法来操作和访问。

下面编写文件 TestPerson.java 测试上面编写的 Person 类，具体代码如下所示。

```
public class TestPerson{
    public static void main(String[] args) {
        Person p = new Person();
        //因为 age 属性已被隐藏，所以下面语句将出现编译错误
        p.age = 1000;
        //下面语句编译不会出现错误，但运行时将提示输入的 age 属性不合法
        //程序不会修改 p 的 age 属性
        p.setAge(1000);
        //访问 p 的 age 属性也必须通过其对应的 getter 方法
        //因为上面从未成功设置 p 的 age 属性，故此处输出 0
        System.out.println("没能设置属性变量 age 时: " + p.getAge());
        //成功修改 p 的 age 属性
        p.setAge(50);
        //因为上面成功设置了 p 的 age 属性，故此处输出 50
        System.out.println("成功设置属性变量 age 后: " + p.getAge());
        //不能直接操作 p 的 name 属性，只能通过其对应的 setter 方法
        //因为"李达康"字符串长度满足 1~8，所以可以成功设置
        p.setName("李达康");
        System.out.println("成功设置属性变量 name 后: " + p.getName());
    }
}
```

执行效果如图 7-8 所示。

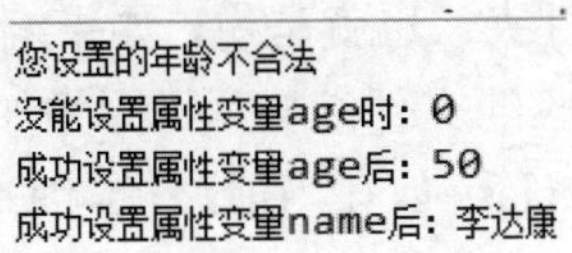

```
您设置的年龄不合法
没能设置属性变量age时：0
成功设置属性变量age后：50
成功设置属性变量name后：李达康
```

图 7-8　执行效果

7.3.3　Java 中的包

Oracle 公司的 JDK，各种系统软件厂商，众多的软件开发商，会热心地为程序员提供成千上万的、具有各种用途的类。除此之外，程序员在开发过程中也要提供大量的类，这么多的类会不会发生同名的情形呢？答案是肯定的。那么如何处理这种重名问题呢？Java 允许在类名前增加一个前缀来限定这个类，这就是 Java 的包(package)机制。通过包机制提供了类的多层命名空间，用于解决类的命名冲突、类文件管理等问题。

Java 允许将一组功能相关的类放在同一个 package 下，从而组成逻辑上的类库单元，如果希望把一个类放在指定的包结构下，我们应该在 Java 源程序的第一个非注释行放如下格式的代码：

```
package packageName;
```

一旦在 Java 源文件中使用了 package 语句，则意味着该源文件里定义的所有类都属于这个包。位于包中的每个类的完整类名都应该是包名和类名的组合，如果其他人需要使用该包下的类，也应该使用包名加类名的组合。例如，在下面的代码中，在包 mmm 下面定义了一个简单的 Java 类。

```
package mmm;
public class TestHello{
    public static void main(String[] args) {
①        Hello h = new Hello();
    }
}
```

①行代码表明把 Hello 类放在包 mmm 的空间下。把上面源文件保存在任意位置，可以使用如下命令来编译这个 Java 文件。

```
javac -d . Hello.java
```

在本书前面的内容中已经介绍过，-d 选项用于设置编译生成 class 文件的保存位置，这里指定将生成的 class 文件放在当前路径("."代表当前路径)。使用该命令编译该文件后，发现当前路径下并没有 Hello.class 文件，而是在当前路径下多了一个名为 mmm 的文件夹，该文件夹下则有一个 Hello.class 文件，这是怎么回事呢？这与 Java 的设计有关，假设某个应用中包含两个 Hello.class，Java 通过引入包机制来区分两个不同的 Hello 类。不仅如此，这两个 Hello 类还对应两个 Hello.class 文件，它们在文件系统中也必须分开存放才不会引起冲突。所以 Java 规定位于包中的类，在文件系统中也必须有与包名层次相同的目录结构。也就是对于上面的 Hello.class，它必须放在 mmm 文件夹下才是有效的，当使用带"-d"选项的 javac 命令来编译 Java 源文件时,该命令会自动建立对应的文件结构来存放相应的 class

文件。如果直接使用 javac Hello.java 命令来编译这个文件,将会在当前路径生成一个 Hello.class,而不会生成 mmm 文件夹。也就是说,如果编译 Java 文件时不使用"-d"选项, 编译器不会为 Java 源文件生成相应的文件结构。正因为如此,笔者推荐编译 Java 文件中总 是使用"-d"选项,即想把生成的 class 放在当前路径,应使用"-d"选项,而不是省略"-d" 选项。进入编译器生成的 mmm 文件夹所在路径,执行如下命令:

```
javac mmm.Hello
```

运行上面命令后会看到上面程序正常输出。如果进入 mmm 路径下,使用 java Hello 命 令来运行 Hello 类则会提示系统错误。

Java 中同一个包中的类不必位于相同的目录,不仅如此,我们应该把 Java 源文件也放 在与包名一致的目录结构下。如果系统中存在两个 Hello 类,通常也对应两个 Hello.java 源 文件,如果把它们的源文件也放在对应的文件结构下就可以解决源文件在文件系统上的存 储冲突。

 知识精讲

很多读者以为只要把生成的 class 文件放在某个目录下,这个目录名就成了这个类 的包名,这是一个错误的看法,不是有了目录结构,就等于有了包名。包名必须在 Java 源文件中通过 package 语句指定,而不是靠目录名来指定的。Java 的包机制需要满足 以下两个前提。

① 源文件里使用 package 语句指定包名。

② class 文件必须放在对应的路径下。

Java 的核心类都放在 Java 包及其子包下面,Java 扩展的类放在了 javax 包以及子 包下面,这些实用类就是我们平常说的 API(应用程序接口)。

7.3.4　import

如果需要使用不同包中的其他类时,总是需要使用该类的全名,这是一件很烦琐的事 情。为了简化编程,Java 引入了 import 关键字,通过 import 可以向某个 Java 文件中导入指 定包层次下某个类或全部类,import 语句应该出现在 package 语句(如果有的话)之后、类定 义之前。一个 Java 源文件只能包含一个 package 语句,可以包含多个 import 语句,多个 import 语句用于导入多个包层次下的类。

使用 import 语句导入单个类的格式如下所示。

```
Import package.subpackage…ClassName
```

通过上述格式可以直接导入指定 Java 类。一旦在 Java 源文件中使用 import 语句来导入 指定类,在该源文件中使用这些类时可以省略包前缀,不再需要使用类全名。例如,在下 面的代码中,就是使用 import 语句来导入 mmm.sub.Apple 类,具体如下。

```
package mmm;
import mmm.sub.Apple;
```

```
import java.util.*;
import java.sql.*;
public class TestHello {
  public static void main(String[] args) {
    Hello h = new Hello();
    //使用这种类全名
    mmm.sub.Apple a = new lee.sub.Apple();
    //如果使用 import 语句来导入 Apple 类后，就可以不再使用类全名
    Apple aa = new Apple();
    Date d = new Date();
  }
}
```

　　正如在上面代码中看到的，通过使用 import 语句可以简化编程。但 import 语句并不是必需的，只要坚持在类中使用其他类的全名，则可无须使用 import 语句。import 语句可以简化编程，可以导入指定包下某个类或全部类。在 JDK1.5 以后更是增加了一种静态导入的语法，它用于导入指定类的某个静态属性值或全部静态属性值。

7.4　接　　口

　　在 Java 程序中有一种元素和类的特性十分相似，这种元素就是接口。定义接口的方法和定义类的方法十分相似，并且在接口里面也有方法，在接口中可以派生出新的类。在本节将详细讲解接口的基本知识，为读者学习本书后面的知识打下基础。

↑扫码看视频

7.4.1　定义接口

　　一旦创建接口，接口的方法和抽象类中的方法一样，它的方法是抽象的，也就是说接口不具备实现的功能，它只是指定要做什么，而不管具体怎么做。一旦定义了接口，任何类都可以实现这个接口，它与类不同，一个类只可以继承一个类，但是一个类可以实现多个接口，这在编写程序时，解决了一个类要具备多方面特征的问题。在 Java 中创建接口的语法格式如下所示。

```
[public] interface<接口名>{
    [<常量>]
    [<抽象方法>]
}
```

➤　public：接口的修饰符只能是 public，因为只有这样接口才能被任何包中的接口或类访问。

➤　interface：接口的关键字。

➤　接口名：它的定义法则和类名一样。

➤ 常量：在接口中不能声明变量，因为接口要具备 3 个特征，即公共性、静态的和最终的。

7.4.2 接口里的量和方法

因为在 Java 接口中定义变量时，只能使用关键字 public、static 和 final，所以在接口中只能声明常量，不能声明变量。在 Java 接口中，所有的方法必须是抽象方法。

1. 接口里的量

在接口里只能有常量，主要原因是这样能保证实现该接口的所有类可以访问相同的常量。

 实例 7-9： 在定义的接口里面编写常量
源码路径： daima\7\jiechang.java

实例文件 jiechang.java 的主要代码如下所示。

```
①public interface Jiechang{
   int a=100;              //定义变量 a 并赋值
   int b=200;              //定义变量 b 并赋值
   int c=323;              //定义变量 c 并赋值
   int d=234;              //定义变量 d 并赋值
   int f=523;              //定义变量 f 并赋值
   void print();
   void print1();
}
②class Jiedo implements Jiechang{
③   public void print(){
     System.out.println(a+b);
     }

④   public void print1(){
     System.out.println(c+d+f);
     }
}
class Jie{
   public static void main(String args[])
   {
     Jiedo a1=new Jiedo();
⑤   a1.print();
⑥   a1.print1();
   }
}
```

①使用关键字 interface 定义接口 Jiechang，在里面不但定义并赋值了变量 a、b、c、d、f，而且定义了两个方法 print()和 print1()。

②定义类 Jiedo，通过关键字设置类 Jiedo 继承于接口 Jiechang。

③定义方法 print()，打印输出变量 a 和 b 的和。

④定义方法 print1()，打印输出 3 个变量 c、d 和 f 的和。

⑤、⑥分别调用方法 print()和方法 print1()打印输出计算结果，执行后的效果如图 7-9 所示。

```
300
1080
```

图 7-9　执行效果

智慧锦囊

extends 与 implements 的区别

在 Java 语言中，extends 关键字用于继承父类，只要那个类不是声明为 final 或者定义为 abstract 的就能继承。Java 中不支持多重继承（是指一个类不能同时继承两个或两个以上的类），但是这可以借助于接口来实现，这样就用到了 implements。虽然只能继承一个类，但是使用 implements 可以实现多个接口，此时只需用逗号分开即可。例如，在下面的代码中，A 是子类名，B 是父类名，C、D 和 E 是接口名。

```
class A extends B implements C,D,E {}
```

2. 接口里的方法

接口里的方法都是抽象的或者公有的，在方法声明的时候，可以省掉关键字 public、abstract，因为它的方法都是公有和抽象的，不需要关键字修饰，当然添加了修饰符也没有错。下面的实例代码演示了在接口中使用方法的流程。

实例 7-10：在接口中使用方法

源码路径：daima\7\cuofang.java

实例文件 cuofang.java 的主要代码如下所示。

```
interface newjie                        //定义接口 newjie
{
 void print();                          //在接口中定义方法 print()
 public void print1();                  //在接口中定义方法 print1()
 abstract void print2();                //在接口中定义方法 print2()
 public abstract void print3();         //在接口中定义方法 print3()
 abstract public void print4();         //在接口中定义方法 print4()
}

class newjie1 implements newjie         //定义类 newjie1，此类继承接口 newjie
{
 public void print()                    //接口方法 print() 的具体实现代码
 {
    System.out.println("newjie 接口里第一个方法没有修饰符");
 }

 public void print1()                   //接口方法 print1() 的具体实现代码
 {
    System.out.println("newjie 接口里第二个方法有修饰符 public");
 }

 public  void print2()                  //接口方法 print2() 的具体实现代码
```

```
{
    System.out.println("newjie 接口里第三个方法有修饰符 abstract");
}

public  void print3()                       //接口方法 print3()的具体实现代码
{
    System.out.println("newjie 接口里第四个方法有修饰符 public 和 abstract");
}

public void print4()                        //接口方法 print4()的具体实现代码
{
    System.out.println("newjie 接口里第五个方法有修饰符 abstract 和 public");
}
}

class coufang                   //定义测试类 coufang
{
public static void main(String args[]){
    newjie1 a1=new newjie1();           //定义类 newjie1 的对象 a1
    a1.print();                         //调用接口方法 print()
    a1.print1();                        //调用接口方法 print1()
    a1.print2();                        //调用接口方法 print2()
    a1.print3();                        //调用接口方法 print3()
    a1.print4();                        //调用接口方法 print4()
}
}
```

在上述代码中定义了一个接口，在接口里定义了方法，其实这五个方法是相同的。在编写程序时，建议读者使用第一种方法编写。执行上述代码后的效果如图 7-10 所示。

newjie接口里第一个方法没有修饰符
newjie接口里第二个方法有修饰符public
newjie接口里第三个方法有修饰符abstract
newjie接口里第四个方法有修饰符public和abstract
newjie接口里第五个方法有修饰符abstract和public

图 7-10 接口里的方法

7.4.3 实现接口

实际上在本书前面的学习中，读者已经接触到了接口的实现。在接口的实现过程中，一是能为所有的接口提供实现的功能，二是能遵循重写的所有规则，三是能保持相同的返回数据类型。在 Java 中实现接口的格式如下所示。

```
[<修饰符>] class<类名> implements <接口名>{
    ...
}
```

 实例 7-11：编写一个类去实现一个接口

源码路径：daima\7\jieshi.java

实例文件 jieshi.java 的主要代码如下所示。

```
①interface JieOne{
  int add(int a,int b);
```

```
}
②interface JieTwo{
   int sub(int a,int b);
}
③interface JieThree{
   int mul(int a,int b);
}
④interface JieFour{
   int umul(int a,int b);
}
⑤class JieDuo implements JieOne,JieTwo,JieThree,JieFour{
   public int add(int a,int b){
      return a+b;
   }
      public int sub(int a,int b){
      return a-b;
   }
      public int mul(int a,int b){
      return a*b;
   }
   public int umul(int a,int b){
      return a/b;
   }
}
class jieshi{
   public static void main(String args[]){
⑥    JieDuo aa=new JieDuo();
⑦    System.out.println("a+b="+aa.add(2400,1200));//提供具体实现方法
⑧    System.out.println("a-b="+aa.sub(2400,1200)); //提供具体实现方法
⑨    System.out.println("a*b="+aa.mul(2400,1200)); //提供具体实现方法
⑩    System.out.println("a/b="+aa.umul(2400,1200)); //提供具体实现方法
      }
}
```

①、②、③、④分别定义 4 个接口 JieOne、JieTwo、JieThree 和 JieFour，并在这 4 个接口中分别定义各自的内置方法：add()、sub()、mul()和 umul()。

⑤定义类 JieDuo，设置此类同时继承于前面定义的接口 JieOne、JieTwo、JieThree 和 JieFour。在类 JieDuo 中编写了①、②、③、④接口内置方法的具体实现，这四个方法分别实现四则运算功能。

⑥定义类 JieDuo 的对象 aa，开始测试前面定义的接口方法。

⑦、⑧、⑨、⑩分别调用接口方法 add()、sub()、mul()和 umul()实现四则运算功能。执行后的效果如图 7-11 所示。

```
a+b=3600
a-b=1200
a*b=2880000
a/b=2
```

图 7-11　执行效果

7.4.4　引用接口

在编写程序时，用户可以建立接口类型的引用变量。接口的引用变量能够存储一个指

 Java 程序设计基础入门与实战(微课版)

向对象的引用值，这个对象可以实现任何该接口的类的实例，用户可以通过接口调用该对象的方法，这些方法在类中必须是抽象方法。例如，下面的代码演示了引用接口的过程。

 实例 7-12：引用接口
源码路径：daima\7\jieyin.java

实例文件 jieyin.java 的主要代码如下所示。

```
interface diyijie                       //定义接口 diyijie
{
  int add(int a,int b);                 //定义接口方法 add
}
interface dierjie                       //定义接口 dierjie
{
  int sub(int a,int b);                 //定义接口方法 sub
}
interface disanjie                      //定义接口 disanjie
{
  int mul(int a,int b);                 //定义接口方法 mul
}
interface disijie                       //定义接口 disijie
{
  int umul(int a,int b);                //定义接口方法 umul
}
class jiekouniu implements diyijie,dierjie,disanjie,disijie
    //定义类 jiekouniu,此类继承接口 diyijie,dierjie,disanjie,disijie
{
  public int add(int a,int b)           //实现接口方法，实现加法运算
  {
    return a+b;
  }
  public int sub(int a,int b)           //实现接口方法，实现减法运算
  {
    return a-b;
  }
    public int mul(int a,int b)         //实现接口方法，实现乘法运算
  {
    return a*b;
  }
    public int umul(int a,int b)        //实现接口方法，实现除法运算
  {
    return a/b;
  }
}
class jieyin                            //编写测试类 jieyin
{
  public static void main(String args[]) {
    jiekouniu aa=new jiekouniu();       //新建定义类 jiekouniu 的对象 aa
    //接口的引用执行对象的引用
    diyijie  bb=aa;                     //接口引用赋值
    dierjie  cc=aa;                     //接口引用赋值
    disanjie  dd=aa;                    //接口引用赋值
    disijie ee=aa;                      //接口引用赋值
    //对象引用并调用方法
    System.out.println("a+b="+aa.add(14,22));//对象引用，输出求和运算结果
```

```
    System.out.println("a-b="+aa.sub(42,32)); //对象引用，输出减法运算结果
    System.out.println("a*b="+aa.mul(44,22)); //对象引用，输出乘法运算结果
    System.out.println("a/b="+aa.umul(24,22)); //对象引用，输出除法运算结果
    System.out.println("a+b="+bb.add(23,42)); //对象引用，输出求和运算结果
    System.out.println("a-b="+cc.sub(32,12)); //对象引用，输出减法运算结果
    System.out.println("a*b="+dd.mul(42,24)); //对象引用，输出乘法运算结果
    System.out.println("a/b="+ee.umul(342,22)); //对象引用，输出除法运算结果
    }
}
```

执行上述代码后的效果如图 7-12 所示。

```
a+b=36
a-b=10
a*b=968
a/b=1
a+b=65
a-b=20
a*b=1008
a/b=15
```

图 7-12　执行效果

7.4.5　接口的继承

接口的继承和类继承不一样，接口完全支持多继承，即一个接口可以有多个直接父接口。和类继承相似，子接口扩展某个父接口，将会获得父接口里定义的所有抽象方法、常量属性、内部类和枚举类定义。当一个接口继承多个父接口时，多个父接口排在 extends 关键字之后，多个父接口之间以英文逗号 "," 隔开。例如，在下面的实例中定义了 3 个接口，其中第 3 个接口继承了前面两个接口。

 实例 7-13：演示接口的继承

源码路径：daima\7\jicheng.java

实例文件 jicheng.java 的主要代码如下所示。

```
interface interfaceA          //定义接口 interfaceA
{
  int PROP_A = 5;             //int 类型的属性变量 PROP_A，初始值是 5
  void testA();               //定义接口方法 testA()
}
interface interfaceB          //定义接口 interfaceB
{
  int PROP_B = 6;             //int 类型的属性变量 PROP_B，初始值是 6
  void testB();               //定义接口方法 testB()
}
interface interfaceC extends interfaceA, interfaceB  //定义接口 interfaceC,
                //设置此接口同时继承接口 interfaceA 和 interfaceB
{
  int PROP_C = 7;             //int 类型的属性变量 PROP_C，初始值是 7
  void testC();               //定义接口方法 testC()
}
public class jicheng {
```

```
public static void main(String[] args){
    System.out.println(interfaceC.PROP_A);//子接口调用父接口中 PROP_A 的值
    System.out.println(interfaceC.PROP_B); //子接口调用父接口中 PROP_B 的值
    System.out.println(interfaceC.PROP_C); //子接口调用自己的 PROP_C 的值
}
}
```

在上面的代码中，接口 interfaceC 继承了 interfaceA 和 interfaceB，所以 interfaceC 中获得了它们的常量。在方法 main()中通过 interfaceC 来访问 PROP_A、PROP_B 和 PROP_C 常量属性。执行效果如图 7-13 所示。

5
6
7

图 7-13　执行效果

7.5　实践案例与上机指导

通过本章的学习，读者基本可以掌握 Java 语言中继承、重载和接口的知识。其实 Java 继承、重载和接口的知识还有很多，这需要读者通过课外渠道来加深学习。下面通过练习操作，以达到巩固学习、拓展提高的目的。

↑扫码看视频

7.5.1　使用构造器

构造器最大的用处就是在创建对象时执行初始化。当创建一个对象时，系统为这个对象的属性进行默认初始化，这种默认初始化会把所有基本类型的属性设置为 0(对数值型属性)或 false(对布尔型属性)，把所有引用类型的属性设置为 null。想改变这种默认初始化，想让系统创建对象时就为该对象各属性显式指定初始值，可以通过构造器来实现。

例如，在下面的实例代码中自定义了一个构造器，通过这个构造器可以进行自定义的初始化操作。

 实例 7-14：定义实现一个构造器
源码路径：daima\7\chuyin.java

实例文件 chuyin.java 的主要实现代码如下所示。

```
public class chuyin{                //定义类 chuyin
    public String name;
    public int count;
    //提供自定义的构造器，该构造器包含两个参数
```

```
public chuyin(String name, int count){
    //构造器里的 this 代表它进行初始化的对象
    //下面两行代码将传入的两个参数赋给 this 代表对象的 name 和 count 属性
    this.name = name;
    this.count = count;
}
public static void main(String[] args){
    //使用自定义的构造器来创建 chuyin 对象
    //系统将会对该对象执行自定义的初始化
    chuyin tc = new chuyin("AAA", 20000);
    //输出 tc 对象的 name 和 count 属性
    System.out.println(tc.name);
    System.out.println(tc.count);
}
}
```

在上述代码中，在输出对象 chuyin 时，其实属性 name 不再为 null，而属性 count 也不再是 0，这就是提供自定义构造器的作用。因为 Java 规定，一旦在程序中创建了构造器，系统将不会再提供默认构造器。所以在上述代码中，类 chuyin 不可以再通过 new chuyin() 的方式创建实例，因为此类不再包含无参数的构造器。执行后的效果如图 7-14 所示。

```
AAA
20000
```

图 7-14　执行效果

7.5.2　使用多态

多态性是面向对象程序设计代码重用的一个重要机制，是面向对象语言中很普遍的一个概念。人们通常把多态分为两个大类(分别是特定的和通用的)，4 个小类(分别是强制的、重载的、参数的和包含的)。它们的结构如图 7-15 所示。

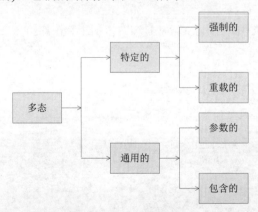

图 7-15　多态的分类

在这样一个体系中，多态表现了多种形式的能力。通用的多态引用有相同结构类型的大量对象，它们有着共同的特征。特定的多态涉及的是小部分没有相同特征的对象。这 4 种多态的具体说明如下所示。

➤　强制的：一种隐式做类型转换的方法。

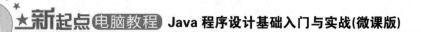
> ➢ 重载的：将一个标志符用作多个意义。
> ➢ 参数的：为不同类型的参数提供相同的操作。
> ➢ 包含的：类包含关系的抽象操作。

接下来将通过一段实例代码来讲解多态在 Java 程序中的作用。

实例 7-15： 在 Java 程序中使用多态
源码路径：daima\7\duotai.java

实例文件 duotai.java 的主要实现代码如下所示。

```java
class jiBaseClass{                            //定义父类 jiBaseClass
  public int book = 6;                        //属性变量 book 的初始值是 6
  public void base()                          //定义方法 base()，功能是打印输出文本
  {
    System.out.println("父类的普通方法");
  }
  public void test()                          //定义方法 test()，功能是打印输出文本
  {
    System.out.println("父类的被覆盖的方法");
  }
}
public class duotai extends jiBaseClass{//定义子类 duotai，父类是 jiBaseClass
  //重新定义一个 book 实例属性覆盖父类的 book 实例属性
  public String book = "Android 江湖";
  public void test()                          //重定义方法 test()
  {
    System.out.println("子类的覆盖父类的方法");
  }
  public void sub()                           //定义方法 sub()
  {
    System.out.println("子类的普通方法");
  }
  public static void main(String[] args) {
    //下面编译时类型和运行时类型完全一样，因此不存在多态
    jiBaseClass bc = new jiBaseClass();
    //输出 6
    System.out.println(bc.book);
    //下面两次调用将执行 jiBaseClass 的方法
    bc.base();
    bc.test();

    //下面编译时类型和运行时类型完全一样，因此不存在多态
    duotai sc = new duotai();
    //输出"Android 江湖"
    System.out.println(sc.book);
    //下面调用将执行从父类继承的 base 方法
    sc.base();
    //下面调用将执行当前类的 test 方法
    sc.test();
    //下面调用将执行当前类的 sub 方法
    sc.sub();

    //下面编译时类型和运行时类型不一样，多态发生
    jiBaseClass sanYin = new duotai();
```

```
//输出 6，这表明访问的是父类属性
System.out.println(sanYin.book);
//下面调用将执行从父类继承的 base 方法
sanYin.base();
//下面调用将执行当前类的 test 方法
sanYin.test();
//jiBaseClass 类没有提供 sub 方法，这是因为 sanYin 的编译类型是 jiBaseClass
//所以下面代码编译时会出现错误
//sanYin.sub();
    }
}
```

在上述代码的 main()方法中显式创建了 3 个引用变量，其中前两个引用变量 bc 和 sc 的编译时类型和运行时类型完全相同，因此调用它们的属性和方法非常正常，完全没有任何问题。但第三个引用变量 sanYin 则比较特殊，它编译时类型是 jiBaseClass，而运行时类型是 duotai，当调用该引用变量的 test 方法时，实际执行的是类 duotai 中覆盖后的 test()方法，这就是多态。上述代码执行后的效果如图 7-16 所示。

6
父类的普通方法
父类的被覆盖的方法
Android江湖
父类的普通方法
子类的覆盖父类的方法
子类的普通方法
6
父类的普通方法
子类的覆盖父类的方法

图 7-16　执行效果

知识精讲

因为子类其实是一种特殊的父类，所以 Java 允许把一个子类对象直接赋给一个父类引用变量，而无须任何类型转换。当把一个子类对象直接赋给父类引用变量时，如上面的 "jiBaseClass sanYin=new duotai0;"，这个引用变量 sanYin 的编译时类型是 jiBaseClass，而运行时类型是 new duotai。当运行时调用该引用变量的方法时，其方法行为总是像子类方法的行为，而不像父类方法行为。此时会出现相同类型的变量、执行同一个方法时呈现出不同的行为特征，这就是多态。

7.6　思考与练习

本章详细阐述了 Java 语言中继承、重载和接口的知识，并且通过具体实例介绍了各个知识点的使用方法。通过本章的学习，读者应该熟练使用 Java 的继承、重载和接口，掌握它们的使用方法和技巧。

1. 选择题

(1) 在 Java 程序中，定义继承的独有关键字是( )。

　　A. extends　　　　　　　B. class　　　　　　　C. void

(2) 在 Java 程序中，使用关键字( )定义接口。

　　A. interface　　　　　　B. class　　　　　　　C. void

2. 判断题

(1) 在 Java 程序中，同一类中可以有两个或者多个方法具有相同的方法名，只要它们的参数不同即可，这就是方法的重载。　　　　　　　　　　　　　　　　( )

(2) 因为在 Java 接口中定义变量时，只能使用关键字 public、static 和 final，所以在接口中只能声明变量，不能声明常量。　　　　　　　　　　　　　　( )

3. 上机练习

(1) 在继承中超类对象引用变量引用子类对象。

(2) 接口类型变量引用实现接口的类的对象。

第 **8** 章

使 用 集 合

本章主要内容

Java 语言的集合类是一种特别有用的工具类，能够存储数量不等的多个对象，并可以实现常用的数据结构，如栈和队列等。除此之外，使用集合还可以保存具有映射关系的关联数组。本章将详细讲解 Java 集合技术的基本知识。

8.1 Java 集合概述

Java 集合就像一种容器，可以把多个对象(实际上是对象的引用，但习惯上都称对象)"丢进"该容器中。在 JDK 1.5 之前，Java 集合会丢失容器中所有对象的数据类型，把所有对象都当成 Object 类型处理，从 JDK 1.5 增加了泛型以后，Java 集合可以记住容器中对象的数据类型，从而可以编写更简洁、健壮的代码。

↑扫码看视频

Java 中的集合大致上可分为 4 种体系，分别是 Set、List、Map 和 Queue，具体说明如下所示。

➢ Set：代表无序、不可重复的集合。

➢ List：代表有序、重复的集合。

➢ Map：代表具有映射关系的集合。

➢ Queue：从 JDK 1.5 以后增加的一种体系集合，代表一种队列集合实现。

Java 语言的集合框架如图 8-1 所示。

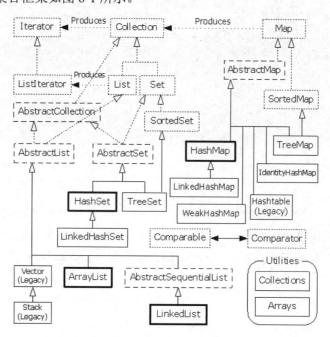

图 8-1 Java 集合框架图

图 8-1 所示的框架图由以下 3 部分组成。

➢ 集合接口：有 6 个接口(用短虚线表示，分别是 Collection、List、Set、SortedSet、Map、SortedMap)，分别表示不同集合类型，它们是集合框架的基础。

➢ 抽象类：有 5 个抽象类(用长虚线表示，分别是 AbstractCollection、AbstractList、AbstractMap、AbstractSequentialList、AbstractSet)，这些是集合接口的部分实现。它们可进一步扩展为自定义集合类。

➢ 实现类：有 9 个实现类(用实线表示，分别是 LinkedList、HashSet、LinkedHashSet、TreeSet、HashMap、Hashtable、LinkedHashMap、TreeMap、WeakHashMap)，这些是接口的完全具体化。

在很大程度上，一旦理解了接口就代表理解了整个框架。虽然总要创建接口特定的实现，但访问实际集合的方法应该限制在接口方法的使用上。这允许我们更改基本的数据结构而不必改变其他代码。Java 集合框架中主要存在如下接口。

➢ Collection：此接口是构造类集框架的基础，是 Java 集合框架的根接口。

➢ Set 接口：继承 Collection，但不允许重复，使用自己内部的一个排列机制。

➢ List 接口：继承 Collection，允许重复，以元素安插的次序来放置元素，不会重新排列。

➢ Map 接口：是一组成对的键-值对象，即所持有的是 key-value 对。Map 中不能有重复的 key，它拥有自己的内部排列机制。

容器中的元素类型都为 Object，从容器取得元素时必须将它转换成原来的类型。

8.2　Collection 接口和 Iterator 接口

　　Collection 接口用于表示任何对象或元素组，想要尽可能地以常规方式处理一组元素时，就使用这一接口。Collection 接口的结构如图 8-1 所示。在接下来的内容中，将详细讲解 Collection 接口和 Iterator 接口的基本知识。

↑扫码看视频

8.2.1　Collection 接口介绍

在 Java 语言中，Collection 接口主要包含以下类别的功能方法。

(1) 单元素添加、删除操作。

➢ boolean add (Object o)：将对象添加给集合。

➢ boolean remove (Object o)：如果集合中有与 o 相匹配的对象，则删除对象 o。

(2) 查询操作。

➢ int size()：返回当前集合中元素的数量。

➢ boolean isEmpty()：判断集合中是否有任何元素。

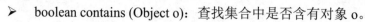

> ➤ boolean contains (Object o)：查找集合中是否含有对象 o。
> ➤ Iterator iterator()：返回一个迭代器，用来访问集合中的各个元素。
(3) 组操作(作用于元素组或整个集合)。
> ➤ boolean containsAll (Collection c)：查找集合中是否含有集合 c 中的所有元素。
> ➤ boolean addAll (Collection c)：将集合 c 中所有元素添加给该集合。
> ➤ void clear()：删除集合中所有元素。
> ➤ void removeAll (Collection c)：从集合中删除集合 c 中的所有元素。
> ➤ void retainAll (Collection c)：从集合中删除集合 c 中不包含的元素。
(4) 将 Collection 转换为 Object 数组。
> ➤ Object[] toArray()：返回一个内含集合所有元素的 array。
> ➤ Object[] toArray (Object[] a)：返回一个内含集合所有元素的 array。运行期间返回
> 的 array 和参数 a 的类型相同，需要转换为正确的类型。

除此之外，我们还可以把集合转换成任何其他的对象数组。但是不能直接把集合转换成基本数据类型的数组，因为集合必须持有对象。由于一个接口实现必须实现所有的接口方法，因此调用程序就需要一种途径来知道一个可选的方法是不是不受支持。如果调用一种可选方法时，会抛出 UnsupportedOperationException 异常表示操作失败，则表示方法不受支持。此异常类继承 RuntimeException 类，避免了将所有集合操作放入 try-catch 块。

 智慧锦囊

在 Collection 接口中没有提供 get()方法，如果要遍历集合中的元素，就必须使用 Iterator 接口。

8.2.2　Iterator 接口介绍

接口 Collection 中的方法 iterator()能够返回一个 Iterator。Iterator 接口方法能以迭代方式逐个访问集合中各个元素，并安全地从 Collection 中除去适当的元素。

Iterator 接口中包含的方法如下所示。

> ➤ boolean hasNext()：判断是否存在另一个可访问的元素。
> ➤ Object next()：返回要访问的下一个元素。如果到达集合结尾，则抛出 NoSuchElementException 异常。
> ➤ void remove()：删除上次访问返回的对象。此方法必须紧跟在一个元素的访问后执行，如果上次访问后集合已被修改，将会抛出 IllegalStateException 异常。

在 Iterator 中进行删除操作会对底层 Collection 带来影响。迭代器是故障快速修复(fail-fast)的。这意味着当另一个线程修改底层集合的时候，如果正在使用 Iterator 遍历集合，那么 Iterator 就会抛出 ConcurrentModificationException 异常(另一种 RuntimeException 异常)并立刻失败。

8.2.3 使用 Collection 方法操作集合里的元素

 实例 8-1： 使用 Collection 方法操作集合里的元素

源码路径：daima\8\yongCollection.java

实例文件 yongCollection.java 的主要代码如下所示。

```java
import java.util.*;
public class yongCollection {
    public static void main(String[] args) {
        @SuppressWarnings("rawtypes")
        Collection<Comparable> c = new ArrayList<Comparable>();//添加元素
        //虽然集合里不能放基本类型的值，但 Java 支持自动装箱
        c.add(6);              //添加元素 6
        System.out.println("集合 c 的元素个数为:" + c.size());
        c.remove(6);              //删除指定元素 6
        System.out.println("集合 c 的元素个数为:" + c.size());
        //判断是否包含指定字符串
        System.out.println("集合 c 中是否包含美美字符串:" + c.contains("美美"));
        c.add("android 江湖");          //添加元素 "android 江湖"
        System.out.println("集合 c 的元素:" + c);
        Collection books = new HashSet();
        books.add("android 江湖");      //添加元素 "android 江湖"
        books.add("会当凌绝顶");          //添加元素 "会当凌绝顶"
        System.out.println("集合 c 是否完全包含 books 集合?" + c.containsAll(books));
        //用集合 c 删除 books 集合中的元素
        c.removeAll(books);
        System.out.println("集合 c 的元素:" + c);
        c.clear();          //删除 c 集合中所有元素
        System.out.println("集合 c 的元素:" + c);
        //books 集合里只剩下 c 集合里同时包含的元素
        books.retainAll(c);
        System.out.println("集合 books 的元素:" + books);
    }
}
```

执行后的效果如图 8-2 所示。

集合c的元素个数为:1
集合c的元素个数为:0
集合c中是否包含美美字符串:false
集合c的元素:[android江湖]
集合c是否完全包含books集合?false
集合c的元素:[]
集合c的元素:[]
集合books的元素:[]

图 8-2 执行效果

在上面的实例代码中创建了两个 Collection 对象，一个是集合 c，一个是集合 books，其中集合 c 是 ArrayList，而集合 books 是 HashSet，虽然它们使用的实现类不同。当把它们当成 Collection 来使用时，具体使用方法 remove、clear 等来操作集合元素时是没有任何区

别的。当使用 System.out 的 println 方法输出集合对象时，将输出[elel, ele2, ...]的形式，这显然是因为 Collection 的实现类重写了 toString()方法，所有 Collection 集合实现类都重写了 toString()方法，此方法能够一次性地输出集合中的所有元素。

8.3　Set 接口

Set 如同一个罐子，可以把对象"丢进"Set 集合里面，集合里多个对象之间没有明显的顺序。Set 集合与 Collection 基本类似，它没有提供任何额外的方法。可以说 Set 就是一个 Collection，只不过其行为不同。Set 不允许包含相同的元素，如果试图把两个相同元素加入同一个 Set 集合中，则添加操作失败，add 方法会返回 false，并且不会增加新元素。

↑扫码看视频

8.3.1　基础知识介绍

在 Java 语言中，Set 接口的结构如图 8-3 所示。

Set
+add(element : Object) : boolean
+addAll(collection : Collection) : boolean
+clear() : void
+contains(element : Object) : boolean
+containsAll(collection : Collection) : boolean
+equals(object : Object) : boolean
+hashCode() : int
+iterator() : Iterator
+remove(element : Object) : boolean
+removeAll(collection : Collection) : boolean
+retainAll(collection : Collection) : boolean
+size() : int
+toArray() : Object[]
+toArray(array : Object[ ]) : Object[]

图 8-3　Set 接口的结构

1. Hash 表

Hash 表是一种数据结构，用于查找对象。Hash 表为每个对象计算出一个整数，称为 Hash Code(哈希码)。Hash 表是个链接式列表的阵列。每个列表称为一个 buckets(哈希表元)。对象位置的计算方式为 index=HashCode % buckets(HashCode 为对象哈希码，buckets 为哈希表元总数)。

当我们添加元素时，有时会遇到已经填充了元素的哈希表元，这种情况称为哈希冲突，这时必须判断该元素是否已经存在于该哈希表中。

如果哈希码是合理地随机分布的，并且哈希表元的数量足够大，那么哈希冲突的数量

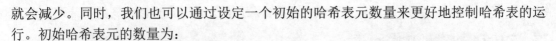

就会减少。同时，我们也可以通过设定一个初始的哈希表元数量来更好地控制哈希表的运行。初始哈希表元的数量为：

```
buckets = size * 150% + 1                    //size 为预期元素的数量
```

如果哈希表中的元素放得太满，就必须进行 rehashing(再哈希)。再哈希使哈希表元数增倍，并将原有的对象重新导入新的哈希表元中，而原始的哈希表元被删除。load factor(加载因子)决定何时要对哈希表进行再哈希。在 Java 编程语言中，加载因子默认值为 0.75，默认哈希表元为 101。

2. Comparable 接口和 Comparator 接口

在集合框架中有两种比较接口，分别是 Comparable 接口和 Comparator 接口。像 String 和 Integer 等 Java 内建类实现 Comparable 接口以提供一定排序方式，但这样只能实现该接口一次。对于那些没有实现 Comparable 接口的类或者自定义的类，可以通过 Comparator 接口来定义自己的比较方式。

(1) Comparable 接口。

在包 java.lang 中，接口 Comparable 适用于一个类有自然顺序的时候。假定对象集合是同一类型，该接口允许把集合排列成自然顺序。

(2) Comparator 接口。

如果一个类不能用于实现 java.lang.Comparable，或者不喜欢默认的 Comparable 行为，只想提供自己的排序方式(可能多种排序方式)，可以实现 Comparator 接口来定义一个比较器。

3. SortedSet 接口

在 Java 集合框架中提供了一个特殊的 Set 接口 SortedSet，它保持元素的有序顺序。此接口主要用于排序操作，即实现此接口的子类都属于排序的子类。当处理列表的子集时，更改视图会反映到源集。此外，更改源集也会反映在子集上。发生这种情况的原因在于视图由两端的元素而不是下标元素指定，所以如果想要一个特殊的高端元素(toElement)在子集中，必须找到下一个元素。

添加到 SortedSet 实现类的元素必须实现 Comparable 接口，否则必须给它的构造函数提供一个 Comparator 接口的实现。类 TreeSet 是它的唯一一份实现。

因为集合必须包含唯一的项，如果添加元素时比较两个元素导致了 0 返回值(通过 Comparable 的 compareTo()方法或 Comparator 的 compare()方法)，那么新元素就没有添加进去。如果两个元素相等，那还好。但如果它们不相等的话，接下来就应该修改比较方法，让比较方法和 equals()的效果一致。

4. AbstractSet 抽象类

AbstractSet 类覆盖了 Object 类的 equals()和 hashCode()方法，以确保两个相等的集返回相同的哈希码。如果两个集大小相等且包含相同元素，则这两个集相等。按照定义，集的哈希码是集中元素哈希码的总和。因此不论集的内部顺序如何，两个相等的集会有相同的哈希码。AbstractSet 抽象类中的主要方法如下所示。

➢ boolean equals (Object obj)：对两个对象进行比较，以便确定它们是否相同。

➢ int hashCode()：返回该对象的哈希码。相同的对象必须返回相同的哈希码。

5. HashSet 类和 TreeSet 类

Java 集合框架支持 Set 接口两种普通的实现，分别是 HashSet 和 TreeSet(TreeSet 实现 SortedSet 接口)。在更多情况下，我们会使用 HashSet 存储重复自由的集合。考虑到效率，添加到 HashSet 的对象需要采用恰当分配哈希码的方式来实现 hashCode()方法。虽然大多数系统类覆盖 Object 中缺省的 hashCode()和 equals()实现，但创建自己的要添加到 HashSet 的类时，别忘了覆盖 hashCode()和 equals()。

当我们要从集合中以有序的方式插入和抽取元素时，TreeSet 实现会有用处。为了能顺利进行，添加到 TreeSet 的元素必须是可排序的。

(1) HashSet 类。
➢ HashSet()：构建一个空的哈希集。
➢ HashSet (Collection c)：构建一个哈希集，并且添加集合 c 中所有元素。
➢ HashSet (int initialCapacity)：构建一个拥有特定容量的空哈希集。
➢ HashSet (int initialCapacity, float loadFactor)：构建一个拥有特定容量和加载因子的空哈希集。loadFactor 是 0.0~1.0 的一个数。

(2) TreeSet 类。
➢ TreeSet()：构建一个空的树集。
➢ TreeSet (Collection c)：构建一个树集，并且添加集合 c 中的所有元素。
➢ TreeSet (Comparator c)：构建一个树集，并且使用特定的比较器对其元素进行排序，comparator 比较器没有任何数据，它只是比较方法的存放器。这种对象有时称为函数对象。函数对象通常在"运行过程中"被定义为匿名内部类的一个实例。
➢ TreeSet (SortedSet s)：构建一个树集，添加有序集合 s 中的所有元素，并且使用与有序集合 s 相同的比较器排序。

6. LinkedHashSet 类

类 LinkedHashSet 扩展了 HashSet。如果想跟踪添加给 HashSet 元素的顺序，使用 LinkedHashSet 实现会有很大的帮助。LinkedHashSet 的迭代器按照元素的插入顺序来访问各个元素，它提供了一个可以快速访问各个元素的有序集合。同时增加了实现的代价，因为哈希表元中的各个元素是通过双重链接式列表链接在一起的。

➢ LinkedHashSet()：构建一个空的链接式哈希集。
➢ LinkedHashSet (Collection c)：构建一个链接式哈希集，并且添加集合 c 中的所有元素。
➢ LinkedHashSet (int initialCapacity)：构建一个拥有特定容量的空链接式哈希集。
➢ LinkedHashSet (int initialCapacity, float loadFactor)：构建一个拥有特定容量和加载因子的空链接式哈希集。LoadFactor 是 0.0~1.0 的一个数。

8.3.2 使用 HashSet

HashSet 是 Set 接口的典型实现，大多数时候使用 Set 集合时就是使用这个实现类。

HashSet 按 Hash 算法来存储其中的元素，因此具有很好的存取和查找性能。

HashSet 的主要特点如下所示。

➢ 不能保证元素的排列顺序，顺序有可能发生变化。

➢ HashSet 不是同步的，当多个线程同时访问一个 HashSet，如果有两条或者两条以上的线程同时修改了 HashSet 集合时，必须通过代码来保证其同步。

➢ 结合元素可以是 null。

知识精讲

当向 HashSet 集合中存入一个元素时，HashSet 会调用该对象的 hashCode()方法来得到该对象的 hashCode 值，然后根据该 HashCode 值来决定该对象在 HashSet 中的存储位置。如果有两个元素通过 equals()方法比较返回 true，但它们的 hashCode()方法返回值不相等，HashSet 将会把它们存储在不同位置，也就可以添加成功。

实例 8-2：使用 HashSet 判断集合元素相同的标准

　　源码路径：daima\8\yongHashSet.java

实例文件 yongHashSet.java 的主要代码如下所示。

```java
import java.util.*;
class A{          //类A的equals()方法总是返回true，但没有重写其hashCode()方法
  public boolean equals(Object obj){
    return true;
  }
}
class B{          //类B的hashCode()方法总是返回1，但没有重写其equals()方法
  public int hashCode(){    //实现方法hashCode()
    return 1;
  }
}
//类C的hashCode()方法总是返回2，但没有重写其equals()方法
class C{
  public int hashCode(){    //实现方法hashCode()
    return 2;
  }
  public boolean equals(Object obj){    //实现方法equals()
    return true;
  }
}
public class yongHashSet{
  public static void main(String[] args) {
    HashSet<Object> books = new HashSet<Object>(); //新建HashSet对象books
    //分别向books集合中添加两个A对象，两个B对象，两个C对象
    books.add(new A());                  //添加对象A
    books.add(new A());                  //添加对象A
    books.add(new B());                  //添加对象B
    books.add(new B());                  //添加对象B
    books.add(new C());                  //添加对象C
    books.add(new C());                  //添加对象C
```

```
        System.out.println(books);              //输出 books 中的元素
    }
}
```

执行后的效果如图 8-4 所示。

```
[B@1, B@1, C@2, A@c17164, A@de6ced]
```

图 8-4　执行效果

在上面的实例代码中，分别提供了 3 个类：A、B 和 C，它们分别重写了 equals()、hashCode()两个方法的一个或全部，演示了 HashSet 判断集合元素相同标准的过程。在 books 集合中分别添加了两个 A 对象、两个 B 对象和两个 C 对象，其中 C 类重写了 equals()方法总是返回 true，hashCode()方法总是返回 2，这将导致 HashSet 把两个 C 对象当成同一个对象。

8.3.3　使用 TreeSet 类

TreeSet 是 SortedSet 接口的唯一实现，可以确保集合元素处于排序状态。例如，下面的实例代码演示了 TreeSet 类的基本用法。

实例 8-3：使用 TreeSet 类
源码路径：daima\8\yongTestTreeSet.java

实例文件 yongTestTreeSet.java 的具体实现代码如下所示。

```java
import java.util.*;
public class yongTestTreeSet{
 public static void main(String[] args)  {
    TreeSet<Integer> nums = new TreeSet<Integer>();
    //向 TreeSet 中添加四个 Integer 对象
    nums.add(5);        //添加整数 5
    nums.add(2);        //添加整数 2
    nums.add(10);       //添加整数 10
    nums.add(-9);       //添加整数-9
    //输出集合元素，看到集合元素已经处于排序状态
    System.out.println(nums);
    //输出集合里的第一个元素
    System.out.println(nums.first());
    //输出集合里的最后一个元素
    System.out.println(nums.last());
    //返回小于 4 的子集，不包含 4
    System.out.println(nums.headSet(4));
    //返回大于 5 的子集，如果 Set 中包含 5，子集中还包含 5
    System.out.println(nums.tailSet(5));
    //返回大于等于-3，小于 4 的子集。
    System.out.println(nums.subSet(-3 , 4));
 }
}
```

TreeSet 并不是根据元素的插入顺序进行排序，而是根据元素的实际值来排序的。与 HashSet 集合采用 hash 算法来决定元素的存储位置不同，TreeSet 采用红黑树的数据结构对

元素进行排序处理。执行后的效果如图 8-5 所示。

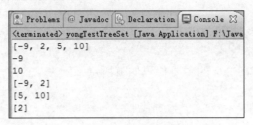

图 8-5 执行效果

在 Java 语言中，TreeSet 支持两种排序方法，分别是自然排序和定制排序，在默认情况下，TreeSet 采用自然排序。

(1) 自然排序。

TreeSet 会调用集合元素的 compareTo(Object obj)方法来比较元素之间的大小关系，然后将集合元素按照升序排列，这种排序方式就是自然排列。

在 Java 中提供了一个 Comparable 接口，在该接口中定义了一个 compareTo(Object obj) 方法，该方法返回了一个整数值，实现该接口的类必须实现该方法，实现了该接口的类的对象就可以比较大小。当一个对象调用该方法与另一个对象进行比较时，如 obj1.compareTo(obj2)，如果该方法返回 0，则表明这两个对象相等，如果该方法返回一个正整数，则表明 objl 大于 obj2，如果该方法返回一个负整数，则表明 objl 小于 obj2。

大部分类在实现 compareTo(Object obj)方法时，都需要将被比较对象 obj 强制类型转换成相同类型，因为只有相同类的两个实例才会比较大小。当试图把一个对象添加到 TreeSet 集合时，TreeSet 会调用该对象的 compareTo (Object obj)方法与集合中其他元素进行比较——这就要求集合中其他元素与该元素是同一个类的实例。也就是说，向 TreeSet 中添加的应该是同一个类的对象，否则会引发 ClassCastException 异常。

当向 TreeSet 中添加对象时，如果该对象是程序员自定义类的对象，则可以向 TreeSet 中添加多种类型的对象，前提是用户自定义类实现了 Comparable 接口，在实现 compareTo(Object obj)方法时没有进行强制类型转换。但当试图操作 TreeSet 里的集合数据时，不同类型的元素依然会发生 ClassCastException 异常。

当把一个对象加入 TreeSet 集合中时，TreeSet 调用该对象的 compareTo(Object obj)方法与容器中的其他对象比较大小，然后根据红黑树算法决定它的存储位置。如果两个对象通过 compareTo(Object obj)比较相等，TreeSet 即认为它们应存储在同一位置。对于 TreeSet 集合而言，它判断两个对象不相等的标准是：两个对象通过 equals()方法比较返回 false，或通过 compareTo(object obj)比较没有返回 0。即使两个对象是同一个对象，TreeSet 也会把它当成两个对象来进行处理。

(2) 定制排序。

TreeSet 的自然排序是根据集合元素的大小进行的，TreeSet 将它们以升序进行排列。如果需要实现定制排序，如降序排列，可以使用 Comparator 接口的帮助。该接口里包含一个 int compare (T o1, T o2)方法，此方法用于比较 o1 和 o2 的大小。如果该方法返回正整数，则表明 ol 大于 o2；如果该方法返回 0，则表明 o1 等于 o2；如果该方法返回负整数，则表明 o1 小于 o2。如果需要实现定制排序，则需要在创建 TreeSet 集合对象时提供一个 Comparator

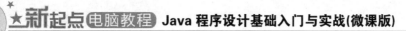

对象与 TreeSet 集合相关联，由该 Comparator 对象负责集合元素的排序逻辑。

 实例 8-4： 演示 TreeSet 的自然排序用法

源码路径：daima\8\yongTreeSet.java

实例文件 yongTreeSet.java 的主要代码如下所示。

```java
import java.util.*;
//Z类，重写了 equals 方法，总是返回 false
//重写了 compareTo(Object obj)方法，返回正整数
class Z implements Comparable<Object>
   int age;                   //定义 int 类型变量 age
   public Z(int age){         //定义构造方法 Z
      this.age = age;         //属性 age 赋值
   }
   public boolean equals(Object obj){   //定义方法 equals()
      return false;
   }
   public int compareTo(Object obj){    //定义方法 compareTo()
      return 1;
   }
}
public class yongTreeSet{
   public static void main(String[] args) {
      TreeSet<Z> set = new TreeSet<Z>(); //新建 TreeSet 对象 set
      Z z1 = new Z(6);                   //新建类 Z 对象实例 z1
      set.add(z1);                       //将 z1 添加到集合中
   System.out.println(set.add(z1));
      //下面输出 set 集合，将看到有两个元素
      System.out.println(set);
      //修改 set 集合的第一个元素的 age 属性
      ((Z)(set.first())).age = 9;
      //输出 set 集合的最后一个元素的 age 属性，将看到也变成了 9
   System.out.println(((Z)(set.last())).age);
   }
}
```

执行后的效果如图 8-6 所示。

```
true
[Z@de6ced, Z@de6ced]
9
```

图 8-6　执行效果

在上面的实例代码中，先把同一个对象再次添加到 TreeSet 集合中，因为 z1 对象的方法 equals()总是返回 false，而且方法 compareTo (object obj)总是返回 1。这样 TreeSet 会认为 z1 对象和它自己也不相同，所以在此 TreeSet 中添加了两个 z1 对象。

8.3.4　使用 EnumSet 类

类 EnumSet 是一个与枚举类型一起使用的专用 set(意思是枚举不用编写专用的 set 和 get 方法)实现。在枚举 set 中所有元素都必须来自单个枚举类型(即必须是同类型，且该类型是 Enum 的子类)。枚举类型在创建 set 时显式或隐式地指定，枚举 set 在内部表示为位向量。

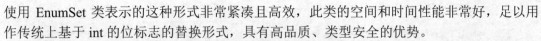

使用 EnumSet 类表示的这种形式非常紧凑且高效，此类的空间和时间性能非常好，足以用作传统上基于 int 的位标志的替换形式，具有高品质、类型安全的优势。

如果指定的 Collection 也是一个枚举 set，则批量操作(如 containsAll 和 retainAll)也应运行得非常快。由 Iterator 方法返回的迭代器按其自然顺序遍历这些元素(该顺序是声明枚举常量的顺序)，返回的迭代器从不抛出 ConcurrentModificationException 异常，也不一定显示在迭代进行时发生的任何 set 修改的效果。

类 EnumSet 不允许使用 null 元素，如果试图插入 null 元素将抛出 NullPointerException 异常。但是试图测试是否出现 null 元素或移除 null 元素将不会抛出异常。像大多数 Collection 一样，EnumSet 是不同步的，如果多个线程同时访问一个枚举 set，并且至少有一个线程修改该 set，则此枚举 set 在外部应该是同步的。这通常是通过对自然封装该枚举 set 的对象执行同步操作来完成的。如果不存在这样的对象，则应该使用方法 Collections.synchronizedSet (java.util.Set)来"包装"该 set。我们最好在创建时完成这一操作，以防止意外的非同步访问。

```
Set<MyEnum> s = Collections.synchronizedSet(EnumSet.noneOf(Foo.class));
```

在实现时需要注意，所有基本操作都在固定时间内执行。虽然并不保证，但它们很可能比其 HashSet 副本更快。如果参数是另一个 EnumSet 实例，则诸如 addAll() 和 AbstractSet.removeAll (java.util.Collection)之类的批量操作也会在固定时间内执行。

类 EnumSet 没有暴露任何构造器来创建该类的实例，程序应该通过它提供的 static 方法来创建 EnumSet 对象。在类 EnumSet 中提供了以下常用 static 方法来创建 EnumSet 对象。

- ➢ static EnumSet allOf (Class elementType)：创建一个包含指定枚举类里所有枚举值的 EnumSet 集合。
- ➢ static EnumSet complementOf (EnumSet s)：创建一个其元素类型与指定 EnumSet 里元素类型相同的 EnumSet，新 EnumSet 集合包含原 EnumSet 集合所不包含的、此枚举类剩下的枚举值，即新 EnumSet 集合和原 EnumSet 集合的集合元素加起来就是该枚举类的所有枚举值。
- ➢ static EnumSet copyOf (Collection c)：使用一个普通集合来创建 EnumSet 集合。
- ➢ static EnumSet copyOf (EnumSet s)：创建一个与指定 EnumSet 具有相同元素类型、相同集合元素的 EnumSet。
- ➢ static EnumSet noneOf (Class elementType)：创建一个元素类型为指定枚举类型的空 EnumSet。
- ➢ static EnumSet of (E first, E... rest)：创建一个包含一个或多个枚举值的 EnumSet，传入的多个枚举值必须属于同一个枚举类。
- ➢ static EnumSet range (E from, E to)：创建包含从 from 枚举值到 to 枚举值范围内的所有枚举值的 EnumSet 集合。

 实例 8-5：使用 EnumSet 保存枚举类里的值
源码路径：daima\8\yongEnumSet.java

实例文件 yongEnumSet.java 的主要代码如下所示。

```
import java.util.*;
enum Season{
```

```
      SPRING,SUMMER,FALL,WINTER
}
public class yongEnumSet{
   public static void main(String[] args){
      //创建一个EnumSet集合，集合元素就是Season枚举类的全部枚举值
      EnumSet<Season> es1 = EnumSet.allOf(Season.class);
      //输出[SPRING,SUMMER,FALL,WINTER]
      System.out.println(es1);
      //创建一个EnumSet空集合，指定其集合元素是Season类的枚举值
      EnumSet<Season> es2 = EnumSet.noneOf(Season.class);
      System.out.println(es2); //输出[]
      //手动添加两个元素
      es2.add(Season.WINTER);
      es2.add(Season.SPRING);
      System.out.println(es2);
      //以指定枚举值创建EnumSet集合
      EnumSet<Season> es3 = EnumSet.of(Season.SUMMER , Season.WINTER);
      //输出[SUMMER,WINTER]
      System.out.println(es3);
      EnumSet<Season> es4 = EnumSet.range(Season.SUMMER , Season.WINTER);
      //输出[SUMMER,FALL,WINTER]
      System.out.println(es4);
      //新创建的EnumSet集合的元素和es4集合的元素有相同类型
      //es5的集合元素 + es4集合元素 = Season枚举类的全部枚举值
      EnumSet<Season> es5 = EnumSet.complementOf(es4);
      //输出[SPRING]
      System.out.println(es5);
   }
}
```

执行后的效果如图8-7所示。

```
[SPRING, SUMMER, FALL, WINTER]
[]
[SPRING, WINTER]
[SUMMER, WINTER]
[SUMMER, FALL, WINTER]
[SPRING]
```

图8-7 执行效果

8.4 List 接口

List接口继承Collection接口，能够定义一个允许重复项的有序集合，该接口不但能够对列表的一部分进行处理，还添加了面向位置的操作。在本节将详细讲解Java语言中List接口的基本知识，为读者学习本书后面的知识打下基础。

↑扫码看视频

8.4.1　基本知识介绍

List 接口是一个有序集合,在集合中每个元素都有其对应的顺序索引。List 集合允许使用重复元素通过索引来访问指定位置的集合元素。因为 List 集合默认按元素的添加顺序设置元素的索引,如第一次添加的元素索引为 0,第二次添加的元素索引为 1,依此类推。

在 List 结构中包括了众多功能强大的方法,具体说明如下所示。

(1) 面向位置的操作方法。

包括插入某个元素或 Collection 的功能,还包括获取、除去或更改元素的功能。在 List 中搜索元素可以从列表的头部或尾部开始,如果找到元素,还将报告元素所在的位置。在 List 集合中增加了一些根据索引来操作集合元素的方法,这些方法的具体说明如下所示。

- ➤ void add (int index, Object element):在指定位置 index 上添加元素 element。
- ➤ boolean addAll (int index, Collection c):将集合 c 的所有元素添加到指定位置 index。
- ➤ Object get (int index):返回 List 中指定位置的元素。
- ➤ int indexOf (Object o): 返回第一个出现元素 o 的位置,否则返回-1。
- ➤ int lastIndexOf (Object o): 返回最后一个出现元素 o 的位置,否则返回-1。
- ➤ Object remove (int index): 删除指定位置上的元素。
- ➤ Object set (int index, Object element):用元素 element 取代位置 index 上的元素,并且返回旧的元素。

(2) 处理集合子集的方法。

List 接口不但以位置序列迭代地遍历整个列表,还能处理集合的子集。这些方法的具体说明如下所示。

- ➤ ListIterator listIterator():返回一个列表迭代器,用来访问列表中的元素。
- ➤ ListIterator listIterator (int index):返回一个列表迭代器,用来从指定位置 index 开始访问列表中的元素。
- ➤ List subList (int fromIndex, int toIndex):返回从指定位置 fromIndex(包含)到 toIndex(不包含)范围中各个元素的列表视图。对子列表的更改(如 add()、remove() 和 set()调用)对底层 List 也有影响。

1. ListIterator 接口

ListIterator 接口继承 Iterator 接口,以支持添加或更改底层集合中的元素,还支持双向访问。ListIterator 没有当前位置,光标位于调用 previous()和 next()方法返回的值之间。

在正常情况下,不用 ListIterator 改变某次遍历集合元素的方向——向前或者向后。虽然它在技术上可以实现,但是用 previous 后应该立刻调用 next(),返回的是同一个元素。把调用 next()和 previous()的顺序颠倒后,运行结果依然相同。

当使用 add()操作添加一个元素后,会导致新元素立刻被添加到隐式光标的前面。因此添加元素后调用 previous()会返回新元素,而调用 next()则不起作用,返回添加操作之前的下一个元素。

2. AbstractList 和 AbstractSequentialList 抽象类

在 Java 程序中有两个抽象的 List 实现类,分别是 AbstractList 和 AbstractSequentialList。

像 AbstractSet 类一样，它们覆盖了 equals()和 hashCode()方法以确保两个相等的集合返回相同的哈希码。如果两个列表大小相等且包含顺序相同的相同元素，则这两个列表相等。这里的 hashCode()实现在 List 接口定义中指定，而在这里实现。

除了 equals()和 hashCode()方法之外，AbstractList 和 AbstractSequentialList 还实现了其余 List 方法的一部分。因为数据的随机访问和顺序访问是分别实现的，使得具体列表实现的创建更为容易。需要定义的一套方法取决于你希望支持的行为。你永远不必亲自提供的是 iterator 方法的实现。

3. LinkedList 类和 ArrayList 类

在集合框架中有两种常规的 List 实现，分别是 ArrayList 和 LinkedList，具体使用哪一种取决于我们的特定需要。如果要支持随机访问，而不必在除尾部的任何位置插入或除去元素，那么 ArrayList 提供了可选的集合。但如果需要频繁地从列表的中间位置添加和除去元素，而只要顺序地访问列表元素，那么使用 LinkedList 会更好。

ArrayList 和 LinkedList 都实现了 Cloneable 接口，都提供了两个构造函数，其中一个是无参的，一个接受另一个 Collection。

8.4.2　根据位置索引来操作集合内的元素

List 接口作为 Collection 接口的子接口，可以使用 Collection 接口里的全部方法。

 实例 8-6：使用 List 根据位置索引来操作集合内的元素
　　　　 源码路径：daima\8\yongList.java

实例文件 yongList.java 的主要代码如下所示。

```java
import java.util.*;
  public class yongList{
  public static void main(String[] args){
    List<String> books = new ArrayList<String>();
    //向 books 集合中添加 3 个元素 AAA、BBB、CCC
    books.add(new String("AAA"));
    books.add(new String("BBB"));
    books.add(new String("CCC"));
    System.out.println(books);
    //将新字符串 DDD 对象插入在第二个位置
    books.add(1 , new String("DDD"));
    for (int i = 0 ; i < books.size() ; i++ ){ //使用 for 循环打印输出 books
                                    //中的每一个元素
      System.out.println(books.get(i));
    }
  books.remove(2); //删除第三个元素
  System.out.println(books);
   //判断指定元素在 List 集合中位置:输出 1，表明位于第二位
  System.out.println(books.indexOf(new String("DDD")));
   //将第二个元素替换成新的字符串对象
  books.set(1, new String("BBB"));
    System.out.println(books);
   //将 books 集合的第二个元素（包括）到第三个元素（不包括）截取成子集合
```

```
        System.out.println(books.subList(1 , 2));
    }
}
```

执行后的效果如图 8-8 所示。

```
[AAA, BBB, CCC]
AAA
DDD
BBB
CCC
[AAA, DDD, CCC]
1
[AAA, BBB, CCC]
[BBB]
```

图 8-8　执行效果

上面的实例代码演示了 List 集合的独特用法，List 集合可以根据位置索引来访问集合中的元素，因此 List 增加了一种新的遍历集合元素的方法，即用普通 for 循环来遍历集合元素。

智慧锦囊

在 List 中还额外提供了方法 iterator，该方法用于返回一个 listIterator 对象，ListIterator 接口继承了 Iterator 接口，提供了专门操作 List 的方法。ListIterator 与普通 Iterator 相比，在 ListIterator 中增加了向前迭代的功能，而 Iterator 只能向后迭代，而且 ListIterator 可通过 add 方法向 List 集合中添加元素，而 Iterator 只能删除元素。

8.4.3　使用 ArrayList 和 Vector 类

ArrayList 和 Vector 类作为 List 类的两个典型实现，完全支持本章前面介绍的 List 接口中的全部功能。ArrayList 和 Vector 类都是基于数组实现的 List 类，所以 ArrayList 和 Vector 类封装了动态再分配的 Object[]数组。每个 ArrayList 或 Vector 对象都有一个 Capacity 属性，这个 Capacity 表示所封装的 Object[]数组的长度。当向 ArrayList 或 Vector 中添加元素时，它们的 Capacity 会自动增加。在 Java 编程应用中，我们无须关心 ArrayList 和 Vector 的 Capacity 属性。但如果向 ArrayList 集合或 Vector 集合中添加多个元素时，可使用方法 ensureCapacity 一次性地增加 Capacity，这样做的好处是减少分配的次数，提高处理性能。

ArrayList 和 Vector 类在用法上几乎完全相同，但由于 Vector 是一个从 JDK 1.1 就开始有的集合，而在最开始的时候，Java 还没有提供系统的集合框架，所以在 Vector 中提供了一些方法名很长的方法，如 addElement (Object obj)，此方法与 add (Object obj)没有任何区别。从 JDK 1.2 以后，Java 开始提供了系统集合框架，将 Vector 改为了实现 List 接口作为 List 的实现之一，从而导致 Vector 里有一些功能重复的方法。

在 Vector 中还提供了一个名为 stack 的子类，用于模拟"栈"的数据结构，"栈"通常是指"后进先出"的容器。最后"push(推进)"进栈的元素，将最先被"pop(推出)"出栈。与 Java 中其他集合一样，进栈和出栈的都是 Object，因此从栈中取出元素后必须做类型转换，除非只是使用 Object 具有的操作。

8.5 实践案例与上机指导

通过本章的学习，读者基本可以掌握 Java 语言中集合的知识。其实 Java 集合的知识还有很多，这需要读者通过课外渠道来加深学习。下面通过练习操作，以达到巩固学习、拓展提高的目的。

↑扫码看视频

8.5.1 使用 Map 接口

Map 接口用于保存具有映射关系的数据，因此在 Map 集合里保存了两组值，一组值用于保存 Map 里的 key，另外一组值用于保存 Map 里的 value，key 和 value 都可以是任何引用类型的数据。Map 的 key 不允许重复，即同一个 Map 对象的任何两个 key 通过 equals 方法比较总是返回 false。key 和 value 之间存在单向一对一关系，即通过指定的 key 总能找到唯一的、确定的 value。当从 Map 中取出数据时，只要给出指定的 key，就可以取出对应的 value。

因为 HashMap 里的 key 不能重复，所以 HashMap 里最多只有一项 key-value 对的 key 为 null，但可以有无数多项 key-value 对的 value 为 null。例如，在下面实例代码中，演示了用 null 值作为 HashMap 的 key 和 value 的情形。

 实例 8-7：用 null 值作为 HashMap 的 key 和 value
源码路径：daima\8\yongNullHashMap.java

实例文件 yongNullHashMap.java 的主要实现代码如下所示。

```java
import java.util.*;
public class yongNullHashMap{
 public static void main(String[] args) {
    HashMap hm = new HashMap();        //新建 HashMap 对象实例 hm
    //将两个 key 为 null 的 key-value 对放入到 HashMap 中
    hm.put(null , null);
    hm.put(null , null);
    hm.put("a" , null); //将一个 value 为 null 的 key 为 a 的键值对放入 HashMap 中
    System.out.println(hm); //输出 Map 对象
 }
}
```

在上述代码中，试图向 HashMap 中放入 3 个 key-value 对，其中 hm.put(null , null);代码行无法将 key-value 对放入，这是因为 Map 中已经有一个 key-value 对的 key 为 null，所以无法再放入 key 为 null 的 key-value 对。而在 hm.put("a", null);处可以放入该 key-value 对，因为一个 HashMap 中可以有多项 value 为 null。执行效果如图 8-9 所示。

{null=null, a=null}

图 8-9 执行效果

8.5.2 使用 SortedMap 接口和 TreeMap 实现类

正如 Set 接口派生出了 SortedSet 子接口，SortedSet 接口有一个 TreeSet 实现类一样，Map 接口也派生了一个 SortedMap 子接口，SortedMap 也有一个 TreeMap 实现类。与 TreeSet 类似的是，TreeMap 也是基于红黑树算法对 TreeMap 中所有 key 进行排序，从而保证所有 TreeMap 中的 key-value 对处于有序状态。在 TreeMap 中有以下两种排序方式。

➢ 自然排序：TreeMap 的所有 key 必须实现 Comparable 接口，而且所有 key 应该是同一类的对象，否则将会抛出 ClassCastException 异常。

➢ 定制排序：在创建 TreeMap 时，传入一个 Comparator 对象，该对象负责对 TreeMap 中所有 key 进行排序。采用定制排序时不要求 Map 的 key 实现 Comparable 接口。

下面以自然排序为例，演示了使用 TreeMap 的基本方法。

 实例 8-8： 使用 TreeMap 实现自然排序

源码路径： daima\8\yongTreeMap.java

实例文件 yongTreeMap.java 的主要实现代码如下所示。

```java
import java.util.*;
//类 RR 重写了 equals 方法，如果 count 属性相等返回 true
//重写了 compareTo(Object obj)方法，如果 count 属性相等返回 0
class RR implements Comparable{
 int count;                       //定义 int 类型变量 count
 public RR(int count){            //构造方法 RR
   this.count = count;
 }
 public String toString(){        //实现方法 toString()
   return "RR(count 属性:" + count + ")";
 }
 public boolean equals(Object obj) {    //实现方法 equals()
   if (this == obj){                    //if 条件语句判断
     return true;
   }
   if (obj != null && obj.getClass() == RR.class){
     RR r = (RR)obj;
     if (r.count == this.count){
       return true;                     //if 条件成立返回 true
     }
   }
   return false;                        //if 条件不成立则返回 false
}
public int compareTo(Object obj){//实现方法 compareTo()，实现排序操作功能
   RR r = (RR)obj;                       //新建 RR 对象 r
   if (this.count > r.count){            //如果当前 count 大于对象 r 的 count 则返回 1
     return 1;
   }
   else if (this.count == r.count){ //如果当前 count 等于对象 r 的 count 则返回 0
     return 0;
```

```
    }
    else{                                    //如果当前 count 小于对象 r 的 count 则返回-1
       return -1;
    }
  }
}
public class yongTreeMap{
 public static void main(String[] args) {
    TreeMap<RR, String> tm = new TreeMap<RR, String>();      //新建 TreeMap
                                                             //对象实例 tm
    tm.put(new RR(3) , "android 江湖");
    tm.put(new RR(-5) , "会当凌绝顶");
    tm.put(new RR(9) , "一览众山小");
    System.out.println(tm);
    System.out.println(tm.firstEntry());      //返回该 TreeMap 的第一个 Entry 对象
    System.out.println(tm.lastKey());         //返回该 TreeMap 的最后一个 key 值
    System.out.println(tm.higherKey(new RR(2)));//返回该 TreeMap 的比 new RR(2)
                                              //大的最小 key 值
    System.out.println(tm.lowerEntry(new RR(2)));   //返回该 TreeMap 的比 new
                                              //RR(2)小的最大的键值对
    System.out.println(tm.subMap(new RR(-1) , new RR(4)));  //返回该 TreeMap
                                              //的子 TreeMap
  }
}
```

在上述代码中定义了类 RR，此类不但重写了方法 equals()，而且实现了 Comparable 接口，这样就可以使用这个 RR 对象来作为 TreeMap 的 key，此处的 TreeMap 使用自然排序。执行效果如图 8-10 所示。

```
{RR(count属性:-5)=会当凌绝顶, RR(count属性:3)=android江湖, RR(count属性:9)=一览众山小}
RR(count属性:-5)=会当凌绝顶
RR(count属性:9)
RR(count属性:3)
RR(count属性:-5)=会当凌绝顶
{RR(count属性:3)=android江湖}
```

图 8-10　执行效果

8.6　思考与练习

本章详细阐述了 Java 语言中集合的知识，并且通过具体实例介绍了各种集合成员的使用方法。通过本章的学习，读者应该熟练使用 Java 集合中的接口和方法，掌握它们的使用方法和技巧。

1. 选择题

(1) 下面的集合方法(　　)能够判断是否存在另一个可访问的元素。

　　A. boolean hasNext()　　　B. Object next()　　　C. void remove()

(2) (　　)是 Set 接口的典型实现，大多数时候使用 Set 集合时就是使用这个实现类。

　　A. HashSet　　　　　B. TreeSet　　　　　C. EnumSet

2. 判断题

(1) 类 EnumSet 允许可以使用 null 元素。   （   ）

(2) List 集合允许使用重复元素通过索引来访问指定位置的集合元素。因为 List 集合默认按元素的添加顺序设置元素的索引，如第一次添加的元素索引为 0，第二次添加的元素索引为 1，依此类推。   （   ）

3. 上机练习

(1) 用 equals 方法判断两个对象是否相等。

(2) 通过 add 方法向 List 集合中添加元素。

新起点
电脑教程

第 9 章

常用的类库

本章要点

- StringBuffer 类
- Runtime 类
- 程序国际化
- System 类
- Date 类
- Math 类

本章主要内容

　　Java 为程序员提供了丰富的基础类库，这些类库能够帮助程序员快速开发出功能强大的项目。例如，Java SE 提供了 3000 多个基础类库，使用基础类库可以提高开发效率，降低开发难度。对于初学者来说，建议以 Java API 文档为参考进行编程演练，遇到问题时查阅 API 文档，逐步掌握更多的类。本章将详细讲解 Java 语言中常用类库的基本知识，为读者学习本书后面的知识打下基础。

9.1 StringBuffer 类

在 Java 中规定，一旦声明 String 的内容就不可再改变，如果要改变，改变的肯定是 String 的引用地址。如果一个字符串需要经常被改变，则必须使用 StringBuffer 类。在 String 类中可以通过 "+" 来连接字符串，在 StringBuffer 中只能使用方法 append()来连接字符串。

↑扫码看视频

9.1.1 StringBuffer 类基础

在表 9-1 中列出了 StringBuffer 类中的一些常用方法，读者想要了解此类的所有方法，可以自行查询 JDK 文档。

表 9-1 类 StringBuffer 的常用方法

方法定义	类 型	描 述
public StringBuffer()	构造	StringBuffer 的构造方法
public StringBuffer append(char c)	方法	在 StringBuffer 中提供了大量的追加操作(与 String 中使用 "+" 类似)，可以向 StringBuffer 中追加内容，此方法可以添加任何数据类型
public StringBuffer append(String str)	方法	
public StringBuffer append(StringBuffer sb)	方法	
public int indexOf(String str)	方法	查找指定字符串是否存在
public int indexOf(String str,int fromIndex)	方法	从指定位置开始查找指定字符串是否存在
public StringBuffer insert(int offset,String str)	方法	在指定位置处加上指定字符串
public StringBuffer reverse()	方法	将内容反转保存
public StringBuffer replace(int start,int end, String str)	方法	指定内容替换
public int length()	方法	求出内容长度
public StringBuffer delete(int start,int end)	方法	删除指定范围的字符串
public String substring(int start)	方法	字符串截取，指定开始点
public String substring(int start,int end)	方法	截取指定范围的字符串
public String toString()	方法	Object 类继承的方法，用于将内容变为 String 类型

智慧锦囊

　　类 StringBuffer 支持的方法大部分与 String 的类似。使用类 StringBuffer 可以在开发中提升代码的性能，为了保证用户操作的适应性，在类 StringBuffer 中定义的大部分方法名称都与 String 中的是一样的。

9.1.2　使用 StringBuffer 类

　　在 Java 程序中，可以使用方法 append() 来连接字符串，而且此方法返回了一个 StringBuffer 类的实例，这样就可以采用代码链的形式一直调用 append() 方法。也可以直接使用 insert() 方法在指定的位置上为 StringBuffer 添加内容。

　　实例 9-1：通过 append 连接各种类型的数据
　　源码路径：daima\9\StringBufferT1.java

实例文件 StringBufferT1.java 的主要代码如下所示。

```java
public class StringBufferT1{
  public static void main(String args[]){
    StringBuffer buf = new StringBuffer() ; //声明 StringBuffer 对象
    buf.append("Hello ") ;              //向 StringBuffer 中添加内容
    buf.append("World").append("!!!") ;     //连续调用 append() 方法
    buf.append("\n") ;                      //添加一个转义字符
    buf.append("数字 = ").append(1).append("\n");     //添加数字
    buf.append("字符 = ").append('C').append("\n");    //添加字符
    buf.append("布尔 = ").append(true) ;          //添加布尔值
    System.out.println(buf) ;            //直接输出对象，调用 toString()
  }
};
```

　　在上述代码中，buf.append("数字 = ").append(1).append("\n") 实际上就是一种代码链的操作形式。执行后的效果如图 9-1 所示。

```
Hello World!!!
数字 = 1
字符 = C
布尔 = true
```

图 9-1　执行效果

　　在 Java 程序中，可以直接使用方法 insert() 在指定的位置上为 StringBuffer 添加内容。在 StringBuffer 中专门提供了字符串反转的操作方法，所谓的字符串反转就是指将一个是"Hello"的字符串转为"olleH"。

　　实例 9-2：在任意位置处为 StringBuffer 添加内容
　　源码路径：daima\9\StringBufferT3.java

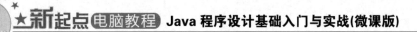

实例文件 StringBufferT3.java 的主要代码如下所示。

```
public class StringBufferT3{
  public static void main(String args[]){
  //声明 StringBuffer 对象
  StringBuffer buf = new StringBuffer() ;
  buf.append("World!!") ;              //添加文本内容
  buf.insert(0,"Hello ") ;            //在第一个内容之前添加内容
    System.out.println(buf) ;        //直接输出对象
  buf.insert(buf.length(),"MM~") ;    //在最后添加内容
    System.out.println(buf) ;        //直接输出对象
  }
};
```

执行后的效果如图 9-2 所示。

```
<terminated> StringBufferT3
Hello World!!
Hello World!!MM~
```

图 9-2   执行效果

智慧锦囊

在类 StringBuffer 中也存在 replace()方法，使用此方法可以对指定范围的内容进行替换。在 String 中如果要进行替换，则使用的是 replaceAll()方法，而在 StringBuffer 中使用的是 replace()方法，这一点读者在使用时需要注意。

通过方法 substring()可以直接从 StringBuffer 的指定范围中截取出内容。

 实例 9-3：在任意位置处为 StringBuffer 添加内容
源码路径：daima\9\StringBufferT5.java

实例文件 StringBufferT5.java 的主要代码如下所示。

```
public class StringBufferT5{
  public static void main(String args[]){
      //声明 StringBuffer 对象
    StringBuffer buf = new StringBuffer() ;
      //向 StringBuffer 添加内容
    buf.append("Hello ").append("World!!") ;
      //将 world 的内容替换
    buf.replace(6,11,"AAA") ;
      //输出替换之后的内容
    System.out.println("内容替换之后的结果:" + buf) ;
  }
};
```

执行后的效果如图 9-3 所示。

```
<terminated> StringBufferT5 [Java Application]
内容替换之后的结果: Hello AAA!!
```

图 9-3   执行效果

因为 StringBuffer 本身的内容是可更改的, 所以也可以通过方法 delete()删除指定范围的
内容。通过方法 indexOf()可以查找指定的内容, 如果查找到了, 则返回内容的位置, 如果
没有查找到则返回-1。

 实例 9-4: 从 StringBuffer 中删除指定范围的字符串
　　源码路径: daima\9\StringBufferT7.java

实例文件 StringBufferT7.java 的主要代码如下所示。

```
public class StringBufferT7{
    public static void main(String args[]){
    StringBuffer buf = new StringBuffer() ; //声明 StringBuffer 对象
     //向 StringBuffer 添加内容
      buf.append("Hello ").append("World!!") ;
      buf.replace(6,11,"AAA") ;                         //将 world 的内容替换
      String str = buf.delete(6,15).toString() ;        //删除指定范围中的内容
        System.out.println("删除之后的结果:" + str) ;    //输出删除之后的内容
    }
};
```

执行后的效果如图 9-4 所示。

```
<terminated> StringBufferT7
删除之后的结果: Hello
```

图 9-4　执行效果

9.2　Runtime 类

　　在 Java 语言中, Runtime 表示运行时操作类, 是一个封装
了 JVM 进程的类, 每一个 JVM 都对应着一个 Runtime 类的实
例, 此实例由 JVM 运行时为其实例化。所以在 JDK 文档中,
读者不会发现任何有关 Runtime 类中对构造方法的定义, 这是
因为 Runtime 类本身的构造方法是私有化的(单例设计)。

↑扫码看视频

在 Java 程序中, 如果想取得一个 Runtime 实例, 则只能通过以下方式实现。

```
Runtime run = Runtime.getRuntime();
```

也就是说, 在类 Runtime 中提供了一个静态的 getRuntime()方法, 此类可以取得 Runtime
类的实例, 那么取得 Runtime 类的实例有什么用处呢? 因为 Runtime 表示的是每一个 JVM
实例, 所以可以通过 Runtime 取得一些系统的信息。

9.2.1　Runtime 类基础

类 Runtime 中的常用方法如表 9-2 所示。

表 9-2　类 Runtime 的常用方法

方法定义	类　型	描　述
public static Runtime getRuntime()	普通	取得 Runtime 类的实例
public long freeMemory()	普通	返回 Java 虚拟机中的空闲内存量
public long maxMemory()	普通	返回 JVM 的最大内存量
public void gc()	普通	运行垃圾回收器，释放空间
public Process exec(String command) throws IOException	普通	执行本机命令

9.2.2　使用 Runtime 类

(1) 得到 JVM 的内存空间信息。

使用类 Runtime 可以取得 JVM 中的内存空间，包括最大内存空间、空闲内存空间等，通过这些信息可以清楚地知道 JVM 的内存使用情况。例如，通过下面的实例代码可以查看 JVM 的空间情况。

 实例 9-5：使用 Runtime 类查看 JVM 的空间情况
源码路径：daima\9\RuntimeT1.java

实例文件 RuntimeT1.java 的主要实现代码如下所示。

```java
public class RuntimeT1{
  public static void main(String args[]){
    Runtime run = Runtime.getRuntime();    // 通过 Runtime 类的静态方法进行
                                           //实例化操作
    System.out.println("JVM 最大内存量:" + run.maxMemory()) ; // 获取当前电脑的最大
                                           //内存，机器的不同，获得的值不同
    System.out.println("JVM 空闲内存量:" + run.freeMemory()) ; //取得程序运行的
                                           //空闲内存
    String str = "Hello " + "World" + "!!!" +"\t" + "Welcome " + "To " +
       "BEIJING" + "~" ;    //连接复杂的字符串
    System.out.println(str) ;              //输出复杂字符串的内容
    for(int x=0;x<1000;x++){
      str += x ;            //大批次(999 次)循环修改内容,这样会产生多个垃圾
    }
    System.out.println("操作 String 之后的,JVM 空闲内存量:" +
      run.freeMemory()) ;          //输出 JVM 空闲内存量
    run.gc() ;                       //进行垃圾收集，释放内存空间
    System.out.println("垃圾回收之后的,JVM 空闲内存量:" + run.freeMemory()) ;
    //输出垃圾回收后的空闲内存量
  }
};
```

在上述代码中，通过 for 循环修改了 String 中的内容，这样的操作必然会产生大量的垃圾，占用系统的内存区域，所以计算后可以发现 JVM 的内存量有所减少，但是当执行 gc() 方法进行垃圾收集后，可用的空间就变大了。执行效果如图 9-4 所示。

(2) 联合使用 Runtime 类与 Process 类。

在 Java 程序中，可以直接使用类 Runtime 运行本机的可执行程序。当前计算机执行程

序就是我们平常所说的进程，这些进程在 Java 中用 Process 类来表示。

```
JVM最大内存量: 3797417984
JVM空闲内存量: 254741016
Hello World!!!  Welcome To BEIJING~
操作String之后的,JVM空闲内存量: 249372312
垃圾回收之后的,JVM空闲内存量: 255530888
```

图 9-4　执行效果

实例 9-6：调用本机可执行程序

源码路径： daima\9\RuntimeT2.java

实例文件 RuntimeT2.java 的主要代码如下所示。

```java
public class RuntimeT2{
  public static void main(String args[]){
   //取得 Runtime 类的实例化对象
   Runtime run = Runtime.getRuntime() ;
   try{
      //调用本机程序，此方法需要异常处理
      run.exec("notepad.exe") ;
   }catch(Exception e){
    e.printStackTrace() ;               //打印输出异常信息
        System.out.println(e) ;          //打印输出异常信息
   }
  }
};
```

执行后会打开一个记事本文件，效果如图 9-5 所示。

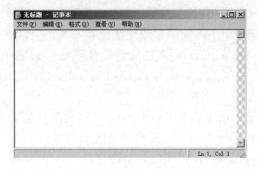

图 9-5　执行效果

知识精讲

　　在 Java 中提供了无用单元自动收集机制。通过方法 totalMemory()和 freeMemory()可以知道对象的堆内存有多大，还剩多少。Java 会周期性地回收垃圾对象(未使用的对象)，以便释放内存空间。但是如果想先于收集器的下一次指定周期来收集废弃的对象，可以通过调用 gc()方法来根据需要运行无用单元收集器。一个很好的试验方法是先调用 gc()方法，然后调用 freeMemory()方法来查看基本的内存使用情况，接着执行代码，然后再次调用 freeMemory()方法看看分配了多少内存。

9.3　程序国际化

国际化操作是在开发中较为常见的一种要求，那么什么叫国际化操作呢？实际上国际化的操作就是指一个程序可以同时适应多门语言，即如果现在程序的使用者是中国人，则会以中文为显示文字，如果现在程序的使用者是英国人，则会以英语为显示的文字，也就是说，可以通过国际化操作让一个程序适应各个国家或地区的语言要求。

↑扫码看视频

9.3.1　国际化基础

在 Java 中通常使用类 Locale 来实现 Java 程序的国际化，除此之外，还需要用属性文件和 ResourceBundle 类支持。属性文件是指后缀为.properties 的文件，文件中的内容保存结构为 key=value 形式(关于属性文件的具体操作可以参照 Java 类集部分)。因为国际化的程序只是显示语言的不同，那么就可以根据不同的国家或地区定义不同的属性文件，属性文件中保存真正要使用的文字信息，要访问这些属性文件，可以使用类 ResourceBundle 来完成。

假如现在有一个程序要求可以同时适应法语、英语、中文的显示，那么此时就必须使用国际化。我们可以根据各个不同的国家或地区配置不同的资源文件(资源文件有时也称为属性文件，因为其后缀为.properties)，所有的资源文件以 key=value 的形式出现，如 message=你好！。在程序执行中只是根据 key 找到 value 并将 value 的内容进行显示。也就是说只要 key 的值不变，value 的内容可以任意更换。

在 Java 程序中必须通过以下 3 个类实现 Java 程序的国际化操作。

➢ java.util.Locale：用于表示一个国家或地区语言类。

➢ java.util.ResourceBundle：用于访问资源文件。

➢ java.text.MessageFormat：格式化资源文件的占位字符串。

上述 3 个类的具体操作流程是：先通过 Locale 类指定区域码，然后 ResourceBundle 根据 Locale 类所指定的区域码找到相应的资源文件，如果资源文件中存在动态文本，则使用 MessageFormat 进行格式化。

9.3.2　Locale 类

要想实现 Java 程序的国际化，首先需要掌握 Locale 类的基本知识。表 9-3 列出了类 Locale 中的构造方法。

实际上对于各个国家或地区都有对应的 ISO 编码，如中国的编码为 zh-CN，英语-美国的编码为 en-US，法语的编码为 fr-FR。

表 9-3　类 Locale 的构造方法

方法定义	类　型	描　述
public Locale(String language)	构造	根据语言代码构造一个语言环境
public Locale(String language,String country)	构造	根据语言和国家或地区构造一个语言环境

对于各个国家或地区的编码，读者实际上没有必要去记住，只需要知道几个常用的就可以了，如果想知道全部的国家或地区编码可以直接搜索 ISO 国家或地区编码。如果觉得麻烦也可以直接在 IE 浏览器中查看各个国家或地区的编码，因为 IE 浏览器可以适应多个国家或地区的语言显示要求，操作步骤为：选择"工具"→"Internet 选项"命令，在打开的对话框中切换到"常规"选项卡，单击"语言"按钮，在打开的对话框中单击"添加"按钮，弹出如图 9-6 所示的对话框。

图 9-6　国家或地区编码

9.3.3　ResourceBundle 类

ResourceBundle 类的主要作用是读取属性文件，读取属性文件时可以直接指定属性文件的名称(指定名称时不需要文件的后缀)，也可以根据 Locale 所指定的区域码来选取指定的资源文件，ResourceBundle 类中的常用方法如表 9-4 所示。

表 9-4　ResourceBundle 类中的常用方法

方法定义	类　型	描　述
public static final ResourceBundle getBundle (String baseName)	普通	取得 ResourceBundle 的实例，并指定要操作的资源文件名称
public static final ResourceBundle getBundle (String baseName,Locale locale)	普通	取得 ResourceBundle 的实例，并指定要操作的资源文件名称和区域码
public final String getString(String key)	普通	根据 key 从资源文件中取出对应的 value

如果要使用 ResourceBundle 对象，则需要直接通过 ResourceBundle 类中的静态方法 getBundle()取得。

实例 9-7： 通过 ResourceBundle 取得资源文件中的内容

源码路径： daima\9\InterT1.java

实例文件 InterT1.java 的主要代码如下所示。

```java
import java.util.ResourceBundle ;
public class InterT1{
    public static void main(String args[]){
        ResourceBundle rb = ResourceBundle.getBundle("Message") ;
            //找到资源文件，不用编写后缀
        System.out.println("内容:" + rb.getString("info")) ;
            //打印输出从资源文件中取得的内容
    }
};
```

通过上述代码读取了资源文件 Message.properties 中的内容，执行效果如图 9-7 所示。从以上程序中可以发现，程序通过资源文件中的 key 取得了对应的 value。

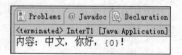

图 9-7　执行效果

9.3.4　处理动态文本

在本节前面介绍的国际化内容中，所有资源内容都是固定的，但是输出的消息中如果包含了一些动态文本，则必须使用占位符清楚地表示出动态文本的位置。在 Java 中通过"{编号}"格式设置占位符。在使用占位符之后，程序可以直接通过 MessageFormat 对信息进行格式化，为占位符动态设置文本的内容。

MessageFormat 类是 Format 类的子类，Format 类主要实现格式化操作，除了 MessageFormat 子类外，在 Format 中还有 NumberFormat、DateFormat 两个子类。

在进行国际化操作时，不只有文字需要处理，数字显示、日期显示等都要符合各个区域的要求，我们可以通过控制面板中的"区域和语言选项"对话框观察到这一点，如图 9-8 所示。并且同时改变的有数字、货币、时间等，所以在 Format 类中提供了 3 个子类来实现上述功能，分别是 MessageFormat、DateFormat、NumberFormat。

假设现在要输出的信息(以中文为例)是"你好，xxx！"，其中，xxx 的内容是由程序动态设置的，所以此时可以修改之前的 3 个属性文件，让其动态地接收程序的 3 个文本。

(1)　中文的属性文件 Message_zh_CN.properties，内容如下所示。

```
info = \u4f60\u597d\uff0c{0}\uff01
```

以上信息就是中文的"你好，{0}！"，中文必须使用 Unicode 16 编码格式。

(2)　英语的属性文件 Message_en_US.properties，内容如下所示。

```
info = Hello,{0}!
```

(3)　法语的属性文件 Message_fr_FR.properties，内容如下所示。

```
info = Bonjour,{0}!
```

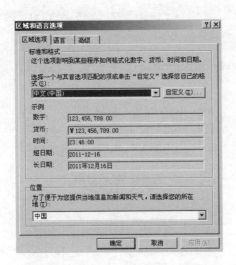

图 9-8　"区域和语言选项"对话框

在以上 3 个属性文件中，都加入了"{0}"，表示一个占位符，如果有更多的占位符，则直接在后面继续加上"{1}""{2}"即可。然后就可以继续使用之前的 Locale 类和 ResourceBundle 类读取资源文件的内容，但是读取之后的文件因为要处理占位符的内容，所以要使用 MessageFormat 类进行处理，主要使用下面的方法实现。

```
public static String format(String pattern,Object…arguments)
```

其中第 1 个参数表示要匹配的字符串，第 2 个参数 Object…arguments 表示输入参数可以是任意多个，并没有具体个数的限制。

 实例 9-8： 使用 MessageFormat 格式化动态文本
源码路径： daima\9\InterT3.java

实例文件 InterT3.java 的主要代码如下所示。

```java
public class InterT3{
  public static void main(String args[]){

      Locale zhLoc = new Locale("zh","CN") ;  //表示中国地区

      Locale enLoc = new Locale("en","US") ;  //表示美国地区

      Locale frLoc = newLocale("fr","FR") ;   //表示法国地区
      //找到中文的属性文件，需要指定中文的 Locale 对象
      ResourceBundle zhrb = ResourceBundle.getBundle("Message",zhLoc) ;
      //找到英文的属性文件，需要指定英文的 Locale 对象
      ResourceBundle enrb = ResourceBundle.getBundle("Message",enLoc) ;
      //找到法文的属性文件，需要指定法文的 Locale 对象
      ResourceBundle frrb = ResourceBundle.getBundle("Message",frLoc) ;
      //依次读取各个属性文件的内容，通过键值读取，此时的键值名称统一为 info
      String str1 = zhrb.getString("info") ;
      String str2 = enrb.getString("info") ;
      String str3 = frrb.getString("info") ;
      System.out.println("中文:" + MessageFormat.format(str1,"无敌")) ;
      System.out.println("英语:" +MessageFormat.format(str2,"wudiwudi")) ;
```

```
   System.out.println("法语:" + MessageFormat.format(str3," wudiwudi")) ;
   }
};
```

上述代码通过 MessageFormat.format()方法设置了动态文本的内容,执行效果如图 9-9 所示。

中文: 中文, 好的, 无敌!
英语: Hello,wudiwudiwudi!
法语: Bonjour,wudiwudiwudi!

图 9-9 执行效果

智慧锦囊

在 Java 的可变参数传递中可以接收多个对象,在方法传递参数时可以使用如下形式实现。

返回值类型 方法名称(Object…args)

上述表示方法可以接收任意多个参数,然后按照数组的方式输出即可。

9.3.5 使用类代替资源文件

在 Java 中可以使用属性文件来保存所有的资源信息,当然也可以使用类来保存所有的资源信息,但是在开发中此种做法并不多见,主要还是以属性文件的应用为主。与之前的资源文件一样,如果使用类保存信息,则也必须按照 key-value 的形式出现,而且类的命名必须与属性文件一致。而且此类必须继承 ListResourceBundle 类,继承之后要覆写此类中的 getContents()方法。例如,用下面的代码建立了一个中文资源类。

```
import java.util.ListResourceBundle ;
public class Message_zh_CN extends ListResourceBundle{
 private final Object data[][] = {        //二维数组用于存储资源信息
    {"info","中文, 好的, {0}!"}
 } ;
 public Object[][] getContents(){         //覆写的方法
    return data ;
 }
};
```

然后在如下国际化程序中可以使用上面定义的资源类。

```
import java.util.ResourceBundle ;
import java.util.Locale ;
import java.text.* ;
public class InterT6{
 public static void main(String args[]){
    Locale zhLoc = new Locale("zh","CN") ;  //表示中国地区
    //找到中文的属性文件,需要指定中文的 Locale 对象
    ResourceBundle zhrb = ResourceBundle.getBundle("Message",zhLoc) ;
    String str1 = zhrb.getString("info") ;  //获取 zhrb 中的 String 类型数据
```

```
System.out.println("中文:" + MessageFormat.format(str1,"火云邪神")) ;
 }
};
```

读者在此一定要注意，在资源类中的属性一定是一个二维数组。另外，在本章之前讲解的程序中出现了 Message.properties、Message_zh_CN.properties 和 Message_zh_CN.class，如果在一个项目中同时存在这 3 个类型的文件，那么最终只会使用一个，使用时需要按照优先级。顺序为 Message_zh_CN.class、Message_zh_CN.properties、Message.properties。但是从实际开发的角度来看，使用一个类文件来代替资源文件的方式是很少见的，所以需要重点掌握资源文件的使用。

9.4　System 类

类 System 可能是我们在日常开发中经常看见的类，例如系统输出语句 System.out. println()就属于 System 类。实际上类 System 是一些与系统相关属性和方法的集合，而且在此类中所有的属性都是静态的，要想引用这些属性和方法，直接使用类 System 来调用即可。

↑扫码看视频

9.4.1　System 类基础

在表 9-5 中列出了 System 类中的一些常用方法。

表 9-5　System 类的常用方法

方法定义	类　型	描　述
public static void exit(int status)	普通	系统退出，如果 status 为非 0 就表示退出
public static void gc()	普通	运行垃圾收集机制，调用的是 Runtime 类中的 gc 方法
public static long currentTimeMillis()	普通	返回以毫秒为单位的当前时间
public static void arraycopy(Object src, int srcPos, Object dest,int destPos, int length)	普通	数组复制操作
public static Properties getProperties()	普通	取得当前系统的全部属性
public static String getProperty(String key)	普通	根据键值取得属性的具体内容

由此可见，System 类中的方法都是静态的，都是使用 static 定义的，所以在使用时直接使用类名称就可以调用，例如 System.gc()。

实例 9-9: 计算一个程序的执行时间

源码路径: daima\9\SystemT1.java

实例文件 SystemT1.java 的主要代码如下所示。

```java
public class SystemT1{
   public static void main(String args[]){
       //定义 startTime 变量,通过 startTime()取得开始计算之前的时间
       long startTime = System.currentTimeMillis() ;
       int sum = 0 ;                    //声明变量
       //执行累加操作
       for(int i=0;i<30000000;i++){
          sum += i ;
       }
       long endTime = System.currentTimeMillis() ; //取得计算之后的时间
       //结束时间减去开始时间,并打印输出结果
       System.out.println("计算所花费的时间:" + (endTime-startTime) +"毫秒") ;
   }
};
```

执行效果如图 9-10 所示,不同电脑的执行结果是不同的。

计算所花费的时间: 22毫秒

图 9-10 执行效果

9.4.2 垃圾对象的回收

Java 为我们提供了垃圾的自动收集机制,能够不定期地自动释放 Java 中的垃圾空间。在 System 类中有一个 gc()方法,此方法也可以进行垃圾的收集,而且此方法实际上是对 Runtime 类中的 gc()方法的封装,功能与其类似。接下来将要讲解的是如何对一个对象进行回收,一个对象如果不再被任何栈内存所引用,那么此对象就可以称为垃圾对象,等待被回收。实际上等待的时间是不确定的,所以可以直接调用方法 System.gc()进行垃圾的回收。

在实际开发中,垃圾内存的释放基本上都是由系统自动完成的,除非特殊情况,一般很少直接调用 gc()方法。但是如果在一个对象被回收之前要进行某些操作该怎么办呢?实际上在类 Object 中有一个名为 finalize()的方法,定义此方法的语法格式如下所示。

```
protected void finalize() throws Throwable
```

在程序中的一个子类只需要覆写上述方法即可在释放对象前进行某些操作。例如,我们可以通过下面的实例代码观察对象释放的过程。

实例 9-10: 使用 System 释放对象

源码路径: daima\9\SystemT4.java

实例文件 SystemT4.java 的主要实现代码如下所示。

```java
class Person{
 private String name ;                      //定义私有属性 name
 private int age ;                          //定义私有属性 age
 public Person(String name,int age){        //实现构造方法 Person()
```

```
    this.name = name ;                        //name 赋值
    this.age = age;                           //age 赋值
  }
  public String toString(){                   //实现覆写 toString()方法
    return "姓名:" + this.name + ", 年龄:" + this.age ;
  }
  public void finalize() throws Throwable{    //当对象实例释放空间时默认调用方法
                                              //finalize()
    System.out.println("对象被释放 --> " + this) ;   //输出显示被释放的对象
  }
};
public class SystemT4{
  public static void main(String args[]){
    Person per = new Person("张三",30) ;       //新建对象实例 per
    per = null ;                              // 断开引用
    System.gc() ;                             // 强制性释放空间
  }
};
```

在以上程序中强制调用了释放空间的方法，而且在对象被释放前调用了 finalize()方法。如果在 finalize()方法中出现异常，程序并不会受其影响，会继续执行。执行效果如图 9-11 所示。

对象被释放 --> 姓名：张三，年龄：30

图 9-11　执行效果

上述方法 finalize()抛出的是 Throwable 异常。在方法 finalize()上可以发现抛出的异常并不是常见的 Exception，而是使用了 Throwable 进行抛出的异常，所以在调用此方法时不一定只会在程序运行中产生错误，也有可能产生 JVM 错误。

9.5　Date 类

在 Java 程序的开发过程中经常会遇到操作日期类型的情形，Java 对日期的操作提供了良好的支持，主要使用包 java.util 中的 Date、Calendar 以及 java.text 包中的 SimpleDateFormat 实现。在本节将详细介绍使用 Date 类的基本知识，为读者学习本书后面的知识打下基础。

↑扫码看视频

9.5.1　使用 Date 类

Date 类是一个较为简单的操作类，在使用中直接用类 java.util.Date 的构造方法并进行输出就可以得到一个完整的日期，定义构造方法的格式如下所示。

```
public Date()
```

例如通过下面的实例代码可以得到当前系统日期。

 实例 9-11：获取当前的系统日期

源码路径： daima\9\DateT1.java

实例文件 DateT1.java 的主要实现代码如下所示。

```java
import java.util.Date ;
public class DateT1{
 public static void main(String args[]){
    Date date = new Date() ;                    //直接实例化 Date 对象
    System.out.println("当前日期为:" + date) ;    //输出当前的日期
 }
};
```

执行后的效果如图 9-12 所示。从程序的运行结果来看，已经得到了系统的当前日期，但是这个日期的格式并不是我们平常看到的格式，而且现在的时间也不能精确到毫秒，要想按照我们自己的格式显示时间可以使用类 Calendar 完成操作。

当前日期为: Sun Apr 16 10:15:38 CST 2017

图 9-12 执行效果

9.5.2 使用 Calendar 类

在 Java 程序中，可以通过类 Calendar 取得当前的时间，并且可以精确到毫秒。但是此类本身是一个抽象类，要想使用一个抽象类，则必须依靠对象的多态性，通过子类进行父类的实例化操作。Calendar 的子类是 GregorianCalendar。在 Calendar 中提供了如表 9-6 所示的常量，分别表示日期的各个数字。

表 9-6 Calendar 类中的常量

常　量	类　型	描　述
public static final int YEAR	int	获取年
public static final int MONTH	int	获取月
public static final int DAY_OF_MONTH	int	获取日
public static final int HOUR_OF_DAY	int	获取小时，24 小时制
public static final int MINUTE	int	获取分
public static final int SECOND	int	获取秒
public static final int MILLISECOND	int	获取毫秒

除了在表 9-6 中提供的全局常量外，Calendar 类还提供了一些常用方法，如表 9-7 所示。

表 9-7 Calendar 类提供的方法

方 法	类 型	描 述
public static Calendar getInstance()	普通	根据默认的时区实例化对象
public boolean after(Object when)	普通	判断一个日期是否在指定日期之后
public boolean before(Object when)	普通	判断一个日期是否在指定日期之前
public int get(int field)	普通	返回给定日历字段的值

例如，下面的代码可以获取系统的当前时间。

 实例 9-12：获取当前的系统日期

源码路径：daima\9\DateT2.java

实例文件 DateT2.java 的主要实现代码如下所示。

```java
import java.util.* ;
public class DateT2{
public static void main(String args[]){
    Calendar calendar = new GregorianCalendar();    //实例化 Calendar 类对象
    System.out.println("YEAR: " + calendar.get(Calendar.YEAR));
        //显示当前是哪一年
    System.out.println("MONTH: " + (calendar.get(Calendar.MONTH) + 1));
        //显示当前是哪一月
    System.out.println("DAY_OF_MONTH: " + calendar.get(Calendar.DAY_OF_MONTH));
        //显示当天是这月的第多少天
    System.out.println("HOUR_OF_DAY: " + calendar.get(Calendar.HOUR_OF_DAY));
        //显示几点
    System.out.println("MINUTE: " + calendar.get(Calendar.MINUTE));
        //显示几分
    System.out.println("SECOND: " + calendar.get(Calendar.SECOND));
        //显示几秒
    System.out.println("MILLISECOND: " + calendar.get(Calendar.MILLISECOND));
        //显示毫秒
    }
};
```

在上述代码中，通过 GregorianCalendar 子类实例化 Calendar 类，然后通过 Calendar 类中的各种常量及方法取得系统的当前时间。执行效果如图 9-13 所示。

```
YEAR: 2017
MONTH: 10
DAY_OF_MONTH: 10
HOUR_OF_DAY: 19
MINUTE: 32
SECOND: 16
MILLISECOND: 802
```

图 9-13 执行效果

9.5.3 使用 DateFormat 类

在类 java.util.Date 中获取的时间是一个非常准确的时间，但是因为其显示格式不理想，所以不符合我们的习惯要求，实际上此时可以为该类进行格式化操作，将其变为符合我们习惯的日期格式。DateFormat 类与 MessageFormat 类都属于 Format 类的子类，专门用于格式化数据使用。定义 DateFormat 类的格式如下所示。

```
public abstract class DateFormat
extends Format
```

从表面定义上看 DateFormat 类是一个抽象类，所以无法直接实例化，但是在该抽象类中提供了一个静态方法，可以直接取得本类的实例。DateFormat 类的常用方法如表 9-8 所示。

表 9-8　DateFormat 类的常用方法

方　法	类　型	描　述
public static final DateFormat getDateInstance()	普通	得到默认的对象
public static final DateFormat getDateInstance(int style, Locale aLocale)	普通	根据 Locale 得到对象
public static final DateFormat getDateTimeInstance()	普通	得到日期时间对象
public static final DateFormat getDateTimeInstance(int dateStyle,int timeStyle,Locale aLocale)	普通	根据 Locale 得到日期时间对象

上述 4 个方法都可以构造类 DateFormat 的对象，但是发现以上方法中需要传递若干参数，这些参数表示日期地域或日期的显示形式。

实例 9-13：演示 DateFormat 中的默认操作

源码路径：daima\9\DateT3.java

实例文件 DateT3.java 的主要代码如下所示。

```
import java.text.DateFormat ;
import java.util.Date ;
public class DateT3{
    public static void main(String args[]){
        DateFormat df1 = null ;  //声明一个 DateFormat
        DateFormat df2 = null ;  //声明一个 DateFormat
        df1 = DateFormat.getDateInstance() ;//得到日期的 DateFormat 对象
        df2 = DateFormat.getDateTimeInstance() ;
            //得到日期时间的 DateFormat 对象
        System.out.println("DATE:" + df1.format(new Date())) ; //按照日期格式化
        System.out.println("DATETIME:" + df2.format(new Date())) ;
            //按照日期时间格式化
    }
};
```

执行效果如图 9-14 所示。从程序的运行结果中发现，第 2 个 DATETIME 显示了时间，但还不是非常合理的中文显示格式。如果想取得更加合理的时间，则必须在构造 DateFormat 对象时传递若干参数。

```
DATE: 2017-4-16
DATETIME: 2017-4-16 10:43:07
```

图 9-14　执行效果

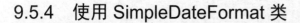

9.5.4　使用 SimpleDateFormat 类

在 Java 开发应用中，经常需要将一个日期格式转换为另外一种日期格式，如日期 2017-10-19 10:11:30.345，转换后日期为 2017 年 10 月 19 日 10 时 11 分 30 秒 345 毫秒。从这两个日期可以发现，日期的数字完全一样，只是日期的格式有所不同。在 Java 中要想实现上述转换功能，必须使用包 java.text 中的类 SimpleDateFormat 完成。

首先必须定义出一个完整的日期转化模板，在模板中通过特定的日期标记可以将一个日期格式中的日期数字提取出来。日期格式化模板标记如表 9-9 所示。

表 9-9　日期格式化模板标记

标　记	描　述
y	年，年份是 4 位数字，所以需要使用 yyyy 表示
M	年中的月份，月份是两位数字，所以需要使用 MM 表示
d	月中的天数，天数是两位数字，所以需要使用 dd 表示
H	一天中的小时数(24 小时)，小时是两位数字，使用 HH 表示
m	小时中的分钟数，分钟是两位数字，使用 mm 表示
s	分钟中的秒数，秒是两位数字，使用 ss 表示
S	毫秒数，毫秒数是 3 位数字，使用 SSS 表示

另外，需要使用 SimpleDateFormat 类中的方法才可以完成转换，此类中的常用方法如表 9-10 所示。

表 9-10　SimpleDateFormat 类中的常用方法

方　法	类　型	描　述
public SimpleDateFormat(String pattern)	构造	通过一个指定的模板构造对象
public Date parse(String source) throws ParseException	普通	将一个包含日期的字符串变为 Date 类型
public final String format(Date date)	普通	将一个 Date 类型按照指定格式变为 String 类型

在实际开发中，用户所输入的各个数据都是以 String 方式进行接收的，所以此时为了可以正确地将 String 变为 Date 型数据，可以依靠 SimpleDateFormat 类完成。

 实例 9-14：演示格式化日期操作

　源码路径：daima\9\DateT5.java

实例文件 DateT5.java 的主要代码如下所示。

```
import java.text.* ;
import java.util.* ;
public class DateT5{
   public static void main(String args[]){
      String strDate = "2017-10-19 10:11:30.345" ;
      //准备第一个模板，从字符串中提取出日期数字
```

```
String pat1 = "yyyy-MM-dd HH:mm:ss.SSS" ;
//准备第二个模板，将提取后的日期数字变为指定的格式
String pat2 = "yyyy年MM月dd日 HH时mm分ss秒SSS毫秒" ;
SimpleDateFormat sdf1 = new SimpleDateFormat(pat1) ;
//实例化模板对象
SimpleDateFormat sdf2 = new SimpleDateFormat(pat2) ;
//实例化模板对象
Date d = null ;
try{
    d = sdf1.parse(strDate) ;    // 将给定的字符串中的日期提取出来
}catch(Exception e){             // 如果提供的字符串格式有错误，则进行异常处理
    e.printStackTrace() ;        // 打印异常信息
}
System.out.println(sdf2.format(d)) ;   // 将日期变为新的格式
}
};
```

在上述代码中，首先使用第 1 个模板将字符串中表示的日期数字取出，然后再使用第 2 个模板将这些日期数字重新转化为新的格式表示。执行效果如图 9-15 所示。

2017年10月19日 10时11分30秒345毫秒

图 9-15　执行效果

9.6　使用 Math 类

Math 类是实现数学运算操作的类,在此类中提供了一系列的数学操作方法，如求绝对值、三角函数等。在类 Math 中提供的一切方法都是静态方法，所以直接由类名称调用即可。

↑扫码看视频

类 Math 中的常用方法如下所示。

➢ public static int abs (int a)、public static long abs (long a)、public static float abs (float a)、public static double abs (double a)：abs 方法用来求绝对值。

➢ public static native double acos (double a)：acos 是求反余弦函数。

➢ public static native double asin (double a)：asin 是求反正弦函数。

➢ public static native double atan (double a)：atan 是求反正切函数。

➢ public static native double ceil (double a)：ceil 返回最小的大于 a 的整数。

➢ public static native double cos (double a)：cos 是求余弦函数。

➢ public static native double exp (double a)：exp 是求 e 的 a 次幂。

➢ public static native double floor (double a)：floor 返回最大的小于 a 的整数。

➢ public static native double log (double a)：log 返回 lna。

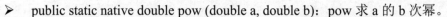

➢ public static native double pow (double a, double b)：pow 求 a 的 b 次幂。

➢ public static native double sin (double a)：sin 是求正弦函数。

➢ public static native double sqrt (double a)：sqrt 求 a 的开平方。

➢ public static native double tan (double a)：tan 是求正切函数。

➢ public static synchronized double random()：返回 0～1 的随机数。

下面的实例演示了使用 Math 类的基本操作方法。

 实例 9-15：使用 Math 类实现基本运算

源码路径：daima\9\MathDemo01.java

实例文件 MathDemo01.java 的主要实现代码如下所示。

```java
public class MathDemo01{
 public static void main(String args[]){
    // Math 类中的方法都是静态方法，直接使用 "类.方法名称()" 的形式调用即可
    System.out.println("求平方根:" + Math.sqrt(9.0)) ;
    System.out.println("求两数的最大值:" + Math.max(10,30)) ;
    System.out.println("求两数的最小值:" + Math.min(10,30)) ;
    System.out.println("2 的 3 次方:" + Math.pow(2,3)) ;
    System.out.println("四舍五入:" + Math.round(33.6)) ;
 }
};
```

在上面的操作中，Math 类中 round()方法的作用是进行四舍五入操作，但是此方法在操作时将小数点后面的全部数字都忽略掉，如果想精确到小数点后的准确位数，则必须使用类 BigDecimal 完成。执行效果如图 9-16 所示。

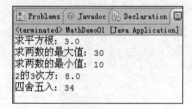

图 9-16　执行效果

9.7　实践案例与上机指导

通过本章的学习，读者基本可以掌握Java 语言中常用类库的知识。其实 Java 类库的知识还有很多，这需要读者通过课外渠道来加深学习。下面通过练习操作，以达到巩固学习、拓展提高的目的。

↑扫码看视频

9.7.1 使用类 Random 创建随机数

Random 类是一个随机数产生类，可以指定一个随机数的范围，然后任意产生在此范围中的数字。Random 类中的常用方法如表 9-11 所示。

表 9-11 Random 类的常用方法

方 法	类 型	描 述
public boolean nextBoolean()	普通	随机生成 boolean 值
public double nextDouble()	普通	随机生成 double 值
public float nextFloat()	普通	随机生成 float 值
public int nextInt()	普通	随机生成 int 值
public int nextInt(int n)	普通	随机生成给定最大值的 int 值
public long nextLong()	普通	随机生成 long 值

例如，通过下面的实例代码可以生成 10 个随机数字，且数字不大于 100。

实例 9-16： 生成 10 个不大于 100 的随机数字

源码路径：daima\9\RandomDemo01.java

实例文件 RandomDemo01.java 的主要实现代码如下所示。

```java
import java.util.Random ;
public class RandomDemo01{
 public static void main(String args[]){
   Random r = new Random() ;                //实例化 Random 对象
   for(int i=0;i<10;i++){                    //随机数的个数
     System.out.print(r.nextInt(100) + "\t") ; //输出 10 个不大于 100 的随机数
   }
 }
};
```

在上述代码中用到了 Random 类，并通过 for 循环生成了 10 个不大于 100 的随机数。执行效果如图 9-17 所示。

50	53	7	81	45	17	85	80	23	1

图 9-17 执行效果

智慧锦囊

其实在 Math 类中也有一个 random()方法，该 random()方法的工作是生成一个[0,1.0]区间的随机小数。通过前面对 Math 类的学习可以发现，Math 类中的方法 random()就是直接调用类 Random 中的 nextDouble()方法实现的。因为方法 random()的调用比较简单，所以很多程序员都习惯使用 Math 类的 random()方法来生成随机数字。

9.7.2　使用类 BigInteger 处理大数

当面对一个非常大的数字时，在编程时肯定无法使用基本类型来接收，在 Java 初期碰到大数字时往往会使用 String 类进行接收，然后再采用拆分的方式进行计算，但是这种操作非常麻烦。Java 为了解决这个问题，专门提供了 BigInteger 类。BigInteger 类是一个表示大整数的类，定义在 java.math 包中，如果在操作时一个整型数据已经超过了整数的最大类型长度 long，数据无法装入，此时可以使用 BigInteger 类进行操作。

在 BigInteger 类中封装了各个常用的基本运算，表 9-12 列出了此类的常用方法。

表 9-12　BigInteger 类的常用方法

方　　法	类　型	描　　述
public BigInteger(String val)	构造	将一个字符串变为 BigInteger 类型的数据
public BigInteger add(BigInteger val)	普通	加法
public BigInteger subtract(BigInteger val)	普通	减法
public BigInteger multiply(BigInteger val)	普通	乘法
public BigInteger divide(BigInteger val)	普通	除法
public BigInteger max(BigInteger val)	普通	返回两个大数字中的最大值
public BigInteger min(BigInteger val)	普通	返回两个大数字中的最小值
public BigInteger[] divideAndRemainder (BigInteger val)	普通	除法操作，数组的第 1 个元素为除法的商，第 2 个元素为除法的余数

表 9-14 列出的只是 BigInteger 类中的常用方法，读者可以自行查阅 JDK 文档来了解其他方法的具体用法。例如，下面的实例代码展示了使用 BigInteger 类的过程。

 实例 9-17：使用 BigInteger 类实现大数运算

源码路径：daima\9\BigIntegerDemo01.java

实例文件 BigIntegerDemo01.java 的主要实现代码如下所示。

```java
import java.math.BigInteger ;
public class BigIntegerDemo01{
 public static void main(String args[]){
   BigInteger bi1 = new BigInteger("123456789") ; //声明 BigInteger 对象
   BigInteger bi2 = new BigInteger("987654321") ; //声明 BigInteger 对象
   System.out.println("加法操作:" + bi2.add(bi1)) ; //加法操作
   System.out.println("减法操作:" + bi2.subtract(bi1)) ;//减法操作
   System.out.println("乘法操作:" + bi2.multiply(bi1)) ;//乘法操作
   System.out.println("除法操作:" + bi2.divide(bi1)) ; //除法操作
   System.out.println("最大数:" + bi2.max(bi1)) ;        //求出最大数
   System.out.println("最小数:" + bi2.min(bi1)) ;        //求出最小数
   BigInteger result[] = bi2.divideAndRemainder(bi1) ;//求出余数的除法操作
   System.out.println("商是:" + result[0] + "; 余数是:" + result[1]) ;
 }
};
```

执行效果如图 9-18 所示。

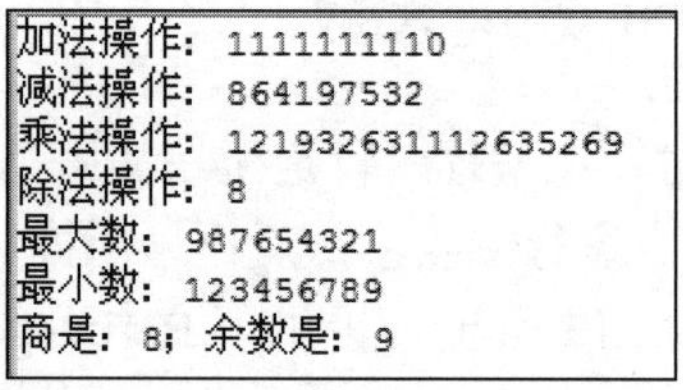

```
加法操作: 1111111110
减法操作: 864197532
乘法操作: 121932631112635269
除法操作: 8
最大数: 987654321
最小数: 123456789
商是: 8; 余数是: 9
```

图 9-18 执行效果

9.8 思考与练习

本章详细阐述了 Java 语言中常用类库的知识，并且通过具体实例介绍了各种类库的使用方法。通过本章的学习，读者应熟练使用 Java 类库实现需要的功能，掌握它们的使用方法和技巧。

1. 选择题

(1) 在 Java 程序中，可以使用方法(   )来连接字符串，而且此方法返回了一个 StringBuffer 类的实例。

    A. append()   B. conect()   C. join()

(2) 在 String 中如果要进行替换，则需要使用(   )方法实现。

    A. replace()   B. replaceAll()   C. join()

2. 判断题

(1) 使用类 StringBuffer 可以在开发中提升代码的性能，为了保证用户操作的适应性，在类 StringBuffer 中定义的大部分方法名称都与 String 中的是一样的。   (   )

(2) System 类中的方法都是静态的，都是使用 static 定义的，所以在使用时直接使用类名称就可以调用。   (   )

3. 上机练习

(1) 输出程序的运行时间。

(2) 输出所有的系统属性。

新起点 电脑教程

第 10 章

使用泛型

本章主要内容

    泛型(Generic type 或者 generics)是对 Java 语言类型系统的一种扩展,以支持创建可以按类型进行参数化的类。可以把类型参数看作是使用参数化类型时指定类型的一个占位符,就像方法的形式参数是运行时传递的值的占位符一样。在本章将详细讲解 Java 语言中泛型的基本知识。

10.1　泛　型　基　础

在 Java 语言中引入泛型的目的是实现功能增强，在本节的内容中，将简要讲解泛型的基础知识，向大家阐述使用泛型的好处和意义。

↑扫码看视频

10.1.1　泛型的好处

Java 语言中的集合有一个缺点：当我们把一个对象"丢进"集合后，集合就会"忘记"这个对象的数据类型，当再次取出该对象时，该对象的编译类型就变成了 Object 类型(其运行时类型没变)。Java 集合之所以被设计成这样，是因为设计集合的程序员不知道我们需要用它来保存什么类型的对象，所以他们把集合设计成能保存任何类型的对象，只要求具有很好的通用性。但是这样做会带来以下两个问题。

➢　集合对元素类型没有任何限制，这样可能引发一些问题：例如想创建一个只能保存 Pig 的集合，但程序也可以轻易地将 Cat 对象"丢"进去，所以可能引发异常。

➢　当把对象"丢进"集合时，集合丢失了对象的状态信息，集合只知道它盛装的是 Object，所以取出集合元素后通常还需要进行强制类型转换。这种强制类型转换既会增加编程的复杂度，也很可能引发 ClassCastException 异常。

使用泛型后带来了以下两点好处。

(1)　类型安全。

泛型的主要目标是提高 Java 程序的类型安全。通过知道使用泛型定义的变量的类型限制，编译器可以在一个高得多的程度上验证类型假设。

Java 程序中的一种流行技术是定义这样的集合，即它的元素或键是公共类型的，比如"String 列表"或者"String 到 String 的映射"。通过在变量声明中捕获这一附加的类型信息，泛型允许编译器实施这些附加的类型约束。类型错误现在就可以在编译时被捕获了，而不是在运行时当作 ClassCastException 展示出来。将类型检查从运行时挪到编译时有助于更容易地找到错误，并可提高程序的可靠性。

(2)　消除强制类型转换。

泛型的一个附带好处是，消除源代码中的许多强制类型转换。这使得代码更加可读，并且减少了出错机会。尽管减少强制类型转换可以降低使用泛型类的代码的复杂度，但是声明泛型变量会带来相应的难度。

10.1.2　类型检查

在编译 Java 程序时，如果不检查类型会引发异常。

 实例 10-1： 如果不检查类型会引发异常
源码路径： daima\10\youErr.java

实例文件 youErr.java 的具体实现代码如下所示。

```java
import java.util.*;
public class youErr{
  public static void main(String[] args) {
    //创建一个只想保存字符串的 List 集合
    List<Comparable> strList = new ArrayList<Comparable>();
    strList.add("AAA");
    strList.add("BBB");
    strList.add("CCC");
    //假如"不小心"把一个 Integer 对象"丢进"了集合
①   strList.add(5);
    for (int i = 0; i < strList.size() ; i++ ){
      // 因为 List 里取出的全部是 Object，所以必须强制类型转换
      // 最后一个元素将出现 ClassCastException 异常
②     String str = (String)strList.get(i);
    }
  }
}
```

在上述代码中创建了一个 List 集合，只希望此 List 对象保存字符串对象。在①行代码中，把一个 Integer 对象"丢进"了 List 集合中，这将导致程序在②行代码引发 ClassCastException 异常，因为程序试图把一个 Integer 对象转化为 String 类型。

如果希望创建一个 List 对象，并且该 List 对象中只能保存字符串类型，此时我们可以扩展 ArrayList。

 实例 10-2： 创建一个只能存放 String 对象的 StrList 集合类
源码路径： daima\10\CheckT.java

实例文件 CheckT.java 的具体实现代码如下所示。

```java
import java.util.*;
//自定义一个 StrList 集合类，使用组合的方式来复用 ArrayList 类
class StrList{
  private List<String> strList = new ArrayList<String>();
  //定义 StrList 的 add 方法
  public boolean add(String ele){
    return strList.add(ele);
  }
  //重写 get 方法，将 get 方法的返回值类型改为 String 类型
  public String get(int index){
    return (String)strList.get(index);
  }
  public int size(){
    return strList.size();
  }
```

```
}
public class CheckT{
  public static void main(String[] args) {
    //创建一个只想保存字符串的 List 集合
    StrList strList = new StrList();
    strList.add("AAA");
    strList.add("BBB");
    strList.add("CCC");
    //下行代码不能把 Integer 对象 "丢进" 集合中，将引起编译异常
①   strList.add(5);
    System.out.println(strList);
    for (int i = 0; i < strList.size() ; i++ ){
      //因为 StrList 里元素的类型就是 String 类型，所以无须强制类型转换
      String str = strList.get(i);
    }
  }
}
```

在上述代码中，定义的 StrList 类实现了编译时的异常检查功能，当程序在①行代码处试图将一个 Integer 对象添加到 StrList 时，程序不会通过编译。因为 StrList 只能接受 String 对象作为元素，所以①行代码部分在编译时会出现错误提示。上述做法极其有用，并且使用方法 get()返回集合元素时，无须进行类型转换。但是上述做法也存在一个非常明显的局限性：当程序员需要定义大量的 List 子类时，这是一件让人沮丧的事情。所以从 JDK 1.5 以后，Java 开始引入了 "参数化类型(Parameterized Type)" 这一概念，允许在创建集合时指定集合元素的类型，如 List<String>，这说明此 List 只能保存字符串类型对象。Java 的这种参数化类型被称为泛型(Generics)。

10.1.3 使用泛型

我们接下来以 10.1.2 节中的文件 youErr.java 为基础，讲解使用泛型后的改进。

 实例 10-3：使用泛型
源码路径：daima\10\fanList.java

实例文件 fanList.java 的具体实现代码如下所示。

```
import java.util.*;
public class fanList{
  public static void main(String[] args) {
    //创建一个只想保存字符串的 List 集合
①   List<String> strList = new ArrayList<String>();
    strList.add("AAA");
    strList.add("BBB");
    strList.add("CCC");
    //下面代码将引起编译错误
②   strList.add(5);
    for (int i = 0; i < strList.size() ; i++ ){
      //下面代码无须强制类型转换
③     String str = strList.get(i);
    }
  }
}
```

通过上述代码创建了一个特殊的 List——strList，此 List 集合只能保存字符串对象，不能保存其他类型的对象。创建这种特殊集合的方法非常简单，先在集合接口、类后增加尖括号，然后在尖括号里放数据类型，表明这个集合接口、集合类只能保存特定类型的对象。其中通过第①行加粗代码指定了 strList 不是一个任意的 List，而是一个 String 的 List，写作 List<String>的格式。List 是带一个类型参数的泛型接口，在上述代码中的类型参数是 String。在创建此 ArrayList 对象时也指定了一个类型参数。第②行代码会引起编译异常，因为 strList 集合只能添加 String 对象，所以不能将 Integer 对象"丢进"该集合。并且在③行代码处不需要进行强制类型转换，因为 strList 对象可以"记住"它的所有集合元素都是 String 类型。

 智慧锦囊

由此可见，上述使用泛型的代码更加健壮，并且程序再也不能"不小心"把其他对象"丢进"strList 集合中。整个程序更加简洁，集合会自动记住所有集合元素的数据类型，从而无须对集合元素进行强制类型转换。

10.2　泛型详解

Java 语言中的泛型是指，允许在定义类和接口时指定类型形参，这个类型形参将在声明变量、创建对象时确定(即传入实际的类型参数，也可称为类型实参)。从 JDK 1.5 开始，改写了集合框架中的全部接口和类接口，并为这些接口和类增加了泛型支持，从而可以在声明集合变量、创建集合对象时传入类型实参，传入方式是本章前面用到的 List<String>和 ArrayList<String>两种类型。

↑扫码看视频

10.2.1　定义泛型接口和类

从 JDK 1.5 开始，可以为任何类增加泛型声明(并不是只有集合类才可以使用泛型声明，虽然泛型是集合类的重要使用场所)。例如，在下面的实例代码中自定义了一个名为"fru"的类，在此类中可以包含一个泛型声明。

 实例 10-4：定义泛型接口和类
源码路径：daima\10\fru.java

实例文件 fru.java 的具体实现代码如下所示。

```
import java.util.*;
//定义fru类时使用了泛型声明
```

```
public class fru<T>{
  //使用 T 类型形参定义属性
  private T info;                    //定义属性 info
  public fru(){}
  //下面方法中使用 T 类型形参来定义方法
  public fru(T info)                 //构造方法 fru(){
     this.info = info;
  }
  public void setInfo(T info) {      //设置属性 info 的方法
     this.info = info;
  }
  public T getInfo(){                //获取属性 info 的方法
     return this.info;
  }
  public static void main(String[] args){
     //因为传给 T 形参的是 String 实际类型，所以构造器的参数只能是 String
     fru<String> a1 = new fru<String>("水果");
     System.out.println(a1.getInfo());
     //因为传给 T 形参的是 Double 实际类型，所以构造器的参数只能是 Double 或者 double
     fru<Double> a2 = new fru<Double>(5.8);
     System.out.println(a2.getInfo());          //打印输出属性 info 的值
  }
}
```

在上述代码中，定义了一个带泛型声明的 fru<T>类，在使用 fru<String>类时会为形参 T 传入实际类型，这样可以生成如 fru<String>、fru<Double>……形式的多个逻辑子类(物理上并不存在)。这就是在 10.1 节中可以使用 List<String>、ArrayList<String>等类型的原因，由于 JDK 在定义 List、ArrayList 等接口、类时使用了类型形参，因此在使用这些类时为其传入了实际的类型参数。执行效果如图 10-1 所示。

水果
5.8

图 10-1　执行效果

10.2.2　派生子类

在 Java 程序应用中，可以从泛型中派生一个子类。当创建了带泛型声明的接口和父类之后，可以为该接口创建实现类，或从该父类来派生子类。但是读者需要注意的是，在使用这些接口和父类时不能再包含类型形参。例如，下面代码是错误的。

```
public class A extends fru<T>{}
```

如果想从类 fru 中派生一个子类，可以使用如下代码实现。

```
public class A extends fru<String>
```

在使用方法时必须为所有的数据形参传入参数值，注意在使用类、接口时可以不为类型形参传入实际类型，这与使用方法是不同的，即下面代码也是正确的。

```
public class A extends fru
```

如果从 fru<String>类派生子类，则在 fru 类中所有使用 T 类型形参的地方都将被替换成

String 类型，即它的子类将会继承方法 String getInfo()和 void setInfo(String info)，如果子类需要重写父类的方法时需要特别注意这种情况。例如，下面的代码演示了上述情形。

```
public class A1 extends fru<String>{
   //正确重写了父类的方法，返回值与父类 Apple<String>的返回值完全相同
   public String getInfo(){
      return "子类" + super.getInfo();
   }
   /*
   //下面方法是错误的，重写父类方法时返回值类型不一致
   public Object getInfo(){
      return "子类";
   }
   */
}
```

如果在使用 fru 类时没有传入实际的类型参数，Java 编译器可能会发出警告，这是因为使用了未经检查或不安全的操作，这是泛型检查的警告。此时系统会将类 fru<T>中的 T 形参当成 Object 类型来处理。例如，下面的代码演示了上述情形。

```
public class A2 extends fru{
   //重写父类的方法
   public String getInfo(){
      //super.getInfo()方法返回值是 Object 类型
      //所以加 toString()才返回 String 类型
      return super.getInfo().toString();
   }
}
```

上述代码都是从带泛型声明的父类来派生子类，创建带泛型声明接口实现类的方法与此几乎一样，所以在此不再赘述。

10.2.3　并不存在泛型类

我们可以把类 ArrayList<String>当作 ArrayList 的子类，而事实上系统并没有为 ArrayList<String>生成新的 class 文件，也不会把 ArrayList<String>当成新类来处理。例如，下面代码输出的结果是 true。

```
List<String> l1 = new ArrayList<String>();
List<Integer> l2 = new ArrayList<Integer>();
System.out.println(l1.getClass() == l2.getClass());
```

运行上面代码片段后，可能有些读者认为应该输出 false，但实际输出 true。因为不管泛型的实际类型参数是什么，它们在运行时总有同样的类(class)。

实际上，泛型对其所有可能的类型参数，都具有同样的行为，从而可以把相同的类当成许多不同的类来处理。另外，在 Java 类的静态方法、静态初始化或者静态变量的声明和初始化中，也不允许使用类型参数。例如，下面程序演示了这种错误。

```
public class R<T>{
    //下面程序代码错误，不能在静态属性声明中使用类型参数
    static T info;
    T age;
    public void foo(T msg){}
```

```
    //下面代码错误，不能在静态方法声明中使用类型形参
    public static void bar(T msg){}
}
```

因为在系统中并不会真正生成泛型类，所以经过 instanceof 运算符处理后不能使用泛型类，如下面的代码是错误的。

```
Collection cs = new ArrayList<String>();
// 下面代码编译时引发错误：instanceof 运算符后不能使用泛型类
if(cs instanceof List<String>){…}
```

10.3　类型通配符

在 Java 程序中,类型通配符通常使用?代替具体的类型实参(此处是类型实参，而不是类型形参)。当操作类型时不需要使用类型的具体功能时，只使用 Object 类中的功能，那么可以用 ? 通配符来表示未知类型。在本节的内容中，将详细讲解使用类型通配符的知识。

↑扫码看视频

例如，如果 SubClass 是 SuperClass 的子类型(子类或者子接口)，而 G 是具有泛型声明的类或者接口，那么 G<SubClass>是 G<SuperClass>的子类型并不成立。例如，List<String> 并不是 List<Object> 的子类。接下来我们与数组进行对比。

```
//下面程序编译正常、运行正常
Number[] nums = new Integer[7];
nums[0] = 9;
System.out.println(nums[0]);
//下面程序编译正常、运行时发生 java.lang.ArrayStoreException 异常
Integer[] ints = new Integer[5];
Number[] nums2 = ints;
nums2[0] = 0.4;
System.out.println(nums2[0]);
//下面程序发生编译异常, Type mismatch: cannot convert from List<Integer> to
//List<Number>
List<Integer> iList = new ArrayList<Integer>();
List<Number> nList = iList;
```

数组和泛型有所不同，如果 SubClass 是 SuperClass 的子类型(子类或者子接口)，那么 Sub Class[]依然是 SuperClass[]的子类，但 G<SubClass>不是 G<SuperClass>的子类。

为了表示各种泛型 List 的父类，我们需要使用类型通配符,类型通配符是一个问号(?),将一个问号作为类型实参传给 List 集合，写作：List<?>(意思是未知类型元素的 List)。这个问号"?"被称作通配符，它的元素类型可以匹配任何类型，如下面的代码。

```
public void test(List<?> c){
    …
}
```

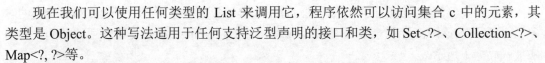

现在我们可以使用任何类型的 List 来调用它，程序依然可以访问集合 c 中的元素，其类型是 Object。这种写法适用于任何支持泛型声明的接口和类，如 Set<?>、Collection<?>、Map<?, ?>等。

这种带通配符的 List 仅表示它是各种泛型 List 的父类，并不能把元素加入其中，如下面的代码会引发编译错误：

```
List<?> c = new ArrayList<String>();
    // 下面程序引发编译错误
 c.add(new Object());
```

这是因为不知道上面程序 c 集合中的元素类型，所以不能向其中添加对象。唯一的例外是 null，它是所有引用类型的实例。例如，下面程序是正确的。

```
c.add(null);
```

10.3.1　设置类型通配符的上限

当直接使用"List<?>"这种形式时，说明这个 List 集合是任何泛型 List 的父类。但还有一种特殊的情况，我们不想 List<?>是任何泛型 List 的父类，只想表示它是某一类泛型 List 的父类。例如，在下面的实例中假设有一个简单的绘图程序，首先分别定义 3 个形状类，然后定义画布类实现画图工作。

 实例 10-5：定义泛型接口和类
　　　　源码路径：daima\10\Shape.java、Circle.java、Rectangle.java、Canvas.java

(1)　编写文件 Shape.java，定义一个抽象类 Shape，具体代码如下所示。

```
public abstract class Shape
{
   public abstract void draw(Canvas c);
}
```

(2)　编写文件 Circle.java，定义 Shape 的子类 Circle，具体代码如下所示。

```
public class Circle extends Shape{
   //实现画图方法，以打印字符串来模拟画图方法实现
   public void draw(Canvas c){
      System.out.println("在画布" + c + "画一个圆");
   }
}
```

(3)　编写文件 Rectangle.java，定义 Shape 的子类 Rectangle，具体代码如下所示。

```
public class Rectangle extends Shape {
   //实现画图方法，以打印字符串来模拟画图方法实现
   public void draw(Canvas c) {
      System.out.println("把一个矩形画在画布" + c + "上");
   }
}
```

通过上述流程定义了 3 个形状类，其中 Shape 是一个抽象父类，该抽象父类有两个子类 Circle 和 Rectangle。

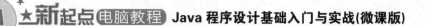

(4) 定义绘制类 Canvas 画布类，通过此画布类可以画数量不等的形状(Shape 子类的对象)，程序员应该如何定义 Canvas 类呢？编写文件 Canvas.java 实现是最合适的做法，具体实现代码如下所示。

```
import java.util.*;
public class Canvas{
  //同时在画布上绘制多个形状
  public void drawAll(List<? extends Shape> shapes){
    for (Shape s : shapes){
      s.draw(this);
    }
  }
  public static void main(String[] args){
    List<Circle> circleList = new ArrayList<Circle>();
      //把List<Circle>对象当成 List<?extends Shape>使用
    circleList.add(new Circle());
    Canvas c = new Canvas();
    c.drawAll(circleList);
  }
}
```

执行效果如图 10-4 所示。

在画布Canvas@15db9742画一个圆

图 10-4　执行效果

10.3.2　设置类型形参的上限

在 Java 语言中，泛型不仅允许在使用通配符形参时设定类型上限，也可以在定义类型形参时设定上限，这样表示传给这个类型形参的实际类型必须是上限类型，或是该上限类型的子类。例如，在下面的实例文件 ffruu.java 中，演示了设置类型形参上限的具体用法。

 实例 10-6：设置类型形参上限

　　源码路径：daima\10\ffruu.java

实例文件 ffruu.java 的具体实现代码如下所示。

```
import java.util.*;
public class ffruu<T extends Number>{
  T col;
  public static void main(String[] args){
    ffruu<Integer> ai = new ffruu<Integer>();
    ffruu<Double> ad = new ffruu<Double>();
    //下面代码将引起编译异常，因为 String 类型传给 T 形参，但 String 不是 Number 的子类型
①    ffruu<String> as = new ffruu<String>();
  }
}
```

在上面的代码中定义了一个泛型类 ffruu，该 ffruu 类的类型形参的上限是 Number 类，这表明在使用类 ffruu 时为 T 形参传入的实际类型参数只能是 Number 或是 Number 类的子类，所以在①行代码位置处将会引发编译错误，这是因为类型形参 T 是有上限的，而此处传入的实际类型是 String 类型，既不是 Number 类型，也不是 Number 类型的子类型。

在另外一种情况下，程序需要为类型形参设定多个上限(至多有一个父类上限，可以有多个接口上限)，表明该类型形参必须是其父类的子类(包括是父类本身也行)，并且实现多个上限接口。这种情形是一种极端的情形，如下面的代码。

```
// 表明 T 类型必须是 Number 类或其子类，并必须实现 java.io.Serializable 接口
public class Apple<T extends Number & java.io.Serializable>{
    …
}
```

10.4　泛 型 方 法

在 Java 中提供了泛型方法，如果一个方法被声明成泛型方法，那么它将拥有一个或多个类型参数。不过与泛型类不同，这些类型参数只能在它所修饰的泛型方法中使用。在本节的内容中，将详细讲解 Java 中泛型方法的基本知识。

↑扫码看视频

10.4.1　定义泛型方法

在 Java 程序中，创建一个泛型方法常用的形式如下所示。

[访问权限修饰符] [static] [final] <类型参数列表> 返回值类型 方法名([形式参数列表])

访问权限修饰符(包括 private、public、protected)、static 和 final 都必须写在类型参数列表的前面。返回值类型必须写在类型参数表的后面。泛型方法可以写在一个泛型类中，也可以写在一个普通类中。由于在泛型类中的任何方法，本质上都是泛型方法，所以在实际使用中，很少会在泛型类中再用上面的形式来定义泛型方法。类型参数可以用在方法体中修饰局部变量，也可以用在方法的参数列表中，修饰形式参数。泛型方法可以是实例方法或是静态方法。类型参数可以使用在静态方法中，这是与泛型类的重要区别。

在 Java 程序中，通常有以下两种使用泛型方法的形式。

<对象名|类名>.<实际类型>方法名(实际参数表)；
[对象名|类名].方法名(实际参数表)；

知识精讲

如果泛型方法是实例方法，则要使用对象名作为前缀。如果是静态方法，则可以使用对象名或类名作为前缀。如果是在类的内部调用，且采用第二种形式，则前缀都可以省略。注意到这两种调用方法的差别在于前面是否显式地指定了实际类型。是否要使用实际类型，需要根据泛型方法的声明形式以及调用时的实际情况(就是看编译器能否从实际参数列表中获得足够的类型信息)来决定。

实例 10-7：演示泛型方法的完整用法

源码路径：daima\10\cefang.java

实例文件 cefang.java 的具体实现代码如下所示。

```java
import java.util.*;
public class cefang{
   //声明一个泛型方法，该泛型方法中带一个T形参
   static <T> void fromArrayToCollection(T[] a, Collection<T> c) {
      for (T o : a){
         c.add(o);
      }
   }
   public static void main(String[] args) {
      Object[] oa = new Object[200];
      Collection<Object> co = new ArrayList<Object>();
      //下面代码中T代表Object类型
      fromArrayToCollection(oa, co);
      String[] sa = new String[200];
      Collection<String> cs = new ArrayList<String>();
      //下面代码中T代表String类型
      fromArrayToCollection(sa, cs);
      //下面代码中T代表Object类型
      fromArrayToCollection(sa, co);
      Integer[] ia = new Integer[200];
      Float[] fa = new Float[200];
      Number[] na = new Number[100];
      Collection<Number> cn = new ArrayList<Number>();
      //下面代码中T代表Number类型
      fromArrayToCollection(ia, cn);
      //下面代码中T代表Number类型
      fromArrayToCollection(fa, cn);
      //下面代码中T代表Number类型
      fromArrayToCollection(na, cn);
      //下面代码中T代表String类型
      fromArrayToCollection(na, co);
      //下面代码中T代表String类型，但na是一个Number数组
      //因为Number既不是String类型，也不是它的子类，所以出现编译错误
      fromArrayToCollection(na, cs);
   }
}
```

在上述代码中定义了一个泛型方法，该泛型方法中定义了一个 T 类型的形参，这个 T 类型形参就可以在该方法内当成普通类型来使用。与在接口、类中定义的类型形参不同的是，方法声明中定义的类型形参只能在方法里使用，而接口、类声明中定义的类型形参则可以在整个接口、类中使用。

10.4.2 设置通配符下限

当使用的泛型只能在本类及其父类类型上应用的时候，就必须使用泛型的范围下限设置，如下面的演示代码。

```
class Info<T>{                          //设置泛型并设置上限最高为 Number
  public T var;                         //定义泛型变量
  public void setVar(T var){
    this.var=var;
  }
  public T getVar(){
    return var;
  }
  public String toString(){            //覆写 toString 方法, 方便打印对象
    return this.var.toString();
  }
}
public class gennericDemo09{
  public static void main(String args[]){
    Info<String> i1=new Info<String>();    //声明 String 的泛型对象
    Info<Object> i2=new Info<Object>();     //声明 Object 的泛型对象
    i1.setVar("MLDN");
    i2.setVar(new Object());
    fun(i1);
    fun(i2);
  }
  public static void fun(Info<? super String> temp){
    //只能接收 String 或 Object 类型的泛型
    System.out.println(temp);
  }
}
```

除此之外, 我们可以通过泛型方法返回泛型类, 例如下面的代码。

```
class Info<T extends Number>{           //指定上限, 只能是数字类型
  private T var;                        //此类型由外部决定
  public T getVar(){
    return var;
  }
  public void setVar(T var){
    this.var=var;
  }
  public String toString(){            //覆写 toString 方法, 方便打印对象
    return this.var.toString();
  }
}
public class gennericDemo05
{
  public static void main(String args[]){
    Info<Integer> info=fun(30);
    System.out.println(info.getVar());
  }
   public static <T extends Number> Info<T> fun(T temp){
    Info<T> info=new Info<T>();        //根据传入的数据类型实例化 Info
    info.setVar(temp);                 //将传递的内容设置到 Info 对象的 var 属性之中
    return info;                       //返回实例化对象
  }
}
```

10.5 泛型接口

除了泛型类和泛型方法，在 Java 程序中还可以使用泛型接口。在本节的内容中，将详细讲解在 Java 程序中实现泛型接口的知识和具体使用方法。

↑扫码看视频

在 Java 程序中，定义泛型接口的方法与定义泛型类的方法非常相似，具体定义形式如下所示。

```
interface 接口名<类型参数表>
```

例如，在下面的实例中，演示了定义并使用泛型接口的方法。

 实例 10-8：定义并使用泛型接口

源码路径：daima\10\MyClass.java 和 demoGenIF.java

(1) 首先创建了一个名为 MinMax 的接口，用来返回某个对象集的最小值或最大值。

```
interface MinMax<T extends Comparable<T>>{        //创建接口 MinMax
  T min();                                         //返回最小值
  T max();                                         //返回最大值
}
```

上述接口没有什么特别难懂的地方，类型参数 T 是有界类型，它必须是 Comparable 的子类。Comparable 本身也是一个泛型类，它是由系统定义在类库中的，可以用来比较两个对象的大小。

接下来需要实现这个接口，这需要定义一个类来实现，具体代码如下所示。

```
class MyClass<T extends Comparable<T>> implements MinMax<T>{
  T [] vals;
  MyClass(T [] ob){
    vals = ob;
  }
  public T min(){
    T val = vals[0];
    for(int i=1; i<vals.length; ++i)
      if (vals[i].compareTo(val) < 0)
        val = vals[i];
    return val;
  }
  public T max(){
    T val = vals[0];
    for(int i=1; i<vals.length; ++i)
      if (vals[i].compareTo(val) > 0)
```

```
      val = vals[i];
    return val;
  }
}
```

在上述代码中，类的内部很容易理解，只是 MyClass 的声明部分 class MyClass<T extends Comparable<T>> implements MinMax<T>看上去比较奇怪，它的类型参数 T 必须和要实现的接口中的声明完全一样。反而是接口 MinMax 的类型参数 T 最初是写成有界形式的，现在已经不再需要重写一遍。如果重写成下面的格式将无法通过编译。

```
class MyClass<T extends Comparable<T>> implements MinMax<T extends
    Comparable<T>>
```

通常，如果在一个类中实现了一个泛型接口，则此类也是泛型类。否则它无法接受传递给接口的类型参数。例如，下面的声明格式是错误的。

```
class MyClass  implements MinMax<T>
```

因为在类 MyClass 中需要使用类型参数 T，而类的使用者无法把它的实际参数传递进来，所以编译器会报错。不过如果实现的是泛型接口的特定类型，如：

```
class MyClass  implements MinMax<Integer>
```

上述写法是正确的，现在这个类不再是泛型类。编译器会在编译此类时，将类型参数 T 用 Integer 代替，而无须等到创建对象时再处理。

(2) 最后编写文件 demoGenIF.java 测试 MyClass 工作情况，具体实现代码如下所示。

```
public class demoGenIF{
  public static void main(String args[]){
    Integer inums[] = {56,47,23,45,85,12,55};
    Character chs[] = {'x','w','z','y','b','o','p'};
    MyClass<Integer> iob = new MyClass<Integer>(inums);
    MyClass<Character> cob = new MyClass<Character>(chs);
    System.out.println("Max value in inums: "+iob.max());
    System.out.println("Min value in inums: "+iob.min());
    System.out.println("Max value in chs: "+cob.max());
    System.out.println("Min value in chs: "+cob.min());
  }
}
```

由此可见，在使用类 MyClass 创建对象的方式上，和前面使用普通的泛型类没有任何区别。程序执行后的效果如图 10-3 所示。

```
Max value in inums: 85
Min value in inums: 12
Max value in chs: z
Min value in chs: b
```

图 10-3　执行效果

10.6   实践案例与上机指导

通过本章的学习，读者基本可以掌握 Java 语言中泛型的知识。其实 Java 泛型的知识还有很多，这需要读者通过课外渠道来加深学习。下面通过练习操作，以达到巩固学习、拓展提高的目的。

↑扫码看视频

10.6.1   以泛型类为父类

当一个类的父类是泛型类时，这个子类必须要把类型参数传递给父类，所以这个子类也必定是泛型类。

 实例 10-9：将泛型类作为父类

源码路径：daima\10\superGen.java、derivedGen.java 和 demoHerit_1.java

(1)   首先在文件 superGen.java 中定义一个泛型类，具体代码如下所示。

```java
public class superGen<T> { //定义一个泛型类
  T ob;
  public superGen(T ob){
    this.ob = ob;
  }
  public superGen(){
    ob = null;
  }
  public T getOb(){
    return ob;
  }
}
```

(2)   在文件 derivedGen.java 中定义泛型类的一个子类，具体代码如下所示。

```java
public class derivedGen <T> extends superGen<T>{
  public derivedGen(T ob){
    super(ob);
  }
}
```

在此需要特别注意 derivedGen 是如何声明成 superGen 的子类的。

```java
public class derivedGen <T> extends superGen<T>
```

这两个类型参数必须用相同的标识符 T，这意味着传递给 derivedGen 的实际类型也会传递给 superGen。例如下面的定义：

```java
derivedGen<Integer> number = new derivedGen<Integer>(100);
```

将 Integer 作为类型参数传递给 derivedGen，再由它传递给 superGen，因此后者的成员 ob 也是 Integer 类型。虽然 derivedGen 里面并没有使用类型参数 T，但由于它要传递类型参数给父类，所以它不能定义成非泛型类。当然，在 derivedGen 中也可以使用 T，还可以增加自己需要的类型参数。例如下面的代码展示了一个更为复杂的 derivedGen 类。

```
public class derivedGen <T, U> extends superGen<T>{
  U dob;
  public derivedGen(T ob1, U ob2){
    super(ob1);              //传递参数给父类
    dob = ob2;              //为自己的成员赋值
  }
  public U getDob(){
    return dob;
  }
}
```

在 Java 程序中，使用泛型子类和使用其他的泛型类没有区别，使用者根本无须知道它是否继承了其他的类。

(3) 编写测试文件 demoHerit_1.java，具体代码如下所示。

```
public class demoHerit_1{
  public static void main(String args[]){
    //创建子类的对象，它需要传递两个参数，Integer 类型给父类，自己使用 String 类型
    derivedGen<Integer,String> oa=new derivedGen<Integer,String>
    (100,"Value is: ");
    System.out.print(oa.getDob());
    System.out.println(oa.getOb());
  }
}
```

程序执行效果如图 10-4 所示。

Value is: 100

图 10-4　执行效果

10.6.2　以非泛型类为父类

前面介绍的泛型类是以泛型类作为父类，一个泛型类也可以以非泛型类为父类。此时不需要传递类型参数给父类，所有的类型参数都是为自己准备的。下面是一个简单的例子，首先编写如下所示的代码。

```
public class nonGen{
}
```

然后定义一个泛型类作为它的子类，具体代码如下所示。

```
public class derivedNonGen<T> extends nonGen{
  T ob;
  public derivedNonGen(T ob, int n){
    super(n);
    this.ob = ob;
  }
  public T getOb(){
    return ob;
```

```
   }
 }
```

上述泛型类仍然传递了一个普通参数给它的父类，所以它的构造方法需要两个参数。接下来编写测试上述类的程序，具体代码如下所示。

```
public class demoHerit_2{
  public static void main(String args[]){
     derivedNonGen<String> oa =new derivedNonGen<String> ("Value is: ", 100);
     System.out.print(oa.getOb());
     System.out.println(oa.getNum());
  }
}
```

程序执行后输出：

```
Value is: 100
```

10.7　思考与练习

本章详细阐述了 Java 语言中泛型的知识，并且通过具体实例介绍了各种泛型技术的使用方法。通过本章的学习，读者应该熟练使用泛型技术，掌握它们的使用方法和技巧。

1. 选择题

(1) 在 Java 程序中，类型通配符一般是使用(　　)代替具体的类型实参。

　　　A. ?　　　　　　　　　　B. :　　　　　　　　　　C. !

(2) 所有泛型方法声明都有一个类型参数声明部分，由符号(　　)进行分隔，该类型参数声明部分在方法返回类型之前。

　　　A. <>　　　　　　　　　　B. ()　　　　　　　　　　C. {}

2. 判断题

(1) 泛型的一个附带好处是，消除源代码中的许多强制类型转换。这使得代码更加可读，并且减少了出错机会。　　　　　　　　　　　　　　　　　　　　　　　　　(　　)

(2) 在 Java 程序应用中，可以从泛型中派生一个子类。当创建了带泛型声明的接口和父类之后，可以为该接口创建实现类，或从该父类来派生子类。　　　　　　　　(　　)

3. 上机练习

(1) 没有泛型的容器类。

(2) 实现一个泛型类。

新起点
电脑教程

第11章

异常处理

本章主要内容

在编写 Java 应用程序的过程中，发生异常是在所难免的。所谓异常，是指程序在运行时发生错误或者不正常的情况。异常对程序员来说是一件很麻烦的事情，需要程序员进行检测和处理。但 Java 语言非常人性化，它可以自动检测异常，并对异常进行捕获，并且通过程序可以对异常进行处理。在本章将详细讲解Java 处理异常的知识。

11.1　什么是异常

　　在程序设计里，异常处理就是提前编写程序处理可能发生的意外，如聊天工具需要连接网络，首先就是检查网络，对网络的各个程序进行捕获，然后对各个情况编写程序。如果登录聊天系统后突然发现没有登录网络，异常可以向用户提示"网络有问题，请检查联网设备"之类的提示，这种提醒就是通过异常处理实现的。

↑扫码看视频

11.1.1　认识异常

　　在编程过程中，首先应当尽可能去避免错误和异常发生，对于不可避免、不可预测的情况则再考虑异常发生时如何处理。Java 中的异常用对象来表示。Java 对异常的处理是按异常分类处理的，异常的种类很多，每种异常都对应一个类型(class)，每个异常都对应一个异常(类的)对象。

　　那么异常的对象究竟从哪里来呢？异常主要有两个来源。一是 Java 运行时环境自动抛出系统生成的异常，而不管你是否愿意捕获和处理，它总要被抛出比如除数为 0 的异常。二是程序员自己抛出的异常，这个异常可以是程序员自己定义的，也可以是 Java 语言中定义的，使用 throw 关键字抛出异常，这种异常常用来向调用者汇报异常的一些信息。异常是针对方法来说的，抛出、声明抛出、捕获和处理异常都是在方法中进行的。

　　在 Java 应用程序中，异常处理通过 try、catch、throw、throws、finally 这 5 个关键字进行管理。这 5 个关键字的具体说明如下所示。

> ➢ try：它里面放置可能引发异常的代码
> ➢ catch：后面对应异常类型和一个代码块，用于表明该 catch 块用于处理这种类型的代码块，可以有多个 catch 块。
> ➢ finally：主要用于回收在 try 块里打开的物力资源(如数据库连接、网络连接和磁盘文件)，异常机制保证 finally 块总是被执行。只有 finally 块执行完成之后，才会回来执行 try 或者 catch 块中的 return 或者 throw 语句，如果 finally 中使用了 return 或者 throw 等终止方法的语句，则就不会跳回执行，直接停止。
> ➢ throw：用于抛出一个实际的异常，可以单独作为语句使用，抛出一个具体的异常对象。
> ➢ throws：用在方法签名中，用于声明该方法可能抛出的异常。

Java 语言处理异常的一般结构如下所示。

```
try{
    程序代码
```

```
}catch(异常类型1 异常的变量名1)
{
    程序代码
}catch(异常类型2 异常的变量名2)
{
    程序代码
}finally
{
    程序代码
}
```

11.1.2　Java 提供的异常处理类

在 Java 中有一个名为 lang 的包,在此包里面有一个专门处理异常的类——Throwable,此类是所有异常的父类,每一个异常的类都是它的子类。其中 Error 和 Exception 这两个类十分重要,用得也较多,前者是用来定义那些通常情况下不希望被捕获的异常,而后者是程序能够捕获的异常情况。Java 中常用异常类的信息如表 11-1 所示。

表 11-1　Java 中的异常类

异常类名称	异常类含义
ArithmeticException	算术异常类
ArratIndexOutOfBoundsException	数组下标越界异常类
ArrayStroeException	将与数组类型不兼容的值赋值给数组元素时抛出的异常
ClassCastException	类型强制转换异常类
ClassNotFoundException	未找到相应类的异常
EOFException	文件已结束异常类
FileNotFoundException	文件未找到异常类
IllegalAccessException	访问某类被拒绝时抛出的异常类
InstantiationException	试图通过 newInstance()方法创建一个抽象类或抽象接口的实例时抛出异常类
IOException	输入/输出抛出异常类
NegativeArraySizeException	建立元素个数为负数的异常类
NullPointerException	空指针异常
NumberFormatException	字符串转换为数字异常类
NoSuchFieldException	字段未找到异常类
NoSuchMethodException	方法未找到异常类
SecurityException	小应用程序执行浏览器的安全设置禁止动作时抛出的异常类
SQLException	操作数据库异常类
StringIndexOutOfBoundsException	字符串索引超出范围异常类

11.2 异常的处理方式

Java 的异常处理可以让程序具有更好的容错性，程序更加健壮。当程序运行出现意外情形时，系统会自动生成一个 Exception 对象来通知程序，从而实现"业务功能实现代码"和"错误处理代码"分离，提供更好的可读性。Java 中异常处理方式有 try-catch 捕获异常、throws 声明异常和 throw 抛出异常等，在出现异常后可以使用上述方式直接捕获并处理。

↑扫码看视频

11.2.1 使用 try-catch 处理异常

在编写 Java 程序时，需要处理的异常一般是放在 try 代码块里，然后创建 catch 代码块。在 Java 语言中，用 try-catch 语句来捕获异常的语法格式如下所示。

```
try {
    可能会出现异常情况的代码
}catch (SQLException e) {
    处理操纵数据库出现的异常
}catch (IOException e) {
    处理操纵输入流和输出流出现的异常
}
```

对于以上代码，try 块和 catch 块后的{...}都是不可以省略的。当程序操纵数据库出现异常时，Java 虚拟机将创建一个包含了异常信息的 SQLException 对象。catch (SQLException e) 语句中的引用变量 e 引用这个 SQLException 对象。上述格式的执行流程如下所示。

(1) 如果执行 try 块中的业务逻辑代码时出现异常，系统自动生成一个异常对象，该异常对象被提交给 Java 运行环境，这个过程称为抛出(throw)异常。

(2) 当 Java 运行环境收到异常对象时，会寻找能处理该异常对象的 catch 块，如果找到合适的 catch 块并把该异常对象交给 catch 块处理，那这个过程称为捕获(catch)异常；如果 Java 运行时环境找不到捕获异常的 catch 块，则运行时环境终止，Java 程序也将退出。

 实例 11-1：使用 try-catch 进行捕获并处理
源码路径：daima\11\Yichang1.java

实例文件 Yichang1.java 的主要代码如下所示。

```java
public class Yichang1{
  public static void main(String args[]) {
    int x,y;          //定义 int 类型变量 x 和 y
    try{
     x=0;             //赋值变量 x 的值是 0
```

```
     y=5/x;              //赋值变量 y 的值是 5 除以 0
     System.out.println("需要检验的程序");
    }
    catch(ArithmeticException e){
      System.out.println("发生了异常，分母不能为零");
    }
    System.out.println("程序运行结束");
  }
}
```

执行后的效果如图 11-1 所示。

图 11-1　执行效果

在上面实例代码中存在明显的错误，因为算术表达式中的分母为零，我们都知道运算中的分母不能为零，这段代码需要放在 try 代码块里，然后通过 catch 里的代码对它进行处理，执行程序后会得到如图 11-1 所示的结果。上面这个代码是用户自己编写对它进行处理的，实际上这个代码可以交给系统对它进行处理。

11.2.2　处理多个异常

在 Java 程序中经常需要面对同时处理多个异常的情况，下面通过一个具体的实例代码讲解如何处理多个异常。

 实例 11-2：处理多个异常

　源码路径：daima\11\Yitwo1.java

实例文件 Yitwo1.java 的具体实现代码如下所示。

```
public class Yitwo1{
  public static void main(String args[]){
      int [] a=new int[5];     //定义 int 类型数组 a，设置最大索引值到 5
      try{
        a[6]=123;             //试图赋值索引值为 6 的元素值是 123，会出错
        System.out.println("需要检验的程序");
      }
      catch(ArrayIndexOutOfBoundsException e){
        System.out.println("发生了 ArrayIndexOutOfBoundsException 异常");
      }
      catch(ArithmeticException e){
        System.out.println("发生了 ArithmeticException 异常");
      }
      catch(Exception e){
        System.out.println("发生了 Exception 异常");
      }
      System.out.println("结束");
    }
}
```

在上述代码中定义了一个 int 类型的数组 a,我们猜测这个程序可能会发生 3 个异常,运行后会得到如图 11-2 所示的结果。

发生了ArrayIndexOutOfBoundsException异常
结束

图 11-2 处理多个异常

11.2.3 将 finally 关键字使用在异常中

在 Java 语言中,实现异常处理的完整语法结构如下所示。

```
try{
    //业务实现逻辑
    ...
}
catch(SubException e){
    //异常处理块 1
    ...
}
catch(SubException2 e){
    //异常处理块 2
    ...
}
    ...
finally{
    //资源回收块
    ...
}
```

对于上述语法结构,需要注意以下几点。

(1) 只有 try 块是必须的,也就是说如果没有 try 块,则不会有后面的 catch 块和 finally 块。

(2) catch 块和 finally 块都是可选的,但 catch 块和 finally 块至少出现其中之一,也可以同时出现。

(3) 可以有多个 catch 块,捕获父类异常的 catch 块必须位于捕获子类异常的后面。

(4) 不能只有 try 块,既没有 catch 块,也没有 finally 块。

(5) 多个 catch 块必须位于 try 块之后,finally 块必须位于所有 catch 块之后。

智慧锦囊

由此可见,在使用 try-catch 处理异常时可以加上关键字 finally,它可以增大处理异常的功能,它究竟有什么作用呢?不管程序有无异常发生都将执行 finally 语句块的内容,这使得一些不管在任何情况下都必须执行的步骤被执行,这样可保证程序的健壮性。

由于异常会强制中断正常流程,这使得某些不管在任何情况下都必须执行的步骤被忽略,从而影响程序的健壮性。例如,XX 开了一家小店,在店里上班的正常流程为:每天 9 点开门营业,工作 8 个小时,下午 17 点关门下班。异常流程为:XX 在工作时突然感到身体不适,于是提前下班。我们可以编写如下 work()方法表示××的上班动作。

```
public void work()throws LeaveEarlyException {
  try{
          9 点开门营业
          每天工作 8 个小时   //可能会抛出 DiseaseException 异常
          下午 17 点关门下班
  }catch(DiseaseException e){
       throw new LeaveEarlyException();
  }
}
```

假如××在工作时突然感到身体不适,于是提前下班,那么流程会跳转到 catch 代码块,这意味着关门的操作不会被执行,这样的流程显然是不安全的,必须确保关门的操作在任何情况下都会被执行。在程序中应该确保占用的资源被释放,比如及时关闭数据库连接,关闭输入流,或者关闭输出流。finally 代码块能保证特定的操作总是会被执行,其语法格式如下所示。

```
public void work()throws LeaveEarlyException {
  try{
          9 点开门营业
          每天工作 8 个小时            //可能会抛出 DiseaseException 异常
  }catch(DiseaseException e){
          throw new LeaveEarlyException();
  }finally{
          下午 17 点关门下班
  }
}
```

由此可见,在 Java 程序中,不管 try 代码块中是否出现异常,都会执行 finally 代码块。请看下面实例的具体演示代码。

实例 11-3:将 finally 关键字使用在异常中

源码路径:daima\11\Yitwo2.java

实例文件 Yitwo2.java 的具体实现代码如下所示。

```
public class Yitwo2 {
 public static void main(String args[]) {
 try{
       int age=Integer.parseInt("25L");            //抛出异常
       System.out.println("输出 1");
 }
       catch(NumberFormatException e){
           int b=8/0;
           System.out.println("请输入整数年龄");
           System.out.println("错误"+e.getMessage());
       }
       finally {
            System.out.println("输出 2");
       }
        System.out.println("输出 3");
   }
}
```

执行后的效果如图 11-3 所示。

图 11-3　执行效果

11.2.4　访问异常信息

在 Java 应用程序中，我们可以在 catch 块中访问异常对象的相关信息，此时只需调用 catch 后异常形参的方法即可获得。当运行的 Java 决定调用某个 catch 块来处理该异常对象时，会将这个异常对象赋给 catch 块后面的异常参数，此时程序可以通过这个参数来获得此异常的相关信息。

在 Java 程序中，所有的异常对象都包含了如下所示的常用方法。

- ➢ getMassage()：返回该异常的详细描述字符串。
- ➢ printStackTrace()：将该异常的跟踪栈信息输出到标准错误输出。
- ➢ printStackTrace (PrintStream s)：将该异常的跟踪栈信息输出到指定输出流。
- ➢ getStackTrace()：返回该异常的跟踪栈信息。

下面的实例代码演示了程序如何访问异常信息的流程。

 实例 11-4：演示程序如何访问异常信息

源码路径：daima\11\fangwen.java

实例文件 fangwen.java 的具体实现代码如下所示。

```java
import java.io.*;
public class fangwen{
  public static void main(String[] args)  {
    try{
      FileInputStream fis = new FileInputStream("a.txt");
    }
    catch (IOException ioe){
      System.out.println(ioe.getMessage());  //得到异常对象的详细信息
      ioe.printStackTrace();//打印该异常的跟踪信息
    }
  }
}
```

上述代码调用了 Exception 对象的 getMessage 方法来得到异常对象的详细信息，也使用了 printStackTrace 来打印该异常的跟踪信息。运行后的效果如图 11-4 所示。从执行结果可以看到异常的详细描述信息："a.txt(系统找不到指定的文件)"，这就是调用异常方法 getMessage 返回的字符串。

```
java.io.FileNotFoundException: a.txt (系统找不到指定的文件。)
        at java.io.FileInputStream.open(Native Method)
        at java.io.FileInputStream.<init>(FileInputStream.java:106)
        at java.io.FileInputStream.<init>(FileInputStream.java:66)
        at fangwen.main(fangwen.java:9)
a.txt (系统找不到指定的文件。)
```

图 11-4　执行效果

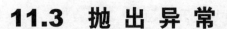

11.3 抛 出 异 常

在很多时候程序对异常暂时不处理，只是将异常抛出去交给父类，让父类处理异常。在 Java 程序中抛出异常的这一做法在编程过程中经常用到，本节将带领大家一起学习 Java 程序抛出异常的基本知识。

↑扫码看视频

11.3.1 使用 throws 抛出异常

抛出异常是指一个方法不处理这个异常，而是调用层次向上传递，谁调用这个方法，这个异常就由谁处理。在 Java 中可以使用 throws 来抛出异常，具体格式如下所示。

```
void methodName (int a) throws Exception{
}
```

如果一个方法可能会出现异常，但没有能力处理这种异常，可以在方法声明处用 throws 子句来声明抛出异常，如汽车在运行时可能会出现故障，汽车本身没办法处理这个故障，因此类 Car 的 run()方法声明抛出 CarWrongException。

```
public void run()throws CarWrongException{
    if(车子无法刹车)throw new CarWrongException("车子无法刹车");
    if(发动机无法启动)throw new CarWrongException("发动机无法启动");
}
```

类 Worker 的 gotoWork()方法调用以上 run()方法，gotoWork()方法捕获并处理 CarWrong Exception 异常，在异常处理过程中，又生成了新的迟到异常 LateException，gotoWork()方法本身不会再处理 LateException，而是声明抛出 LateException。

```
public void gotoWork()throws LateException{
  try{
car.run();
  }catch(CarWrongException e){   //处理车子出故障的异常
    //找人修车子
    …
    //创建一个LateException对象，并将其抛出
    throw new LateException("因为车子出故障，所以迟到了");
  }
}
```

谁会来处理类 Worker 的 gotoWork()方法抛出的 LateException 呢？显然是职工的老板，如果某职工上班迟到，那就扣他的工资。一个方法可能会出现多种异常，使用 throws 子句可以声明抛出多个异常，如下面的代码。

```
public void method() throws SQLException,IOException{…}
```

实例 11-5：编写一个程序使用 throws 关键字将异常抛出

源码路径：daima\11\YiThree1.java

实例文件 YiThree1.java 的具体代码如下所示。

```java
public class YiThree1{
①  public void methodName(int x) throws
    ArrayIndexOutOfBoundsException,ArithmeticException{
      System.out.println(x);
②      if(x==0){
        System.out.println("没有异常");
        return;
      }
③      else if(x==1){
        int [] a=new int[3];
        a[3]=5;
      }
④      else if(x==2){
        int i=0;
        int j=5/i;
      }
    }
    public static void main(String args[]){
      YiThree1 ab=new YiThree1();
⑤      try{
        ab.methodName(0);
      }
      catch(Exception e){
        System.out.println("异常:"+e);
      }
⑥      try{
        ab.methodName(1);
      }
      catch(ArrayIndexOutOfBoundsException e){
        System.out.println("异常:"+e);
      }
⑦      try{
        ab.methodName(2);
      }
      catch(ArithmeticException e){
        System.out.println("异常:"+e);
      }
    }
}
```

①定义方法 methodName()，使用关键字 throws 抛出异常。然后设置捕获 ArrayIndexOutOfBoundsException 异常和 ArithmeticException 异常，这两个异常的具体说明见表 11-1。

②如果 x=0 则输出"没有异常"的提示。

③如果 x=1，则定义一个 int 类型的数组 a，设置数组的大小是 3，即含有 3 个元素。然后设置数组元素 a[3]=5，这是非法的。因为 int[3]只能包含下标分别是 0、1、2 三个，3 就超出了下标范围。

④如果 x=2，设置一个分母为零的异常。

⑤检索前面②中的异常，并输出异常信息。
⑥检索前面③中的异常，并输出异常信息。
⑦检索前面④中的异常，并输出异常信息。

执行上述程序后会得到如图 11-5 所示的结果。

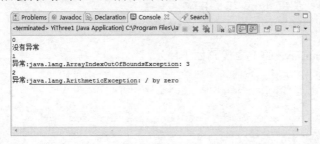

图 11-5　使用 throws 抛出异常

11.3.2　使用 throw 抛出异常

在 Java 程序中，也可以使用关键字 throw 抛出异常，把它抛给上一级调用的异常，抛出的异常既可以是异常引用，也可以是异常对象。如果需要在程序中自行抛出异常，应该使用 throw 语句。开发者可以单独使用 throw 语句，throw 语句抛出的不是异常类，而是一个异常实例，而且每次只能抛出一个异常实例。

在 Java 语言中，使用 throw 语句的语法格式如下所示。

```
throw ExceptionInstance;
```

知识精讲

在 Java 程序中，有以下两种使用 throw 语句抛出异常的情况。

(1) 当 throw 语句抛出的异常是 Checked 异常，则该 throw 语句要么处于 try 块里显式捕获该异常，要么放在一个带 throws 声明抛出的方法中，即把异常交给方法的调用者处理。

(2) 当 throw 语句抛出的异常是 Runtime 异常，则该语句无须放在 try 块内，也无须放在带 throws 声明抛出的方法中，程序既可以显式地使用 try-catch 来捕获并处理该异常，也可以完全不理会该异常，把该异常交给方法的调用者处理。

下面还是以前面的汽车为例进行讲解，以下代码表明汽车在运行时会出现故障。

```
public void run()throws CarWrongException{
  if(车子无法刹车)
throw new CarWrongException("车子无法刹车");
  if(发动机无法启动)
   throw new CarWrongException("发动机无法启动");
}
```

值得注意的是，由 throw 语句抛出的对象必须是 java.lang.Throwable 类或者其子类的实例。例如下面的代码是不合法的。

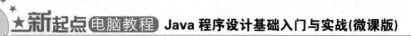

```
throw new String("有人溺水啦，救命啊!");    //编译错误，String 类不是异常类型
```

关键字 throws 和 throw 尽管只有一个字母之差，却有着不同的用途，注意不要将两者混淆。

 实例 11-6：使用 throw 抛出异常

源码路径：daima\11\YiFour.java

实例文件 YiFour.java 的主要代码如下所示。

```java
public class YiFour {
  public static void main(String args[]){
    try{
      throw new ArrayIndexOutOfBoundsException();
    }
    catch(ArrayIndexOutOfBoundsException aoe){
      System.out.println("异常:"+aoe);
    }
    try{
      throw new ArithmeticException();
    }
    catch(ArithmeticException ae){
      System.out.println("异常:"+ae);
    }
  }
}
```

执行后的效果如图 11-6 所示。

```
Problems  @ Javadoc  Declaration  Console ✕
<terminated> YiFour [Java Application] C:\Program Files\Java
异常:java.lang.ArrayIndexOutOfBoundsException
异常:java.lang.ArithmeticException
```

图 11-6　执行效果

11.4　实践案例与上机指导

　　通过本章的学习，读者基本可以掌握 Java 语言异常处理的知识。其实 Java 异常处理的知识还有很多，这需要读者通过课外渠道来加深学习。下面通过练习操作，以达到巩固学习、拓展提高的目的。

↑扫码看视频

　　前面讲解的异常，都是系统自带，系统自己处理的，但是很多时候需要程序员自定义异常。在 Java 程序中要想创建自定义异常，需要继承类 Throwable 或者它的子类 Exception。自定义异常让系统把它当作一种异常来对待，由于自定义异常继承 Throwable 类，因此也继承了它里面的方法。

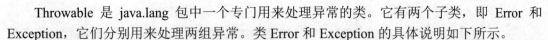

Throwable 是 java.lang 包中一个专门用来处理异常的类。它有两个子类，即 Error 和 Exception，它们分别用来处理两组异常。类 Error 和 Exception 的具体说明如下所示。

(1) Error：用来处理程序运行环境方面的异常，如虚拟机错误、装载错误和连接错误，这类异常主要是和硬件有关的，而不是由程序本身抛出的。

(2) Exception：是 Throwable 的一个主要子类。Exception 下面还有子类，其中一部分子类分别对应于 Java 程序运行时常常遇到的各种异常的处理，其中包括隐式异常。比如，程序中除数为 0 引起的错误、数组下标越界错误等，这类异常也称为运行时异常，因为它们虽然是由程序本身引起的异常，但不是程序主动抛出的，而是在程序运行中产生的。Exception 子类下面的另一部分子类对应于 Java 程序中的非运行时异常的处理，这些异常也称为显式异常。它们都是在程序中用语句抛出，并且也是用语句进行捕获的，比如，文件没找到引起的异常、类没找到引起的异常等。

Java 提供了丰富的异常类，这些异常类之间有严格的继承关系，例如在下面的实例代码中，演示了在 Java 中使用异常类的过程。

 实例 11-7：在 Java 程序中使用异常类
源码路径：daima\11\gaoji.java

实例文件 gaoji.java 的主要代码如下所示。

```java
public class gaoji{
  public static void main(String[] args) {
    try{
      int a = Integer.parseInt(args[0]);
      int b = Integer.parseInt(args[1]);
      int c = a / b;
      System.out.println("您输入的两个数相除的结果是:" + a / b);
    }
    catch (IndexOutOfBoundsException ie){
      System.out.println("数组越界: 运行程序时输入的参数个数不够");
    }
    catch (NumberFormatException ne){
      System.out.println("数字格式异常: 程序只能接受整数参数");
    }
    catch (ArithmeticException ae){
      System.out.println("算术异常");
    }
    catch (Exception e){
      e.printStackTrace();
      System.out.println("未知异常");
    }
  }
}
```

在上述代码中，针对 IndexOutOfBoundsException、NumberFormatException、ArithmeticException 类型的异常分别提供了专门的异常处理逻辑。可能存在以下几种 Java 运行时的异常处理逻辑。

➢ 如果运行该程序时输入的参数不够，将会发生数组越界异常，Java 运行时将使用 IndexOutOfBoundsException 对应的 catch 块处理该异常。

➢ 如果运行该程序输入的参数不是数字，而是字母，将发生数字格式异常，Java 运行时将调用 NumberFormatException 对应的 catch 块处理该异常。

➢ 如果运行该程序输入的第二个参数是 0,将发生除 0 异常,Java 运行时将调用 ArithmeticException 对应的 catch 块处理该异常。

➢ 如果程序运行时出现其他异常,该异常对象总是 Exception 类或其子类的实例,Java 运行时将调用 Exception 对应的 catch 块处理该异常。

上述程序中的异常都是常见的运行时异常,读者应该记住这些异常,并掌握在哪些情况下可能出现这些异常。执行后的效果如图 11-7 所示。

数组越界: 运行程序时输入的参数个数不够

图 11-7 执行效果

11.5 思考与练习

本章详细阐述了 Java 语言中异常处理的知识,并且通过具体实例介绍了在程序中实现异常处理的方法。通过本章的学习,读者应该熟练使用 Java 异常处理技术,掌握它们的使用方法和技巧。

1. 选择题

(1) 在 Java 应用程序中,下面不是异常处理关键字的是(　　)。
    A. try　　　　　　B. catch　　　　　　C. throw　　　　　　D. final
(2) 方法(　)的功能是将该异常的跟踪栈信息输出到标准错误输出。
    A. getMessage()　　　　B. printStackTrace()　　　　C. printStackTrace(PrintStream s)

2. 判断题

(1) 在 Java 中有一个 lang 包,在此包里面有一个专门处理异常的类——Throwable,此类是所有异常的父类,每一个异常的类都是它的子类。　　　　　　　　　　　　(　　)

(2) 在编写 Java 程序时,需要处理的异常一般是放在 try 代码块里,然后创建 catch 代码块。　　　　　　　　　　　　(　　)

3. 上机练习

(1) 使用 throws 关键字抛出异常。
(2) 捕获单个异常。

新起点
电脑教程

第12章

I/O 文件处理

本章要点

- Java I/O 简介
- File 类
- RandomAccessFile 类
- 字节流与字符流

本章主要内容

通过编写 Java 程序可以处理计算机中的文件，这些功能是通过 Java 为我们提供的 I/O 体系实现的。另外从 Java 8 开始提供了一个新的 Stream API 来处理流操作，并在 Java 9 中对流操作相关的 API 进行了升级。在本章将详细讲解通过 I/O 流对文件数据进行读写的方法，并讲解和 Stream 流操作相关的基本知识。

12.1 Java I/O 简介

不管是什么开发语言，都离不开对硬盘数据的处理功能，Java 自然也不例外。什么是 I/O 呢？I/O(input/output)，即输入/输出端口。每个电脑设备都会有一个专用的 I/O 地址，用来处理自己的输入输出信息。

↑扫码看视频

CPU 与外部设备、存储器的连接和数据交换都需要通过接口设备来实现，前者被称为 I/O 接口，而后者则被称为存储器接口。存储器通常在 CPU 的同步控制下工作，接口电路比较简单；而 I/O 设备品种繁多，其相应的接口电路也各不相同，因此，习惯上说到接口只是指 I/O 接口。

Java 操作中的 I/O 是指数据输入输出数据流，也被称作数据流。I/O 说简单点就是数据的输入和输出方式，其中输入模式是由程序创建某个信息来源后的数据流，并打开该数据流获取指定信息的数据，这些数据源都是文件、网络、压缩包或者其他类型的数据，如图 12-1 所示。

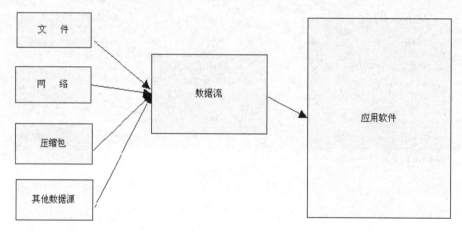

图 12-1　输入模式

输出模式与输入模式恰好相反，输出模式是由程序创建某个输出对象的数据流，并打开数据对象，将数据写入数据流。Java I/O 操作主要指的是使用 Java 进行输入、输出操作，Java 中的所有操作类都存放在 java.io 包中，在使用时需要导入此包。

在整个 java.io 包中最重要的就是 5 个类和 1 个接口，这 5 个类分别是 File、OutputStream、InputStream、Writer 和 Reader，1 个接口是 Serializable。

12.2　File 类

　　在整个 I/O 包中，唯一与文件本身有关的类就是 File。使用 File 类可以实现创建或删除文件等常用的操作。要使用 File 类，需要首先观察 File 类的构造方法。在本节的内容中，将详细讲解使用类 File 的知识。

↑扫码看视频

　　类 File 的构造方法如下所示。

```
public File(String pathname)
```

　　在实例化 File 类时必须设置好路径。如果要使用一个 File 类，则必须向 File 类的构造方法中传递一个文件路径，假如要操作 E 盘下的文件 test.txt，则路径必须写成"E:\\test.txt"，其中"\\"表示一个"\"。要操作文件，还需要使用 File 类中定义的若干方法。

12.2.1　File 类中的方法

　　在 Java 语言中，File 类中的主要方法如表 12-1 所示。

表 12-1　File 类中的主要方法和常量

方法/常量	类　型	描　　述
public static final String pathSeparator	常量	表示路径的分隔符，Windows 是";"
public static final String separator	常量	表示路径的分隔符，Windows 是"\"
public File(String pathname)	构造	创建 File 类对象，传入完整路径
public boolean createNewFile() throws IOException	普通	创建新文件
public boolean delete()	普通	删除文件
public boolean exists()	普通	判断文件是否存在
public boolean isDirectory()	普通	判断给定的路径是否是一个目录
public long length()	普通	返回文件的大小
public String[] list()	普通	列出指定目录的全部内容，只是列出了名称
public File[] listFiles()	普通	列出指定目录的全部内容，会列出路径
public boolean mkdir()	普通	创建一个目录
public boolean renameTo(File dest)	普通	为已有的文件重新命名

12.2.2　使用 File 类操作文件

　　(1)　创建文件。

　　当 File 类的对象实例化完成之后，可以使用 createNewFile 创建一个新文件，但是此方

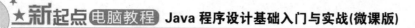

法使用了 throws 关键字，所以在使用中，必须使用 try-catch 进行异常的处理。例如，现在要在 D 盘中创建一个 test.txt 文件，可以通过如下所示的实例代码实现。

 实例 12-1：使用 File 类创建文件
源码路径： daima\12\FileT1.java

实例文件 FileT1.java 的主要实现代码如下所示。

```java
import java.io.File ;                          //引入 File 接口类
import java.io.IOException ;
public class FileT1{
  public static void main(String args[]){
    File f = new File("d:\\test.txt") ;        //实例化 File 类的对象
    try{
       f.createNewFile() ;                      //创建文件，根据给定的路径创建
    }catch(IOException e){                       //检测异常信息
       e.printStackTrace() ;                     //输出异常信息
    }
  }
};
```

运行上述代码后可以发现在 D 盘中已经创建了一个名为"test.txt"的文件。如果在不同的操作系统中，则路径的分隔符表示是不一样的，例如 Windows 中使用反斜线表示目录的分隔符"\"，而在 Linux 中使用正斜线表示目录的分隔符"/"。

既然 Java 程序本身具有可移植的特点，则在编写路径时最好可以根据程序所在的操作系统自动使用符合本地操作系统要求的分隔符，这样才能达到可移植的目的。要实现这样的功能，就需要观察 File 类中提供的两个常量。例如下面的实例演示了使用 File 类中两个常量的方法。

 实例 12-2：使用 File 中的两个常量
源码路径： daima\12\FileT2.java

实例文件 FileT2.java 的主要实现代码如下所示。

```java
import java.io.File ;
import java.io.IOException ;
public class FileT2{
  public static void main(String args[]){
    System.out.println("pathSeparator:" + File.pathSeparator) ;  // 调用静态常量
    System.out.println("separator:" + File.separator) ;   // 调用静态常量
  }
};
```

运行上述代码后的效果如图 12-2 所示。

```
Problems  @ Javadoc  Declaration
<terminated> FileT2 [Java Application]
pathSeparator: ;
separator: \
```

图 12-2 执行效果

由此可见，对于之前创建文件的操作来说，最好使用上面的常量来表示路径。我们可

以对上述代码进行修改，如下面的代码。

实例 12-3： 使用 File 类创建文件的另外方案

源码路径：daima\12\FileT3.java

实例文件 FileT3.java 的主要实现代码如下所示。

```
import java.io.File ;
import java.io.IOException ;
public class FileT3{
  public static void main(String args[]){
    File f = new File("d:"+File.separator+"test.txt") ;//实例化 File 类的对象
    try{
      f.createNewFile() ;     //创建文件，根据给定的路径创建
    }catch(IOException e){
      e.printStackTrace() ;   //输出异常信息
    }
  }
};
```

上述代码的运行结果与前面的程序一样，即会在 D 盘中创建一个名为"test.txt"的文件，但此时的程序可以在任意操作系统中使用。

(2) 删除文件。

Java 的 File 类中也支持删除文件的操作，如果要删除一个文件，可以使用 File 类中的 delete()方法实现。

实例 12-4： 使用 File 类删除文件

源码路径：daima\12\FileT4.java

实例文件 FileT4.java 的主要实现代码如下所示。

```
import java.io.File ;
import java.io.IOException ;
public class FileT4{
  public static void main(String args[]){
    //实例化 File 类的对象
    File f = new File("d:"+File.separator+"test.txt") ;
    f.delete() ;         //删除文件
  }
};
```

执行后会删除文件"D:\test.txt"。在上面的实例代码中，虽然能够成功删除文件，但是也会存在一个问题——在删除文件前应该保证文件存在，所以以上程序在使用时最好先判断文件是否存在，如果存在，则执行删除操作。判断一个文件是否存在可以直接使用 File 类提供的 exists()方法，此方法返回 boolean 类型。

(3) 创建文件夹。

除了可以创建文件外，在 Java 中也可以使用 File 类创建一个指定文件夹，此功能可以使用方法 mkdir()完成。

实例 12-5： 使用 File 类创建文件夹

源码路径：daima\12\FileT7.java

实例文件 FileT7.java 的主要实现代码如下所示。

```java
import java.io.File ;
import java.io.IOException ;
public class FileT7{
  public static void main(String args[]){
    File f = new File("d:"+File.separator+"www") ;     //实例化 File 类的对象
    f.mkdir() ;                                         //创建文件夹
  }
};
```

上述代码运行后，会在 D 盘创建一个名为"www"的文件夹。

(4) 列出目录中的全部文件。

假设给出了一个具体的目录，通过 File 类可以直接列出这个目录中的所有内容。在 File 类中定义了以下两个方法可以列出文件夹中的内容。

➤ public String[] list()：列出全部名称，返回一个字符串数组。

➤ public File[] listFiles()：列出完整的路径，返回一个 File 对象数组。

实例 12-6：使用 list()方法列出一个目录中的全部内容
源码路径：daima\12\FileT8.java

实例文件 FileT8.java 的主要实现代码如下所示。

```java
import java.io.File ;
import java.io.IOException ;
public class FileT8{
  public static void main(String args[]){
    //实例化 File 类的对象
    File f = new File("d:"+File.separator) ;
    //列出给定目录中的内容
    String str[] = f.list() ;
    for(int i=0;i<str.length;i++){
      System.out.println(str[i]) ;
    }
  }
};
```

执行后会显示 D 盘目录中的内容，如图 12-3 所示。

图 12-3　执行效果

(5) 判断一个给定的路径是否是目录。

在 Java 编程应用中，可以直接使用 File 类中的方法 isDirectory()判断某指定的路径是否是一个目录。例如下面的实例演示了这一用法。

实例 12-7：判断一个给定的路径是否是目录
源码路径：daima\12\FileT10.java

实例文件 FileT10.java 的主要实现代码如下所示。

```java
import java.io.File ;
import java.io.IOException ;
public class FileT10{
   public static void main(String args[]){
      File f = new File("d:"+File.separator) ;  //实例化 File 类的对象
      if(f.isDirectory()){                       //判断是否是目录
         System.out.println(f.getPath() + "路径是目录。") ;
      }else{
         System.out.println(f.getPath() + "路径不是目录。") ;
      }
   }
};
```

执行后的效果如图 12-4 所示。

```
Problems  @ Javadoc  Declaration
<terminated> FileT10 [Java Application]
d:\路径是目录。
```

图 12-4　执行效果

12.3　RandomAccessFile 类

类 File 只是针对文件本身进行操作的，在 Java 中如果要对文件内容进行操作，可以使用类 RandomAccessFile 实现。在本节的内容中，将详细讲解使用类 RandomAccessFile 的知识。

↑扫码看视频

RandomAccessFile 类属于随机读取类，可以随机地读取一个文件中指定位置的数据，假设在文件中保存了以下 3 个数据。

```
Aaaaaaaa, 30
Bbbb, 31
Cccccc, 32
```

此时如果使用类 RandomAccessFile 来读取"bbb"信息，就可以将"aaa"信息跳过，相当于在文件中设置了一个指针，根据此指针的位置进行读取。但是如果想实现这样的功能，则每个数据的长度应该保持一致，所以在设置姓名时应统一设置为 8 位，数字为 4 位。要实现上述功能，则必须使用 RandomAccessFile 中的几种设置模式，然后在构造方法中传递此模式。

12.3.1　RandomAccessFile 类的常用方法

RandomAccessFile 类中的常用方法如表 12-2 所示。

表 12-2   RandomAccessFile 类的常用操作方法

方　法	类　型	描　述
public RandomAccessFile (File file,String mode) throws FileNotFoundException	构造	接收 File 类的对象，指定操作路径，但是在设置时需要设置模式，r 为只读；w 为只写；rw 为读写
public RandomAccessFile(String name,String mode) throws FileNotFoundException	构造	不再使用 File 类对象表示文件，而是直接输入了一个固定的文件路径
public void close() throws IOException	普通	关闭操作
public int read(byte[] b) throws IOException	普通	将内容读取到一个 byte 数组中
public final byte readByte() throws IOException	普通	读取一个字节
public final int readInt() throws IOException	普通	从文件中读取整型数据
public void seek(long pos) throws IOException	普通	设置读指针的位置
public final void writeBytes (String s) throws IOException	普通	将一个字符串写入文件，按字节的方式处理
public final void writeInt(int v) throws IOException	普通	将一个 int 型数据写入文件，长度为 4 位
public int skipBytes(int n) throws IOException	普通	指针跳过多少个字节

智慧锦囊

当使用 rw 方式声明 RandomAccessFile 对象时，如果要写入的文件不存在，系统会自动创建。

12.3.2　使用 RandomAccessFile 类

 实例 12-8：使用 RandomAccessFile 类写入数据
源码路径：daima\12\RandomAccessT1.java

实例文件 RandomAccessT1.java 的主要实现代码如下所示。

```java
import java.io.File ;
import java.io.RandomAccessFile ;
public class RandomAccessT1{
    // 所有的异常直接抛出，程序中不再进行处理
    public static void main(String args[]) throws Exception{
        // 指定要操作的文件
        File f = new File("d:" + File.separator + "test.txt") ;
        // 声明 RandomAccessFile 类的对象
        RandomAccessFile rdf = null ;
        //读写模式，如果文件不存在，会自动创建
        rdf = new RandomAccessFile(f,"rw") ;
        String name = null ;
        int age = 0 ;
        name = "aaaaaaaa" ;             //字符串长度为8
```

```
        age = 30 ;                    //数字的长度为 4
        rdf.writeBytes(name) ;        //将姓名写入文件之中
        rdf.writeInt(age) ;           //将年龄写入文件之中
        name = "bbbb    " ;           //字符串长度为 8
        age = 31 ;                    //数字的长度为 4
        rdf.writeBytes(name) ;        //将姓名写入文件之中
        rdf.writeInt(age) ;           //将年龄写入文件之中
        name = "cccccc  " ;           //字符串长度为 8
        age = 32 ;                    //数字的长度为 4
        rdf.writeBytes(name) ;        //将姓名写入文件之中
        rdf.writeInt(age) ;           //将年龄写入文件之中
        rdf.close() ;                 // 关闭
    }
};
```

执行后会在文件"D\test"中写入数据"aaaaaaaa""bbbb"和"cccccc",如图 12-5
所示。在上述实例代码中,为了保证可以进行随机读取,写入的名字都是 8 个字节,写入
的数字是固定的 4 个字节。

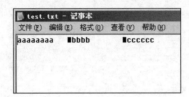

图 12-5 执行效果

12.4 字节流与字符流

在程序中所有的数据都是以流的方式进行传输或保存
的,程序需要数据时要使用输入流读取数据,而当程序需要
将一些数据保存起来时,就要使用输出流。在本节的内容中,
将详细讲解Java处理字节流与字符流的基本知识。

↑扫码看视频

12.4.1 字节流类和字符流类

在 java.io 包中的流操作主要有两大类,分别是字节流类和字符流类,这两个类都有输
入和输出操作。

➢ 字节流:在字节流中输出数据主要使用 OutputStream 类完成,输入使用的是
InputStream 类。字节流主要操作 byte 类型数据,以 byte 数组为准,主要操作类是
OutputStream 类和 InputStream 类。

➢ 字符流:在字符流中输出主要是使用 Writer 类完成,输入主要是使用 Reader 类完成。

在程序中一个字符等于两个字节,那么 Java 提供了 Reader 和 Writer 两个专门操作字符流的类。

智慧锦囊

在 Java 程序中,I/O 操作是有相应步骤的,以文件的操作为例,主要的操作流程如下所示。

(1) 使用类 File 打开一个文件。

(2) 通过字节流或字符流的子类指定输出的位置。

(3) 进行读/写操作。

(4) 关闭输入/输出。

12.4.2　使用字节流

(1) 字节输出流 OutputStream。

OutputStream 类是整个 I/O 包中字节输出流的最大父类,定义此类的格式如下所示。

```
public abstract class OutputStream
extends Object
implements Closeable, Flushable
```

从以上定义中可以发现, OutputStream 类是一个抽象类,如果要使用此类,首先必须通过子类实例化对象。如果现在要操作的是一个文件,则可以使用 FileOutputStream 类,通过向上转型后可以实例化 OutputStream。OutputStream 类中的主要操作方法如表 12-3 所示。

表 12-3　OutputStream 类的常用方法

方　法	类　型	描　述
public void close() throws IOException	普通	关闭输出流
public void flush() throws IOException	普通	刷新缓冲区
public void write(byte[] b) throws IOException	普通	将一个 byte 数组写入数据流
public void write(byte[] b,int off,int len) throws IOException	普通	将一个指定范围的 byte 数组写入数据流
public abstract void write(int b) throws IOException	普通	将一个字节数据写入数据流

FileOutputStream 子类的构造方法如下所示。

```
public FileOutputStream(File file) throws FileNotFoundException
```

它操作时必须接收 File 类的实例,并指明要输出的文件路径。在定义 OutputStream 类中可以发现此类实现了 Closeable 和 Flushable 两个接口,其中定义 Closeable 接口的格式如下所示。

```
public interface Closeable{
    void close() throws IOException
}
```

定义 Flushable 接口的格式如下所示。

```
public interface Flushable{
    void flush() throws IOException
}
```

这两个接口的作用从其定义方法中可以发现，Closeable 表示可关闭，Flushable 表示可刷新，而且在 OutputStream 类中已经有了这两个方法的实现，所以操作时用户一般不会关心这两个接口，直接使用 OutputStream 类即可。

 实例 12-9：向文件中写入字符串

源码路径：daima\12\OutputStreamT1.java

实例文件 OutputStreamT1.java 的主要实现代码如下所示。

```
import java.io.File ;
import java.io.OutputStream ;
import java.io.FileOutputStream ;
public class OutputStreamT1{
//异常抛出，不处理
  public static void main(String args[])
 throws Exception{
     //第1步：使用 File 类找到一个文件，声明 File 对象
     File f= new File("d:" + File.separator + "test.txt") ;
     //第2步：通过子类实例化父类对象
     OutputStream out = null ;            // 准备好一个输出的对象
     out = new FileOutputStream(f) ;     // 通过对象多态性，进行实例化
     //第3步：进行写操作
     String str = "Hello World!!!";     //准备一个字符串
     byte b[] = str.getBytes() ;   //只能输出 byte 数组，所以将字符串变为 byte 数组
     out.write(b) ;                      //将内容输出，保存文件
     //第4步：关闭输出流
     out.close() ;                       //关闭输出流
  }
};
```

执行后将在文件 D\test 中写入数据"Hello World!!!"，如图 12-6 所示。

图 12-6 执行效果

在上面的实例代码中，可以将指定的内容成功地写入到文件 D\test 中，以上程序在实例化、写、关闭时都有异常发生，为了方便起见，可以直接在主方法中使用 throws 关键字抛出异常，以减少 try-catch 语句。使用上述代码操作文件 test.txt 时，在操作之前文件本身是不存在的，但是操作之后程序会为用户自动创建新的文件，并将内容写入到文件之中。整个操作过程是直接将一个字符串变为 byte 数组，然后将 byte 数组写入到文件中。

(2) 追加新内容。

在本章前面的所有操作中，如果重新执行程序，会覆盖文件中的已有内容，也就是说前面的实例无论执行多少次，都只会在文件 D\test 中显示"Hello World!!!"。其实在 Java

中可以通过 FileOutputStream 类向文件中追加内容，此类的另外一个构造方法如下所示。

```
public FileOutputStream(File file,boolean append) throws FileNotFoundException
```

在上述构造方法中，如果将 append 的值设置为 true，则表示在文件的末尾追加内容。

知识精讲

前面的程序可以在文件之后追加内容，但是存在一个美观的问题——内容是紧跟在原有内容之后的。其实我们可以用换行来区别原有数据和追加数据，在 Java 中可以使用 "\r\n" 在文件中增加换行。如果要换行，则直接在字符串要换行处加入一个 "\r\n"，即下面的代码。

```
String str = "\r\n Hello World!!!"; // 准备一个字符串
```

经过上述处理，新追加的内容是在换行之后追加的。

(3) 字节输入流 InputStream。

Java 程序可以通过 InputStream 类从文件中把内容读取进来，InputStream 类的定义格式如下所示。

```
public abstract class InputStream
extends Object
implements Closeable
```

与 OutputStream 类一样，InputStream 类本身也是一个抽象类，必须依靠其子类，如果现在从文件中读取，子类肯定是 FileInputStream。InputStream 类中的主要方法如表 12-4 所示。

表 12-4　InputStream 类的常用方法

方　法	类　型	描　述
public int available() throws IOException	普通	可以取得输入文件的大小
public void close() throws IOException	普通	关闭输入流
public abstract int read() throws IOException	普通	读取内容，以数字的方式读取
public int read(byte[] b) throws IOException	普通	将内容读到 byte 数组中，同时返回读入的个数

FileInputStream 类的构造方法如下所示。

```
public FileInputStream(File file) throws FileNotFoundException
```

实例 12-10：从文件中读取内容
源码路径：daima\12\InputStreamT1.java

实例文件 InputStreamT1.java 的主要实现代码如下所示。

```
import java.io.File ;
import java.io.InputStream ;
import java.io.FileInputStream ;
public class InputStreamT1{
        //异常抛出，不处理
```

```
    public static void main(String args[]) throws Exception{
      //第 1 步: 使用 File 类找到一个文件
      File f= new File("d:" + File.separator + "test.txt") ;
      //第 2 步: 通过子类实例化父类对象, 声明 File 对象
      InputStream input = null ;       // 准备好一个输入的对象
      input = new FileInputStream(f);// 通过对象多态性, 进行实例化
      //第 3 步: 进行读操作
      byte b[] = new byte[1024] ;      // 所有的内容都读到此数组之中
      input.read(b) ;                  // 读取内容
      //第 4 步: 关闭输出流
      input.close() ;                  // 关闭输出流
      System.out.println("内容为:" + new String(b)) ;  // 把byte 数组变为字符串输出
    }
};
```

执行后可以读取文件 D\test 中的数据, 如图 12-7 所示。

```
<terminated> InputStreamT1 [Java Application] F:\
内容为: Hello World!!!Hello World!!!
```

图 12-7 执行效果

在上面的实例代码中, 文件 D\test 中的数据虽然已经被读取进来, 但是发现后面有很多个空格。这是因为开辟的 byte 数组大小为 1024, 而实际的内容只有 28 个字节, 也就是说存在 996 个空白的空间, 在将 byte 数组变为字符串时也将这 996 个无用的空间转为字符串, 这样的操作肯定是不合理的。如果要想解决以上问题, 则要观察 read 方法, 在此方法上有一个返回值, 此返回值表示向数组中写入了多少个数据。

(4) 开辟指定大小的 byte 数组。

在实例 12-10 中, 虽然最后指定了 byte 数组的范围, 但是程序依然开辟了很多的无用空间, 这样肯定会造成资源的浪费, 那么此时能否根据文件的数据量来选择开辟空间的大小呢? 要想完成这样的操作, 则要从 File 类着手, 因为在 File 类中存在一个 length()方法, 此方法可以取得文件的大小。例如在下面的实例中演示了 length()方法的用法。

 实例 12-11: 使用 length()方法获取文件的长度
源码路径: daima\12\InputStreamT3.java

实例文件 InputStreamT3.java 的主要实现代码如下所示。

```
import java.io.File ;
import java.io.InputStream ;
import java.io.FileInputStream ;
public class InputStreamT3{
  public static void main(String args[]) throws Exception{//异常抛出, 不处理
    //第 1 步: 使用 File 类找到一个文件
    File f= new File("d:" + File.separator + "test.txt") ; //声明 File 对象
    //第 2 步: 通过子类实例化父类对象
    InputStream input = null ;              //准备好一个输入的对象
    input = new FileInputStream(f) ;        //通过对象多态性, 进行实例化
    //第 3 步: 进行读操作
    byte b[] = new byte[(int)f.length()] ; //数组大小由文件决定
    int len = input.read(b) ;              //读取内容
```

```
        //第 4 步: 关闭输出流
        input.close() ;                        //关闭输出流
        System.out.println("读入数据的长度:" + len) ;
        System.out.println("内容为:" + new String(b)) ;//把byte 数组变为字符串输出
    }
};
```

执行后的效果如图 12-8 所示。

读入数据的长度: 28
内容为: Hello World!!!Hello World!!!

图 12-8　执行效果

除上述方式外,也可以使用方法 read()通过循环从文件中一个个地把内容读取进来。例如在下面的实例中,使用 read()方法进行了循环读取操作。

实例 12-12: 使用 read()方法进行了循环读取操作

源码路径: daima\12\InputStreamT4.java

实例文件 InputStreamT4.java 的主要实现代码如下所示。

```
import java.io.File ;
import java.io.InputStream ;
import java.io.FileInputStream ;
public class InputStreamT4{
  public static void main(String args[]) throws Exception{//异常抛出, 不处理
    //第 1 步: 使用 File 类找到一个文件
    File f= new File("d:" + File.separator + "test.txt") ; //声明 File 对象
    //第 2 步: 通过子类实例化父类对象
    InputStream input = null ;              //准备好一个输入的对象
    input = new FileInputStream(f) ;        //通过对象多态性, 进行实例化
    //第 3 步: 进行读操作
    byte b[] = new byte[(int)f.length()] ;//数组大小由文件决定
    for(int i=0;i<b.length;i++){
      b[i] = (byte)input.read() ;          //读取内容
    }
    //第 4 步: 关闭输出流
    input.close() ;                        //关闭输出流
    System.out.println("内容为:" + new String(b)) ;  //把byte 数组变为字符串输出
  }
};
```

执行后的效果如图 12-9 所示。

Problems　@ Javadoc　Declaration　Consol
<terminated> InputStreamT4 [Java Application] F:\
内容为: Hello World!!!Hello World!!!

图 12-9　执行效果

但是上面的程序 InputStreamT4.java 还是存在一个问题,前面的程序都是在明确知道了具体数组大小的前提下开展的,如果此时不知道要输入的内容有多大,则只能通过判断是否读到文件末尾的方式来读取文件。例如我们可以通过下面的实例来实现。

实例 12-13： 未知内容时读取文件的内容

源码路径： daima\12\InputStreamT5.java

实例文件 InputStreamT5.java 的主要实现代码如下所示。

```java
public class InputStreamT5{
  public static void main(String args[]) throws Exception{  //异常抛出，不处理
    // 第1步：使用 File 类找到一个文件
    File f= new File("d:" + File.separator + "test.txt") ; //声明 File 对象
    // 第2步：通过子类实例化父类对象
    InputStream input = null ;                //准备好一个输入的对象
    input = new FileInputStream(f) ;          //通过对象多态性，进行实例化
    // 第3步：进行读操作
    byte b[] = new byte[1024] ;               //数组大小由文件决定
    int len = 0 ;                             //变量 len 初始化
    int temp = 0 ;                            //变量 temp 初始化
    while((temp=input.read())!=-1){           //接收每一个读取进来的数据
      // 表示还有内容，文件没有读完
      b[len] = (byte)temp ;
      len++ ;
    }
    // 第4步：关闭输出流
    input.close() ;                           //关闭输出流
    System.out.println("内容为:" + new String(b,0,len)) ;
      //把 byte 数组变为字符串输出
  }
};
```

在上述程序代码中要判断 temp 接收到的内容是否是−1，正常情况下是不会返回−1 的，只有当输入流的内容已经读到底，才会返回这个数字，通过此数字可以判断输入流中是否还有其他内容。执行后的效果如图 12-10 所示。

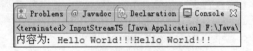

图 12-10　执行效果

12.4.3　使用字符流

(1) 字符输出流 Writer。

在 Java 语言中，Writer 本身是一个字符流的输出类，定义此类的格式如下所示。

```java
public abstract class Writer
extends Object
implements Appendable, Closeable, Flushable
```

Writer 本身也是一个抽象类，如果要使用此类，则肯定要使用其子类，此时如果是向文件中写入内容，则应该使用 FileWriter 的子类。Writer 类中的常用方法如表 12-5 所示。

表 12-5　Writer 类的常用方法

方 法	类 型	描 述
public abstract void close() throws IOException	普通	关闭输出流
public void write(String str) throws IOException	普通	将字符串输出
public void write(char[] cbuf) throws IOException	普通	将字符数组输出
public abstract void flush() throws IOException	普通	强制性清空缓存

定义类 FileWriter 构造方法的格式如下所示。

```
public FileWriter(File file) throws IOException
```

在 Writer 类中除了可以实现 Closeable 和 Flushable 接口之外，还实现了 Appendable 接口，定义此接口的格式如下所示。

```
public interface Appendable{
    Appendable append(CharSequence csq) throws IOException ;
    Appendable append(CharSequence csq,int start,int end) throws IOException ;
    Appendable append(char c) throws IOException
}
```

此接口表示的是内容可以被追加，接收的参数是 CharSequence，实际上 String 类就实现了此接口，所以可以直接通过此接口的方法向输出流中追加内容。例如在下面的实例中，可以向指定文件中写入数据。

实例 12-14：向指定文件中写入数据
源码路径：daima\12\WriterT1.java

实例文件 WriterT1.java 的主要实现代码如下所示。

```
import java.io.File ;
import java.io.Writer ;
import java.io.FileWriter ;
public class WriterT1{
  public static void main(String args[]) throws Exception{ //异常抛出，不处理
    // 第1步: 使用 File 类找到一个文件
    File f= new File("d:" + File.separator + "test.txt") ; //声明 File 对象
    // 第2步: 通过子类实例化父类对象
    Writer out = null ;                        // 准备好一个输出的对象
    out = new FileWriter(f) ;                  //通过对象多态性，进行实例化
    // 第3步: 进行写操作
    String str = "Hello World!!!" ;            //准备一个字符串
    out.write(str) ;                           //将内容输出，保存文件
    // 第4步: 关闭输出流
    out.close() ;                              //关闭输出流
  }
};
```

由上述代码可以看出，整个程序与 OutputStream 的操作流程并没有什么太大的区别，唯一的好处是，可以直接输出字符串，而不用将字符串变为 byte 数组之后再输出。执行后可以在文件 D\test 中写入数据，效果如图 12-11 所示。

图 12-11　执行效果

(2)　使用 FileWriter 追加文件的内容。

在 Java 程序中使用字符流操作时也可以实现文件的追加功能，直接使用 FileWriter 类中的如下构造即可实现追加功能。

```
public FileWriter(File file, boolean append) throws IOException
```

通过上述代码，可以将 append 的值设置为 true 表示追加。例如下面的实例演示了追加文件内容的功能。

实例 12-15：追加文件的内容
源码路径：daima\12\WriterT2.java

实例文件 WriterT2.java 的主要实现代码如下所示。

```
public class WriterT2{
    public static void main(String args[]) throws Exception{//异常抛出，不处理
        //第1步：使用 File 类找到一个文件
        File f= new File("d:" + File.separator + "test.txt") ; //声明 File 对象
        //第2步：通过子类实例化父类对象
        Writer out = null ;                    //准备好一个输出的对象
        out = new FileWriter(f,true) ;     //通过对象多态性，进行实例化
        //第3步：进行写操作
        String str = "\r\nAAAA\r\nHello World!!!" ; //准备一个字符串
        out.write(str) ;                       //将内容输出，保存文件
        //第4步：关闭输出流
        out.close() ;                          //关闭输出流
    }
};
```

执行后可以在文件 D\test 中追加文本内容，效果如图 12-12 所示。

图 12-12　执行效果

(3)　字符输入流 Reader。

在 Java 语言中，Reader 类能够使用字符的方式从文件中取出数据，定义此类的格式如下所示。

```
public abstract class Reader
extends Object
implements Readable, Closeable
```

Reader 类本身是一个抽象类，如果现在要从文件中读取内容，则可以直接使用 FileReader 子类。Reader 类中的常用方法如表 12-6 所示。

表 12-6　Reader 类的常用方法

方　　法	类　型	描　　述
public abstract void close() throws IOException	普通	关闭输出流
public int read() throws IOException	普通	读取单个字符
public int read(char[] cbuf) throws IOException	普通	将内容读到字符数组中，返回读入的长度

定义 FileReader 构造方法的格式如下所示。

```
public FileReader(File file) throws FileNotFoundException
```

实例 12-16：使用循环的方式读取文件的内容
源码路径：daima\12\ReaderT1.java

实例文件 ReaderT1.java 的主要实现代码如下所示。

```java
public class ReaderT1{
//异常抛出，不处理
  public static void main(String args[])
 throws Exception{
    //第1步：使用File类找到一个文件
    File f= new File("d:" + File.separator + "test.txt") ;
    //声明File对象
    //第2步：通过子类实例化父类对象
    Reader input = null ;                   //准备好一个输入的对象
    input = new FileReader(f)  ;            //通过对象多态性，进行实例化
    // 第3步：进行读操作
    char c[] = new char[1024] ;            //所有的内容都读到此数组之中
    int len = input.read(c) ;              //读取内容
    // 第4步：关闭输出流
    input.close() ;                        //关闭输出流
    System.out.println("内容为:" + new String(c,0,len)) ;
        //把字符数组变为字符串输出
  }
};
```

执行后的效果如图 12-13 所示。如果此时不知道数据的长度，也可以像之前操作字节流那样，使用循环的方式进行内容的读取。

```
Problems  @ Javadoc  Declaration
<terminated> ReaderT1 [Java Application]
内容为: Hello World!!!
AAAA
Hello World!!!
```

图 12-13　执行效果

12.5 实践案例与上机指导

通过本章的学习，读者基本可以掌握 Java 语言中 I/O 文件操作的知识。其实 Java I/O 文件操作的知识还有很多，这需要读者通过课外渠道来加深学习。下面通过练习操作，以达到巩固学习、拓展提高的目的。

↑扫码看视频

12.5.1 将字节输出流变为字符输出流

在整个 Java 语言的 I/O 包中，实际上分为字节流和字符流两种，除此之外，还存在一组"字节流—字符流"的转换类。具体说明如下所示。

➤ OutputStreamWriter：是 Writer 的子类，将输出的字符流变为字节流，即将一个字符流的输出对象变为字节流输出对象。

➤ InputStreamReader：是 Reader 的子类，将输入的字节流变为字符流，即将一个字节流的输入对象变为字符流的输入对象。

以文件操作为例，内存中的字符数据需要用 OutputStreamWriter 转换为字节流才能保存在文件中，在读取时需要将读入的字节流通过 InputStreamReader 转换为字符流。不管如何操作，最终全部是以字节的形式保存在文件中。

OutputStreamWriter 类构造方法如下所示。

```
public OutputStreamWriter(OutputStream out)
```

 实例 12-17：将字节输出流变为字符输出流

源码路径：daima\12\OutputStreamWriterT.java

实例文件 OutputStreamWriterT.java 的主要实现代码如下所示。

```
import java.io.* ;
public class OutputStreamWriterT{
// 所有异常抛出
  public static void main(String args[])
 throws Exception {
   File f = new File("d:" + File.separator + "test.txt") ;
   Writer out = null ;          // 字符输出流
   // 字节流变为字符流
   out = new OutputStreamWriter(new FileOutputStream(f)) ;
   out.write("hello world!!") ;   // 使用字符流输出
   out.close() ;
  }
};
```

执行后会创建文件 D\test，并在里面写入了指定的内容，效果如图 12-14 所示。

图 12-14　执行效果

知识精讲

　　FileOutputStream 是 OutputStream 的直接子类，FileInputStream 也是 InputStream 的直接子类，但是在字符流文件中的两个操作类却有一些特殊，FileWriter 并不直接是 Writer 的子类，而是 OutputStreamWriter 的子类，FileReader 也不直接是 Reader 的子类，而是 InputStreamReader 的子类。从这两个类的继承关系可以清楚地发现，不管是使用字节流还是字符流，实际上最终都是以字节的形式操作输入/输出流的。

12.5.2　将一个大写字母转换为小写字母

　　前面所讲解的输出和输入都是基于文件实现的，其实也可以将输出的位置设置在内存上，此时就要使用 ByteArrayInputStream、ByteArrayOutputStream 来完成输入和输出功能。其中 ByteArrayInputStream 的功能是将内容写入到内存中，而 ByteArrayOutputStream 的功能是将内存中的数据输出。

　　例如在下面的实例代码中，使用内存操作流将一个大写字母转换为小写字母。

实例 12-18：使用内存操作流将一个大写字母转换为小写字母

源码路径： daima\12\ByteArrayT.java

实例文件 ByteArrayT.java 的主要实现代码如下所示。

```
import java.io.* ;
public class ByteArrayT{
  public static void main(String args[]){
    String str = "HELLOWORLD" ;                // 定义一个字符串，全部由大写字母组成
    ByteArrayInputStream bis = null ;     // 内存输入流
    ByteArrayOutputStream bos = null ;    // 内存输出流
    bis = new ByteArrayInputStream(str.getBytes()) ;   // 向内存中输出内容
    bos = new ByteArrayOutputStream() ;
                              // 准备从内存 ByteArrayInputStream 中读取内容
    int temp = 0 ;
    while((temp=bis.read())!=-1){
      char c = (char) temp ;                   // 读取的数字变为字符
      bos.write(Character.toLowerCase(c)) ;    // 将字符变为小写
    }
    // 所有的数据全部在 ByteArrayOutputStream 中
    String newStr = bos.toString() ;           // 取出内容
    try{
      bis.close() ;                            //关闭 bis 流
      bos.close() ;                            //关闭 bos 流
```

```
    }catch(IOException e){
      e.printStackTrace() ;
    }
  System.out.println(newStr) ;
  }
};
```

执行后的效果如图 12-15 所示。

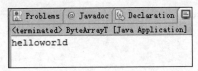

图 12-15　执行效果

从执行效果可以看出，字符串已经由大写变为了小写，全部的操作都是在内存中完成的。内存操作流一般在生成一些临时信息时才会使用，而这些临时信息如果要保存在文件中，则代码执行完后肯定还要删除这个临时文件，那么此时使用内存操作流是最合适的。

12.6　思考与练习

本章详细介绍了 Java 语言中 I/O 文件处理的知识，并且通过具体实例介绍了使用各种 I/O 文件处理方法的过程。通过本章的学习，读者应该熟悉 I/O 文件处理的内置方法，掌握它们的使用方法和技巧。

1. 选择题

(1)　下面的方法(　　)能够判断文件是否存在。

　　A. exists()　　　　B. exist()　　　　C. isDirectory()　　　　D. Directory()

(2)　当 File 类的对象实例化完成之后，可以使用 createNewFile()创建一个新文件，但是此方法使用了 throws 关键字，所以在使用中，必须使用(　　)进行异常的处理。

　　A. try-catch　　　B. throws　　　　C. throw　　　　　　D. finaly

2. 判断题

(1)　类 File 只是针对文件本身进行操作的，在 Java 中如果要对文件内容进行操作，可以使用 RandomAccessFile 类实现。　　　　　　　　　　　　　　　　　　　　(　　)

(2)　在 Java 语言中，Reader 类能够使用字符的方式从文件中取出数据。　　(　　)

3. 上机练习

(1)　使用 Writer.write()方法。

(2)　使用 Writer.append()方法。

第13章

使用 Swing 开发桌面程序

本章要点

- 📖 Swing 基础
- 📖 Swing 的组件
- 📖 拖放处理
- 📖 实现进度条效果

本章主要内容

Swing 是一个用于 Java 程序界面的开发工具包，它以 AWT 为基础，可以使用任何插件的外观风格，Swing 开发人员只用很少的代码就可以利用 Swing 丰富、灵活的功能和模块化组件来创建优秀的用户界面。

13.1 Swing 基础

Swing 是 Java 平台的 UI，它充当处理用户和计算机之间全部交互的软件。它实际上充当用户和计算机内部之间的中间人。在本节的内容中，将简要介绍 Swing 的基础知识。

↑扫码看视频

开发 Swing 界面的主要步骤是导入 Swing 包、选择界面风格、设置顶层容器、设置按钮和标签、将组件添加到容器中、为组件增加边框、处理事件和辅助技术支持等，如图 13-1 所示。

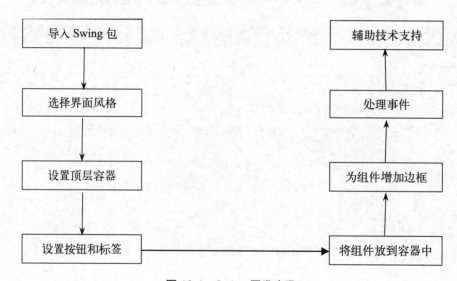

图 13-1　Swing 开发步骤

Swing 是由 100%纯 Java 实现的，Swing 组件是用 Java 实现的轻量级(light-weight)组件，没有本地代码，不依赖操作系统的支持，这是它与 AWT 组件的最大区别。由于 AWT 组件通过与具体平台相关的对等类(Peer)实现，因此 Swing 比 AWT 组件具有更强的实用性。Swing 在不同的平台上表现一致，并且有能力提供本地窗口系统不支持的其他特性。

 智慧锦囊

在 AWT 组件中，由于控制组件外观的对等类与具体平台相关，使得 AWT 组件总是只有与本机相关的外观。Swing 使得程序在一个平台上运行时能够有不同的外观，用户可以选择自己习惯的外观。

Swing 组件遵守一种被称为 MVC(Model-View-Controller，即模型-视图-控制器)的设计模式，其中模型(Model)用于维护组件的各种状态，视图(View)是组件的可视化表现，控制器(Controller)用于控制对于各种事件、组件做出怎样的响应。当模型发生改变时，它会通知所有依赖它的视图，视图使用控件指定其响应机制。Swing 使用 UI 代理来包装视图和控制器，还有另一个模型对象来维护该组件的状态。例如按钮 JButton 有一个维护其状态信息的模型 ButtonModel 对象。Swing 组件的模型是自动设置的，因此一般都使用 JButton，而无须关心 ButtonModel 对象。所以 Swing 的 MVC 实现也被称为 Model-Delegate(模型-代理)。对于一些简单的 Swing 组件通常无须关心它对应的 Model 对象，但对于一些高级 Swing 组件，如 JTree、JTable 等需要维护复杂的数据，这些数据就是由该组件对应的 Model 来维护的。另外，通过创建 Model 类的子类或通过实现适当的接口，可以为组件建立自己的模型，然后用 setModel()方法把模型与组件联系起来。

13.2　Swing 的组件

Swing 是 AWT 的扩展，它提供了许多新的图形界面组件。Swing 组件以"J"开头，除了拥有与 AWT 类似的按钮(JButton)、标签(JLabel)、复选框(JCheckBox)、菜单(JMenu)等基本组件外，还增加了一个丰富的高层组件集合，如表格(JTable)、树(JTree)。在本节将详细讲解 Swing 组件的基本知识，为读者学习本书后面的知识打下基础。

↑扫码看视频

13.2.1　Swing 组件的层次结构

在 javax.swing 包中定义了两种类型的组件，分别是顶层容器(Jframe、Japplet、JDialog 和 JWindow)和轻量级组件。Swing 组件都是 AWT 的 Container 类的直接子类和间接子类，具体层次结构如下所示。

```
Java.awt.Component
  -Java.awt.Container
    -Java.awt.Window
      -java.awt.Frame-Javax.swing.JFrame
      -javax.Dialog-Javax.swing.JDialog
      -Javax.swing.JWindow
    -java.awt.Applet-Javax.swing.JApplet
    -Javax.swing.Box
    -Javax.swing.Jcomponet
```

swing 包是 JFC(Java Foundation Classes)的一部分，它由许多包组成，各个包的具体说明如表 13-1 所示。

表 13-1 swing 包

包	描　　述
com.sum.swing.plaf.motif	用户界面代表类，实现 Motif 界面样式
com.sum.java.swing.plaf.window	用户界面代表类，实现 Windows 界面样式
javax.swing	Swing 组件和使用工具
javax.swing.border	Swing 轻量级组件的边框
javax.swing.colorchooser	JColorChooser 的支持类/接口
javax.swing.event	事件和监听器类
javax.swing.filechooser	JFileChooser 的支持类/接口
javax.swing.pending	未完全实现的 Swing 组件
javax.swing.plaf	抽象类，定义 UI 代表的行为
javax.swing.plaf.basic	实现所有标准界面样式公共功能的基类
javax.swing.plaf.metal	用户界面代表类，实现 Metal 界面样式
javax.swing.table	JTable 组件
javax.swing.text	支持文档的显示和编辑
javax.swing.text.html	支持显示和编辑 HTML 文档
javax.swing.text.html.parser	HTML 文档的分析器
javax.swing.text.rtf	支持显示和编辑 RTF 文件
javax.swing.tree	JTree 组件的支持类
javax.swing.undo	支持取消操作

有关上述包的几点说明如下所示。

➢ 包 swing 是 Swing 组件中提供的最大包，它包含了将近 100 个类和 25 个接口，几乎所有的 Swing 组件都在 swing 包中，只有 JTableHeader 和 JTextComponent 是例外，它们分别在 swing.table 和 swing.text 中。

➢ 在 swing.border 包中定义了事件和事件监听器类，与 AWT 的 event 包类似，它们都包括事件类和监听器接口。

➢ 在 swing.pending 包中包含了没有完全实现的 Swing 组件。

➢ 在 swing.table 包中主要包括表格组件(JTable)的支持类。

➢ 在 swing.tree 包中包含了 JTree 的支持类。

➢ 包 swing.text、swing.text.html、swing.text.html.parser 和 swing.text.rtf 都是用于显示和编辑文档的包。

如果将 Swing 组件按照功能来划分，又可分为以下几类。

➢ 顶层容器：JFrame、JApplet、JDialog 和 JWindow(几乎不会使用)。

➢ 中间容器：JPanel、JScrollPane、JSplitPane、JToolBar 等。

➢ 特殊容器：在用户界面上具有特殊作用的中间容器，如 JlnternalFrame、JRootPane、JLayeredPane 和 JDestopPane 等。

➢ 基本组件：实现人机交互的组件，如 JButton、JComboBox、JList、JMenu、JSlider 等。

> ➢ 不可编辑信息的显示组件：向用户显示不可编辑信息的组件，如 JLabel、JProgressBar 和 JToolTip 等。
>
> ➢ 可编辑信息的显示组件：向用户显示能被编辑的格式化信息的组件，如 JTable、JTextArea 和 JTextField 等。
>
> ➢ 特殊对话框组件：可以直接产生特殊对话框的组件，如 JColorChooser 和 JFileChooser 等。

13.2.2　Swing 实现 AWT 组件

在 Swing 中，除了 Canvas 之外为所有 AWT 组件提供了相应的实现。和 AWT 组件相比，Swing 组件有以下 4 个额外的功能。

> ➢ 可以为 Swing 组件设置提示信息，使用 setToolTipText()方法，为组件设置对用户有帮助的提示信息。
>
> ➢ 很多 Swing 组件如按钮、标签、菜单项等，除了使用文字外，还可以使用图标修饰自己。为了允许在 Swing 组件中使用图标，Swing 为 Icon 接口提供了一个实现类：ImageIcon，该实现类代表一个图像图标。
>
> ➢ 支持插拔式的外观风格，每个 JComponent 对象都有一个相应的 ComponentUI 对象，为它完成所有的绘画、事件处理，决定尺寸大小等工作。ComponentUI 对象依赖当前使用的 PLAF，使用 UIManager.setLookAndFeel()方法可以改变图形界面的外观风格。
>
> ➢ 支持设置边框：Swing 组件可以设置一个或多个边框。Swing 中提供了各式各样的边框供用户选用，也能建立组合边框或自己设计边框。一种空白边框可以用于增大组件，同时协助布局管理器对容器中的组件进行合理的布局。

 知识精讲

　　每个 Swing 组件都有一个对应的 UI 类，例如 JButton 组件就有一个对应的 ButtonUI 类来作为 UI。每个 Swing 组件的 UI 代理的类名总是将该 Swing 组件类名的 J 去掉，然后在后面增加 UI 后缀。UI 代理类通常是一个抽象基类，不同 PLAF 会有不同的 UI 代理实现类。Swing 类库中包含了几套 UI，每套 UI 代理都几乎包含了所有 Swing 组件的 ComponentUI 的实现，每套这样的实现，都被称为一种 PLAF 的实现。

例如下面实例演示了使用 Swing 组件创建窗口的过程，在窗口中分别设置了菜单、右键菜单以及基本组件的 Swing 实现。

 实例 13-1：使用 Swing 组件创建窗口

　　源码路径：daima\13\SwingAWT.java

实例文件 SwingAWT.java 的主要实现代码如下所示。

```
public class SwingAWT{
  JFrame f = new JFrame("测试");
```

```java
//定义按钮指定图标
Icon okIcon = new ImageIcon("tu/ok.png");
JButton ok = new JButton("确认" , okIcon);
//定义单选按钮使之处于选中状态
JRadioButton nan = new JRadioButton("男" , true);
//定义单选按钮使之处于没有选中状态
JRadioButton fenan = new JRadioButton("女" , false);
//定义 ButtonGroup 将上面两个 JRadioButton 组合在一起
ButtonGroup bg = new ButtonGroup();
//定义复选框使之处于没有选中状态。
JCheckBox married = new JCheckBox("婚否?" , false);
String[] colors = new String[]{"红色" , "绿色" , "蓝色"};
//下拉选择框
JComboBox colorChooser = new JComboBox(colors);
//列表选择框
JList colorList = new JList(colors);
// 8 行、20 列的多行文本域
JTextArea ta = new JTextArea(8, 20);
// 40 列的单行文本域
JTextField name = new JTextField(40);
JMenuBar mb = new JMenuBar();
JMenu file = new JMenu("文件");
JMenu edit = new JMenu("编辑");
//创建“新建”菜单项
Icon newIcon = new ImageIcon("tu/new.png");
JMenuItem newItem = new JMenuItem("新建" , newIcon);
//创建“保存”菜单项
Icon saveIcon = new ImageIcon("tu/save.png");
JMenuItem saveItem = new JMenuItem("保存" , saveIcon);
//创建“退出”菜单项
Icon exitIcon = new ImageIcon("tu/exit.png");
JMenuItem exitItem = new JMenuItem("退出" , exitIcon);
JCheckBoxMenuItem autoWrap = new JCheckBoxMenuItem("换行");
//创建“复制”菜单项
JMenuItem copyItem = new JMenuItem("复制", new ImageIcon("tu/copy.png"));
//创建“粘贴”菜单项
JMenuItem pasteItem = new JMenuItem("粘贴", new ImageIcon ("tu/paste.png"));
JMenu format = new JMenu("格式");
JMenuItem commentItem = new JMenuItem("注释");
JMenuItem cancelItem = new JMenuItem("取消注释");

//定义右键菜单用于设置程序风格
JPopupMenu pop = new JPopupMenu();
//用于组合 3 个风格菜单项的 ButtonGroup
ButtonGroup flavorGroup = new ButtonGroup();
//创建 3 个单选框按钮设定程序的外观风格
JRadioButtonMenuItem metalItem = new JRadioButtonMenuItem("Metal 风格" , true);
JRadioButtonMenuItem windowsItem = new JRadioButtonMenuItem("Windows 风格");
JRadioButtonMenuItem motifItem = new JRadioButtonMenuItem("Motif 风格");

public void init(){
    //创建一个装载了文本框、按钮的 JPanel
    JPanel bottom = new JPanel();
```

```
bottom.add(name);
bottom.add(ok);
f.add(bottom , BorderLayout.SOUTH);
//创建一个装载了下拉列表框、3 个 JCheckBox 的 JPanel
JPanel checkPanel = new JPanel();
checkPanel.add(colorChooser);
bg.add(nan);
bg.add(fenan);
checkPanel.add(nan);
checkPanel.add(fenan);
checkPanel.add(married);
//创建一个垂直排列组件的 Box，盛装多行文本域 JPanel
Box topLeft = Box.createVerticalBox();
//使用 JScrollPane 作为普通组件的 JViewPort
JScrollPane taJsp = new JScrollPane(ta);
topLeft.add(taJsp);
topLeft.add(checkPanel);
//创建一个垂直排列组件的 Box，盛装 topLeft、colorList
Box top = Box.createHorizontalBox();
top.add(topLeft);
top.add(colorList);
//将 top Box 容器添加到窗口的中间
f.add(top);
//-----------下面开始组合菜单，并为菜单添加事件监听器-----------
//为 newItem 设置快捷键，设置快捷键时要使用大写字母
newItem.setAccelerator(KeyStroke.getKeyStroke('N', InputEvent.CTRL_MASK));
newItem.addActionListener(new ActionListener(){
    public void actionPerformed(ActionEvent e){
        ta.append("单击了"新建"菜单\n");
    }
});
//为 file 菜单添加菜单项
file.add(newItem);
file.add(saveItem);
file.add(exitItem);
//为 edit 菜单添加菜单项
edit.add(autoWrap);
//使用 addSeparator 方法来添加菜单分隔线
edit.addSeparator();
edit.add(copyItem);
edit.add(pasteItem);
commentItem.setToolTipText("使用注释起来!");
//为 format 菜单添加菜单项
format.add(commentItem);
format.add(cancelItem);
//使用添加 new JMenuItem("-") 的方式不能添加菜单分隔符
edit.add(new JMenuItem("-"));
//将 format 菜单组合到 edit 菜单中，从而形成二级菜单
edit.add(format);
//将 file、edit 菜单添加到 mb 菜单条中
mb.add(file);
mb.add(edit);
//为 f 窗口设置菜单条
f.setJMenuBar(mb);
```

```
      //-----------下面开始组合右键菜单，并安装右键菜单----------
   flavorGroup.add(metalItem);
   flavorGroup.add(windowsItem);
   flavorGroup.add(motifItem);
   pop.add(metalItem);
   pop.add(windowsItem);
   pop.add(motifItem);
   //为3个菜单创建事件监听器
   ActionListener flavorListener = new ActionListener(){
      public void actionPerformed(ActionEvent e){
         try{
            if (e.getActionCommand().equals("Metal 风格")){
               changeFlavor(1);
            }
            else if (e.getActionCommand().equals("Windows 风格")){
               changeFlavor(2);
            }
            else if (e.getActionCommand().equals("Motif 风格")){
               changeFlavor(3);
            }
         }
         catch (Exception ee){
            ee.printStackTrace();
         }
      }
   };
   //为3个菜单添加事件监听器
   metalItem.addActionListener(flavorListener);
   windowsItem.addActionListener(flavorListener);
   motifItem.addActionListener(flavorListener);
   //调用该方法即可设置右键菜单，无须使用事件机制
   ta.setComponentPopupMenu(pop);
   //设置关闭窗口时，退出程序
   f.setDefaultCloseOperation(JFrame.EXIT_ON_CLOSE);
   f.pack();
   f.setVisible(true);
}

//定义一个方法，用于改变界面风格
private void changeFlavor(int flavor)throws Exception{
   switch (flavor){
      //设置 Metal 风格
      case 1:
         UIManager.setLookAndFeel("javax.swing.plaf.metal.MetalLookAndFeel");
         break;
      //设置 Windows 风格
      case 2:
         UIManager.setLookAndFeel("com.sun.java.swing.plaf.windows.
            WindowsLookAndFeel");
         break;
      //设置 Motif 风格
      case 3:
         UIManager.setLookAndFeel("com.sun.java.swing.plaf.motif.
            MotifLookAndFeel");
         break;
```

```
    }
    //更新 f 窗口内顶级容器以及内部所有组件的 UI
    SwingUtilities.updateComponentTreeUI(f.getContentPane());
    //更新 mb 菜单条以及内部所有组件的 UI
    SwingUtilities.updateComponentTreeUI(mb);
    //更新 pop 右键菜单以及内部所有组件的 UI
    SwingUtilities.updateComponentTreeUI(pop);

    }
    public static void main(String[] args) {
        //设置 Swing 窗口使用 Java 风格
        JFrame.setDefaultLookAndFeelDecorated(true);
        new SwingAWT().init();
    }
}
```

上述代码中，在创建按钮、菜单项时传入了一个 ImageIcon 对象，通过此方式可以创建带图标的菜单项。执行效果如图 13-2 所示。

图 13-2　执行效果

13.3　拖 放 处 理

　　拖放操作是很常见的操作，我们经常会通过拖放操作来完成复制、剪切的功能，但这种复制、粘贴操作无须剪贴板支持，程序将数据从拖放源直接传给拖放目标。这种通过拖放实现的复制、粘贴效果也被称为复制和移动。

↑扫码看视频

　　从 JDK 1.4 版本开始，Swing 的部分组件已经提供了默认的拖放支持，从而能以更简单的方式进行拖放操作。在 Swing 中可以支持的拖放操作组件如表 13-2 所示。
　　表 13-2 中的 Swing 组件都没有启动拖放支持，我们可以调用这些组件的方法 setDragEnabled 来启动拖放支持。下面程序示范了 Swing 提供的拖放支持。

表 13-2　Swing 中支持拖放操作的组件

Swing 组件	作为拖放源导出	作为拖放目标接受
JColorChooser	导出颜色对象的本地引用	可接受任何颜色
JFileChooser	导出文件列表	无
JList	导出所选择节点的 HTML 描述	无
JTable	导出所选中的行	无
II‰	导出所选择节点的 HTML 描述	无
JTextComponent	导出所选文本	接收文本，其子类 JTextArea 还接受文件列表，负责将文件打开

　　除此之外，Swing 还提供了一种非常特殊的 TransferHandler 类，通过此类可以直接将某个组件的指定属性设置成拖放目标，前提是该组件具有该属性的 setter 方法。例如类 JTextArea 提供了一个 setForeground(Color)方法，我们可以利用 TransferHandler 将 foreround 定义成拖放目标。

 实例 13-2： 演示 Swing 提供的拖放功能
　　　　　　　　源码路径：daima\13\tuo.java

实例文件 tuo.java 的主要实现代码如下所示。

```
public class tuo{
   JFrame jf = new JFrame("拖放支持");
   JTextArea srcTxt = new JTextArea(8 , 30);
   JTextField jtf = new JTextField(34);
   public void init(){
      srcTxt.append("拖放支持.\n");
      srcTxt.append("可以将这段文本域的内容拖入其他程序.\n");
      //启动文本域和单行文本框的拖放支持
      srcTxt.setDragEnabled(true);
      jtf.setDragEnabled(true);
      jf.add(new JScrollPane(srcTxt));
      jf.add(jtf , BorderLayout.SOUTH);
      jf.setDefaultCloseOperation(JFrame.EXIT_ON_CLOSE);
      jf.pack();
      jf.setVisible(true);
   }
```

　　在上述代码中，通过加粗代码开始实现多行文本域和单行文本框的拖放支持功能，执行后的效果如图 13-3 所示。

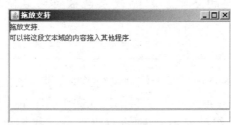

图 13-3　执行效果

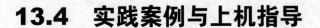

13.4　实践案例与上机指导

　　通过本章的学习，读者基本可以掌握在 Java 语言中使用 Swing 开发桌面程序的知识。其实 Java 中 Swing 开发的知识还有很多，这需要读者通过课外渠道来加深学习。下面通过练习操作，以达到巩固学习、拓展提高的目的。

↑扫码看视频

13.4.1　创建一个进度条

　　使用 JProgressBar 可以非常方便地创建 Eclipse 样式的进度条指示器，使用 JProgressBar 创建进度条的基本步骤如下所示。

　　(1)　创建一个 JProgressBar 对象，创建该对象的时候可以指定 3 个参数：进度条的排列方向、进度条的最大值和最小值。也可以在创建该对象时不传入任何参数，而是在编码时修改这 3 个属性。

　　(2)　调用该对象的常用方法设置进度条的普通属性，JProgressBar 除了提供排列方向、最大值、最小值的 setter 和 getter 方法之外，还提供了以下 3 个方法。

➢　setBorderPainted (boolean b)：设置该进度条是否使用边框。

➢　setIndeterminate (boolean newValue)：设置该进度条是否是进度不确定的进度条，如果指定一个进度条的进度不确定，将看到一个滑块在进度条中左右移动。

➢　setStringPainted (boolean newValue)：设置是否在进度条中显示完成百分比。

　　另外，JProgressBar 也为设置进度条的属性提供了 getter()方法，但是这两个 getter()方法通常没有太大作用。

　　(3)　当程序中工作进度改变时调用 JProgressBar 对象的 setValue()方法来改变其进度即可。当进度条的完成进度发生改变时，还可以调用进度条对象的以下两个方法。

➢　double getPercentComplete()：返回进度条的完成百分比。

➢　String getString()：返回进度字符串的当前值。

 实例 13-3：演示实现进度条效果的方法

　　　　源码路径：daima\13\yongJProgressBar.java

实例文件 yongJProgressBar.java 的主要实现代码如下所示。

```
public class yongJProgressBar{
    JFrame frame = new JFrame("进度条");
    //创建一条垂直进度条
    JProgressBar bar = new JProgressBar(JProgressBar.VERTICAL );
    JCheckBox indeterminate = new JCheckBox("不确定进度");
```

```
JCheckBox noBorder = new JCheckBox("不绘制边框");
public void init(){
   Box box = new Box(BoxLayout.Y_AXIS);
   box.add(indeterminate);
   box.add(noBorder);
   frame.setLayout(new FlowLayout());
   frame.add(box);
   //把进度条添加到 JFrame 窗口中
   frame.add(bar);
   //设置进度条的最大值和最小值
   bar.setMinimum(0);
   bar.setMaximum(100);
   //设置在进度条中绘制完成百分比
   bar.setStringPainted(true);
   noBorder.addActionListener(new ActionListener()  {
      public void actionPerformed(ActionEvent event){
         //根据该选择框决定是否绘制进度条的边框
         bar.setBorderPainted(!noBorder.isSelected());
      }
   });
   indeterminate.addActionListener(new ActionListener(){
      public void actionPerformed(ActionEvent event){
         //设置该进度条的进度是否确定
         bar.setIndeterminate(indeterminate.isSelected());
         bar.setStringPainted(!indeterminate.isSelected());
      }
   });
   frame.setDefaultCloseOperation(JFrame.EXIT_ON_CLOSE);
   frame.pack();
   frame.setVisible(true);
   //采用循环方式来不断改变进度条的完成进度
   for (int i = 0 ; i <= 100 ; i++){
      //改变进度条的完成进度
      bar.setValue(i);
      try{
         Thread.sleep(100);
      }
      catch (Exception e){
         e.printStackTrace();
      }
   }
}
```

在上面程序中创建了一个竖直的进度条，并通过方法设置了进度条的外观形式(是否包含边框，是否显示百分比)，然后通过一个循环来不断改变进度条的 value 属性，该 value 将会自动换成进度条的完成百分比。执行效果如图 13-4 所示。

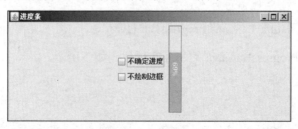

图 13-4　执行效果

13.4.2　使用 ProgressMonitor 创建进度条对话框

使用 ProgressMonitor 方法和使用 JProgressessBar 方法非常相似，区别只是 Progress Monitor 可以直接创建一个进度对话框。ProgressMonitor 为我们提供了以下构造器。

```
ProgressMonitor(Component parentComponent, Object message, String note, int
    min, int max)
```

其中参数 parentComponent 用于设置该进度对话框的父组件，参数 message 设置该进度对话框的描述信息，note 设置该进度对话框的提示文本，min 和 max 设置该对话框所包含进度条的最小值和最大值。

在使用 ProgressMonitor 创建的对话框中包含了一个非常固定的进度条，在程序中不能设置该进度条是否包含边框(总是包含边框)，不能设置进度不确定，不能改变进度条的方向(总是水平方向)。

知识精讲

与普通进度条类似的是，进度对话框也不能自动监视目标任务的完成进度，程序通过调用进度对话框的 setProgress 来改变进度条的完成比例(该方法类似于 JProgressBar 的 setValue()方法)。

例如在下面的实例代码中，使用 SimulatedTarget 模拟了一个耗时任务，并创建了一个进度对话框来检测该任务的完成百分比。

　实例 13-4：使用 SimulatedTarget 模拟一个耗时任务

源码路径：daima\13\yongProgressMonitor.java

实例文件 yongProgressMonitor.java 的具体实现代码如下所示。

```
public class yongProgressMonitor
{
  Timer timer;
  public void init()
  {
    final SimulatedTarget target = new SimulatedTarget(1000);
    //以启动一条线程的方式来执行一个耗时的任务
    final Thread targetThread = new Thread(target);
    targetThread.start();
    //创建进度对话框
    final ProgressMonitor dialog = new ProgressMonitor(null ,"等待完成" ,
        "已完成:" , 0 , target.getAmount());
    //创建一个计时器
    timer = new Timer(300 , new ActionListener()
    {
      public void actionPerformed(ActionEvent e)
      {
        //以任务的当前完成量设置进度对话框的完成比例
        dialog.setProgress(target.getCurrent());
```

```
                //如果用户单击了进度对话框的"取消"按钮
            if (dialog.isCanceled())
            {
                //停止计时器
                timer.stop();
                //中断任务的执行线程
                targetThread.interrupt();
                //系统退出
                System.exit(0);
            }
        }
    });
    timer.start();
}
public static void main(String[] args)
{
    new yongProgressMonitor().init();
}
}
```

在上述代码中创建了一个进度对话框，并创建了一个 Timer 计时器不断询问 SimulatedTarget 完成任务的比重，根据这个比重可以进一步设置进度对话框里进度条的完成比例。而且该计时器还负责检测用户是否单击了进度对话框的"取消"按钮，如果用户单击了该按钮，则终止执行 SimulatedTarget 任务的线程，并停止计时器，同时退出该程序。执行效果如图 13-5 所示。

图 13-5　执行效果

13.5　思考与练习

本章详细讲解了在 Java 中使用 Swing 开发桌面程序的知识，并且通过具体实例介绍了使用 Swing 开发桌面程序的方法。通过本章的学习，读者应该熟练使用 Swing，掌握它们的使用方法和技巧。

1. 选择题

(1) 可以为 Swing 组件设置提示信息，使用方法(　　　)为组件设置对用户有帮助的提示信息。

　　　A. UIManager.setLookAndFeel()

　　　B. setToolTipText()

　　　C. JPopupMenu()

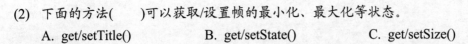

(2)　下面的方法(　　)可以获取/设置帧的最小化、最大化等状态。

    A. get/setTitle()　　　　　　　　B. get/setState()　　　　　　　　C. get/setSize()

2. 判断题

(1)　JScrollPane 组件是一个特殊的组件，它不同于 JFrame、JPanel 等普通容器，它甚至可以指定自己的布局管理器。　　　　　　　　　　　　　　　　　　　　　　　　(　　)

(2)　Action 接口是 ActionListener 接口的子接口，它除了包含 ActionListener 接口的 action Performed()方法之外，还包含了 name 和 Icon 这两个属性。　　　　　　　　(　　)

3. 上机练习

(1)　右下角弹出信息窗体。

(2)　实现一个淡入淡出窗体效果。

新起点电脑教程

第14章

使用数据库

本章主要内容

　　数据库技术是实现动态软件技术的必需手段，在软件项目中通过数据库可以存储海量的数据。人们通过修改数据库内容来实现软件的动态交互功能，因为软件显示的内容是从数据库中读取的。由此可见，数据库在软件实现过程中起了一个媒介的作用。本章将向读者介绍数据库方面的基本知识，为读者学习本书后面的知识打下基础。

14.1 SQL 基础

　　SQL 又称为结构化查询语言，1986 年 10 月美国国家标准局确立了 SQL 标准，1987 年，国际标准化组织也通过了这一标准。自此，SQL 成为国际标准语言。因此，各个数据库厂家纷纷推出支持的 SQL 软件或接口软件。

↑扫码看视频

　　SQL 成为国际标准，对数据库以外的领域也产生了很大的影响，有不少软件产品将 SQL 语言的数据查询功能与图形功能、软件工程工具、软件开发工具、人工智能程序结合起来。SQL 已经成为关系数据库领域中的一个主流语言。

　　SQL 语言主要具有以下 3 个功能。

➢　数据定义。

➢　数据操纵。

➢　视图。

　　在下面的内容中，将对 SQL 的上述基本功能的具体实现进行简要介绍。

14.1.1 数据定义

　　关系数据库是由模式、外模式和内模式构成的，所以关系数据库的基本对象是表、视图和索引。因此 SQL 的数据定义功能包括定义表、定义视图和定义索引。

1. 数据库操作

　　数据库是一个包括了多个基本表的数据集，使用 SQL 创建数据库的语句格式如下所示。

```
CREATE DATABASE <数据库名>〔其他参数〕;
```

　　其中，<数据库名>在系统中必须是唯一的，不能重复，不然将导致数据存取失误。〔其他参数〕因具体数据库实现系统不同而异。

　　例如，可以使用下面的语句建立一个名为 manage 的数据库。

```
CREATE DATABASE manage;
```

　　将数据库及其全部内容从系统中删除的语法格式如下。

```
DROP DATABASE <数据库名>
```

　　例如，可以通过如下语句删除上面创建的数据库 manage。

```
DROP DATABASE manage;
```

2. 表操作

表是数据库中的最重要构成部分，通过数据库表可以存储大量的网站数据。数据库表的操作主要涉及以下 3 个方面。

(1) 创建表。

SQL 语言使用 CREATE TABLE 语句定义基本表，其具体的语法格式如下所示。

```
CREATE TABLE <表名>;
```

例如，创建一个职工表 ZHIGONG，它由职工编号 id、姓名 Name、性别 Sex、年龄 Age 和部门 Dept 五个属性组成。主要实现代码如下所示。

```
CREATE TABLE ZHIGONG
(id CHAR(5),
Name CHAR(20),
Sex CHAR(1),
Age INT,
Dept CHAR(15));
```

上述代码中的 CHAR() 和 INT 是这些属性的数据类型。

(2) 修改表。

随着应用环境和应用需求的变化，有时需要修改已经建立好的表。其具体的语法格式如下所示。

```
ALTER TABLE<表名>
[ADD<新列名><数据类型>[完整性约束]]
[DROP<完整性约束名>]
[MODIFY<列名><数据类型>];
```

其中，<表名>是指要修改的表，ADD 子句实现向表内添加新列和新的完整性约束条件，DROP 子句用于删除指定的完整性约束条件，MODIFY 子句用于修改原有的列定义。

例如，通过下面的语句向 ZHIGONG 表增加了 Shijian 列，并设置数据类型为日期型。

```
ALTER TABLE ZHIGONG ADD shijian DATE;
```

(3) 删除表。

当删除某个不再需要的表时，可以使用 SQL 语句中的 DROP TABLE 进行删除。其具体的语法格式如下所示。

```
DROP TABLE<表名>;
```

例如，通过以下语句可以删除表 ZHIGONG

```
DROP TABLE ZHIGONG;
```

3. 索引操作

建立索引是加快表的查询速度的有效手段。读者可以根据个人需要在基本表上建立一个或多个索引，从而提高系统的查询效率。建立和删除索引是由数据库管理员或表的属主负责完成的。

智慧锦囊

在使用 DROP TABLE 命令时一定要小心，一旦一个表被删除之后，将无法恢复它。在建设一个站点时，很可能需要向数据库中输入测试数据。而当将这个站点退出时，需要清空表中的这些测试信息。如果你想清除表中的所有数据但不删除这个表，则可以使用 TRUNCATE TABLE 语句。例如，以下代码从表 mytable 中删除所有数据。

```
TRUNCATE TABLE mytable
```

---

(1) 建立索引。

在数据库中建立索引的语法格式如下所示。

```
CREATE [UNIQUE|FULLTEXT|SPATIAL] INDEX index_name
   [USING index_type]
   ON tbl_name (index_col_name,…)
   index_col_name:
   col_name [(length)] [ASC | DESC]
```

CREATE INDEX 被映射到一个 ALTER TABLE 语句上，用于创建索引。通常，当使用 CREATE TABLE 创建表时，同时在表中创建了所有的索引，CREATE INDEX 允许向已有的表中添加索引。

例如，通过以下语句为表 ZHIGONG 建立索引，按照职工号升序和姓名降序建立唯一索引。

```
CREATE UNIQUE index NO-Index ON ZHIGONG(ID ASC, NAME DESC);
```

(2) 删除索引。

通过 DROP 子句可以删除已经创建的索引，具体语法格式如下所示。

```
DROP INDEX<索引名>
```

14.1.2 数据操纵

SQL 的数据操纵功能包括 SELECT、INSERT、DELETE 和 UPDATE 共 4 个语句，即检索查询和更新两部分功能。在下面内容中，将分别介绍上述功能的实现。

1. SQL 查询语句

SQL 的意思是结构化查询语言，其主要功能是同各种数据库建立联系沟通。查询指的是对存储于 SQL 的数据的请求。查询要完成的任务是：将 SELECT 语句的结果集提供给用户。SELECT 语句从 SQL 中检索出数据，然后以一个或多个结果集的形式将其返回给用户。

SELECT 查询的基本语法结构如下所示：

```
SELECT[predicate]{*|table.*|[table.]]field [,[table.]field2[,...]}
[AS alias1 [,alias2[, …]]]
[INTO new_table_name]
FROM tableexpression [, …]
[WHERE…]
```

```
[GROUP BY…]
[ORDER BY…][ASC | DESC] ]
```

上述格式的具体说明如下所示。

- ➢　Predicate：指定返回记录(行)的数量，可选值有 ALL 和 TOP。
- ➢　*：指定表中所有字段(列)。
- ➢　table：指定表的名称。
- ➢　field：指定表中字段(列)的名称。
- ➢　[AS alias]：替代表中实际字段(列)名称的化名。
- ➢　[INTO new_table_name]：创建新表及名称。
- ➢　Tableexpression：表的名称。
- ➢　[GROUP BY…]：表示以该字段的值分组。
- ➢　[ORDER BY…]：表示按升序排列，降序选 DESC。

例如使用下面的代码可以获取表 ZHIGONG 内的所有职工信息。

```
SELECT *
FROM ZHIGONG;
```

通过如下代码选择获取表 ZHIGONG 内的部分职工信息。

```
SELECT id,Name
FROM ZHIGONG;
```

上述代码只是获取了职工表中的职工编号和姓名的职工信息。

使用下面的代码可以获取表 ZHIGONG 内 name 值为"红红"的信息。

```
SELECT *
FROM ZHIGONG
WHERE Name="红红";
```

上述代码获取职工表中姓名为"红红"的职工信息。

例如下面的代码可以获取表 users 内 age 值大于 30 的信息。

```
SELECT *
FROM users
WHERE Age>30
```

2. SQL 更新语句

SQL 的更新语句包括修改、删除和插入 3 类，接下来将分别介绍。

(1)　修改。

SQL 语句的修改语法格式如下所示。

```
UPDATE<表名> SET <列名> = <新列名>
WHERE <表达式>
```

例如，以下代码将表 ZHIGONG 内名为"红红"的职工年龄修改为 50 岁。

```
UPDATE ZHIGONG SET Age = '50'
WHERE Name = '红红'
```

同样，用 UPDATE 语句也可以同时更新多个字段，例如，以下代码将表 ZHIGONG 内名为"红红"的职工年龄修改为 50，所属部门修改为"化学"。

```
UPDATE ZHIGONG SET Age = '50',Dpt='化学'
WHERE Name = '红红'
```

(2) 删除。

SQL 语句的删除语法格式如下所示。

```
DELETE
FROM <表名>
WHERE <表达式>
```

例如，以下代码将表 ZHIGONG 内名为"红红"的职工信息删除。

```
DELETE ZHIGONG WHERE Name = '红红'
```

(3) 插入。

SQL 语句的插入新表语法格式如下所示。

```
INSERT INTO <表名>
VALUES (value1, value2,…)
```

插入一行数据在指定的字段上的语法格式如下所示。

```
INSERT INTO <表名> (column1, column2,…)
VALUES (value1, value2,…)
```

例如，通过以下代码向表 ZHIGONG 内插入名为"红红"、年龄为"20"的职工信息。

```
INSERT INTO ZHIGONG (Name, Age)
VALUES ('红红', '20')
```

 知识精讲

　　SQL 语言是数据库技术的核心内容之一，几乎所有的数据库操作都是基于 SQL 基础之上的。例如数据的添加、删除和修改等操作，都需要使用 SQL 来实现。由于本书篇幅所限，只是对 SQL 的基础知识进行了介绍。如果想要了解更深入的应用知识，可以在百度里进行搜索，例如查找关键字"SQL 语法"或"SQL 用法"，即可获得详细的信息。另外也可以参考相关辅助图书，了解 SQL 更加高级的用法。

14.2　JDBC 基础

　　JDBC 是 Java 连接数据库的一个工具，没有这个工具，Java 将没有办法连接数据库。在本节将简要介绍 JDBC 的基本知识，为读者学习本书后面的知识打下基础。

↑扫码看视频

14.2.1 JDBC API

JDBC 是个"低级"接口，也就是说，它用于直接调用 SQL 命令。在这方面它的功能极佳，数据库连接 API 易于使用，但它同时被设计为一种基础接口，在它之上可以建立高级接口和工具。高级接口是"对用户友好的"接口，它使用的是一种更易理解和更为方便的 API，这种 API 在幕后被转换为诸如 JDBC 这样的低级接口。

在关系数据库的"对象/关系"映射中，表中的每行对应于类的一个实例，而每列的值对应于该实例的一个属性。于是，程序员可直接对 Java 对象进行操作；存取数据所需的 SQL 调用将在"掩盖下"自动生成。此外还可提供更复杂的映射，如将多个表中的行结合进一个 Java 类中。

随着人们对 JDBC 的兴趣提高，越来越多的开发人员使用基于 JDBC 的工具，以使程序的编写更加容易。程序员也一直在编写力图使最终用户对数据库的访问变得更为简单的应用程序。例如应用程序可提供一个选择数据库任务的菜单。任务被选定后，应用程序将给出提示及空白填写执行选定任务所需的信息。所需信息输入应用程序将自动调用所需的 SQL 命令。在这样一种程序的协助下，即使用户根本不懂 SQL 的语法，也可以执行数据库任务。

14.2.2 JDBC 驱动类型

JDBC 是应用程序编程接口，描述了一套访问关系数据库的标准 Java 类库，并且还为数据库厂商提供了一个标准的体系结构，让厂商可以为自己的数据库产品提供 JDBC 驱动程序，这些驱动程序可以直接访问厂商的数据产品，从而提高 Java 程序访问数据库的效率，在 Java 程序设计中，JDBC 可以分为以下 4 种驱动。

(1) JDBC-ODBC 桥。

ODBC 是微软公司开放服务结构(WOSA，Windows Open Services Architecture)中有关数据库的一个组成部分，它建立了一组规范，并提供了一组对数据库访问的标准 API(应用程序编程接口)。这些 API 利用 SQL 来完成大部分任务。ODBC 本身也提供了对 SQL 语言的支持，用户可以直接将 SQL 语句送给 ODBC，因为 ODBC 推出的时间要比 JDBC 早，所以大部分数据库都支持通过 ODBC 来访问。SUN 公司提供了 JDBC-ODBC 这个驱动来支持像 Microsoft Access 之类的数据库，JDBC API 通过调用 JDBC-ODBC，JDBC-ODBC 调用 ODBC API 从而达到访问数据库的 ODBC 层，这种方式经过了多层，调用效率比较低，用这种方式访问数据库，需要客户的机器上具有 JDBC-ODBC 驱动、ODBC 驱动和相应的数据库的本地 API。

(2) 本地 API 驱动。

本地 API 驱动直接把 JDBC 调用转变为数据库的标准调用再去访问数据库，这种方法需要本地数据库驱动代码。本地 API 驱动比起 JDBC-ODBC 执行效率高，但是它仍然需要在客户端加载数据库厂商提供的代码库，这样就不适合基于 Internet 的应用。并且，其执行效率比起三代和四代的 JDBC 驱动还是不够高。

(3) 网络协议驱动。

这种驱动实际上是根据我们熟悉的三层结构建立的。JDBC 先把对数据库的访问请求传递给网络上的中间件服务器,中间件服务器再把请求翻译为符合数据库规范的调用,最后把这种调用传给数据库服务器。如果中间件服务器也是用 Java 开发的,那么在中间层也可以使用一代、二代 JDBC 驱动程序作为访问数据库的方法,由此构成了一个"网络协议驱动—中间件服务器—数据库 Server"的 3 层模型,由于这种驱动是基于 Server 的,所以它不需要在客户端加载数据库厂商提供的代码库。而且它在执行效率和可升级性方面是比较好的,因为大部分功能实现都在 Server 端,所以这种驱动可以设计得很小,可以非常快速地加载到内存中。但是这种驱动在中间件中仍然需要有配置数据库的驱动程序,并且由于多了一个中间层传递数据,它的执行效率还不是最高。

(4) 本地协议驱动。

这种驱动直接把 JDBC 调用转换为符合相关数据库系统规范的请求,由于四代驱动写的应用可以直接和数据库服务器通信,因此这种类型的驱动完全由 Java 实现。对于本地协议驱动的数据库 Server 来说,因为这种驱动不需要先把 JDBC 的调用传给 ODBC 或本地数据库接口或者是中间层服务器,所以它的执行效率是非常高的。而且它根本不需要在客户端或服务器端装载任何的软件或驱动,这种驱动程序可以动态地被下载,但是对于不同的数据库需要下载不同的驱动程序。

14.2.3 JDBC 的常用接口和类

JDBC 为我们提供了独立于数据库的统一 API 来执行 SQL 命令,JDBC API 由以下常用的接口和类组成。

(1) DriverManager。

DriverManager 是用于管理 JDBC 驱动的服务类。程序中使用该类的主要功能是获取 Connection 对象,在该类中包含以下方法。

public static Connection getConnection(String url,String user,String password)throws SQLException:该方法获得 url 对应数据库的连接。其中 **url** 表示数据库的地址,**user** 表示连接数据库的用户名,**password** 表示连接数据库的密码。

(2) Connection。

Connection 代表数据库连接对象,每个 Connection 代表一个物理连接会话。要想访问数据库,必须先获得数据库的连接。Connection 接口中的常用方法如下所示。

> Statement createStatement() throws SQLException:该方法用于创建一个 Statement 对象,封装 SQL 语句发送给数据库,通常用来执行不带参数的 SQL 语句。

> PreparedStatement prepareStatement (String sql) throws SQLException:该方法返回预编译的 Statement 对象,即将 SQL 语句提交到数据库进行预编译。

> CallableStatement prepareCall (String sql) throws SQLException:该方法返回 CallableStatement 对象,该对象用于调用存储过程。

上述 3 个方法都返回用于执行 SQL 语句的 Statement 对象,PreparedStatement、CallableStatement 是 Statement 的子类,只有获得了 Statement 之后才可执行 SQL 语句。除

此之外，在 Connection 中还有以下几个用于控制事务的方法。

> Savepoint setSavepoint()：创建一个保存点。
> Savepoint setSavepoint (String name)：以指定名字来创建一个保存点。
> void setTransactionIsolation (intlevel)：设置事务的隔离级别。
> void rollback()：回滚事务。
> void rollback (Savepoint savepoint)：将事务回滚到指定的保存点。
> void setAutoCommit (boolean autoCommit)：关闭自动提交，打开事务。
> void commit()：提交事务。

(3)　Statement。

Statement 是一个用于执行 SQL 语句的工具接口，该对象既可以用于执行 DDL、DCL 语句，也可用于执行 DML 语句，还可用于执行 SQL 查询。当执行 SQL 查询时，返回查询到的结果集。在 Statement 中的常用方法如下所示。

> ResultSet executeQuery (String sql) throws SQLException：该方法用于执行查询语句，并返回查询结果对应的 ResultSet 对象。该方法只能用于执行查询语句。
> int executeUpdate (String sql) throws SQLException：该方法用于执行 DML 语句，并返回受影响的行数；该方法也可用于执行 DDL，执行 DDL 将返回 0。
> boolean execute (String sql) throws SQLException：该方法可执行任何 SQL 语句。如果执行后第一个结果为 ResultSet 对象，则返回 true。如果执行后第一个结果为受影响的行数或没有任何结果，则返回 false。

(4)　PreparedStatement。

PreparedStatement 是一个预编译的 Statement 对象。PreparedStatement 是 Statement 的子接口，它允许数据库预编译 SQL 语句(这些 SQL 语句通常带有参数)，以后每次只改变 SQL 命令的参数，避免数据库每次都需要编译 SQL 语句，因此性能更好。和 Statement 相比，使用 PreparedStatement 执行 SQL 语句时，无须重新传入 SQL 语句，因为它已经预编译了 SQL 语句。但 PreparedStatement 需要为预编译的 SQL 语句传入参数值，所以 PreparedStatement 比 Statement 多了以下方法。

void setXxx (int parameterIndex, Xxx value)：该方法根据传入参数值的类型不同，需要使用不同的方法。传入的值根据索引传给 SQL 语句中指定位置的参数。

(5)　ResultSet。

ResultSet 是一个结果对象，该对象包含查询结果的方法，ResultSet 可以通过索引或列名来获得列中的数据。在 ResultSet 中的常用方法如下所示。

> void close()throws SQLException：释放 ResultSet 对象。
> boolean absolute (int row)：将结果集的记录指针移动到第 row 行，如果 row 是负数，则移动到倒数第几行。如果移动后的记录指针指向一条有效记录，则该方法返回 true。
> void beforeFirst()：将 ResultSet 的记录指针定位到首行之前，这是 ResultSet 结果集记录指针的初始状态——记录指针的起始位置位于第一行之前。
> boolean first()：将 ResultSet 的记录指针定位到首行。如果移动后的记录指针指向一条有效记录，则该方法返回 true。

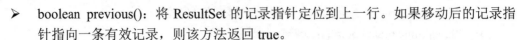

> ➢ boolean previous()：将 ResultSet 的记录指针定位到上一行。如果移动后的记录指针指向一条有效记录，则该方法返回 true。

> ➢ boolean next()：将 ResultSet 的记录指针定位到下一行，如果移动后的记录指针指向一条有效记录，则该方法返回 true。

> ➢ boolean last()：将 ResultSet 的记录指针定位到最后一行，如果移动后的记录指针指向一条有效记录，则该方法返回 true。

> ➢ void afterLast()：将 ResultSet 的记录指针定位到最后一行之后。

智慧锦囊

在 JDK 1.4 以前采用默认方法创建的 Statement 所查询到的 ResultSet 不支持 absolute、previous 等移动记录指针的方法，它只支持 next 这个移动记录指针的方法，即 ResultSet 的记录指针只能向下移动，而且每次只能移动一格。从 JDK 1.5 以后就避免了这个问题，程序采用默认方法创建的 Statement 所查询得到的 ResultSet 也支持 absolute、previous 等方法。

14.2.4　JDBC 编程步骤

JDBC 编程的基本步骤如下所示。

(1) 注册一个数据库驱动 driver，有以下 3 种注册数据库驱动程序的方式。

方式一：例如下面的代码。

```
Class.forName("oracle.jdbc.driver.OracleDriver");
```

在 Java 规范中明确规定：所有的驱动程序必须在静态初始化代码块中将驱动注册到驱动程序管理器中。

方式二：例如下面的代码。

```
Driver drv = new oracle.jdbc.driver.OracleDriver();
    DriverManager.registerDriver(drv);
```

方式三：编译时在虚拟机中加载驱动，例如下面的代码使用系统属性名加载驱动，-D 表示为系统属性赋值。

```
javac -D jdbc.drivers = oracle.jdbc.driver.OracleDriver xxx.java
java -D jdbc.drivers=驱动全名类名
```

MySQL 数据库 Driver(驱动)的全名是 com.mysql.jdbc.Driver。SQLServer 数据库 Driver(驱动)的全名是 com.microsoft.jdbc.sqlserver.SQLServerDriver。

(2) 建立连接。例如下面的代码使用了 Connection 接口，说明这是通过 DriverManager 的静态方法 getConnection(...)来得到的，这个方法的实质是把参数传到实际的 Driver 中的 connect()方法来获得数据库连接的。

```
conn=DriverManager.getConnection("jdbc:oracle:thin:@192.168.0.20:1521:
    tarena", "User", "Password");
```

(3) 获得一个 Statement 对象，例如下面的代码。

```
sta = conn.createStatement();
```

(4) 通过 Statement 执行 SQL 语句，例如下面的代码将 SQL 语句通过连接发送到数据库中执行，以实现对数据库的操作。

```
sta.executeQuery(String sql);        //返回一个查询结果集
sta.executeUpdate(String sql);       //返回值为 int 型，表示影响记录的条数
```

(5) 处理结果集。

使用 Connection 对象可以获得一个 Statement，Statement 中的 executeQuery(String sql) 方法可以使用 SELECT 语句查询，并且返回一个结果集，ResultSet 通过遍历这个结果集可以获得 SELECT 语句的查询结果。ResultSet 的 next()方法会操作一个游标从第一条记录的前面开始读取，直到最后一条记录。

方法 executeUpdate (String sql)用于执行 DDL 和 DML 语句，比如可以实现 update、delete 操作。只有执行 SELECT 语句才有结果集返回，例如下面的代码。

```
Statement str=con.createStatement();     //创建 Statement
String sql="insert into test(id,name) values(1, "+"'"+"test"+"'"+")";
str. executeUpdate(sql);                 //执行 SQL 语句
String sql="select * from test";
ResultSet rs=str. executeQuery(String sql);
                                 //执行 SQL 语句，执行 SELECT 语句后有结果集
while(rs.next()){                        //遍历处理结果集信息
      System.out.println(rs.getInt("id"));
      System.out.println(rs.getString("name"))
next()     //如果有下一条记录，返回 true，否则返回 false；有，则游标指向下一条记录
}
```

(6) 调用.close()方法关闭数据库连接并释放资源，例如下面的代码。

```
rs.close();                      //关闭结果集
sta.close();                     //关闭 Statement
con.close();                     //关闭数据库连接对象
```

上述编程过程如图 14-1 所示。

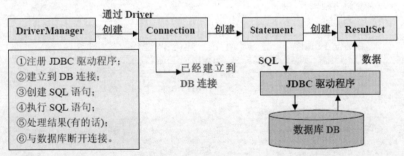

图 14-1 JDBC 编程过程

在上述编程过程中用到了多个方法，例如有以下 3 个用 Connection 创建 Statement 的方法。

➤ createStatement()：创建基本的 Statement 对象。

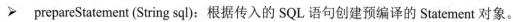

- ➤ prepareStatement (String sql)：根据传入的 SQL 语句创建预编译的 Statement 对象。
- ➤ prepareCall (String sql)：根据传入的 SQL 语句创建 CallableStatement 对象。

在使用 Statement 执行 SQL 语句时，所有 Statement 可以用以下 3 个方法来执行 SQL 语句。

- ➤ execute：可以执行任何 SQL 语句，但比较麻烦。
- ➤ executeUpdate：主要用于执行 DML 和 DDL 语句。执行 DML 返回受 SQL 语句影响的行数，执行 DDL 返回 0。
- ➤ executeQuery：只能执行查询语句，执行后返回代表查询结果的 ResultSet 对象。

在使用 ResultSet 对象取出查询结果时，可以通过以下两类方法实现。

- ➤ next、previous、first、last、beforeFirst、afterLast、absolute 等移动记录指针的方法。
- ➤ getXxx 获取记录指针指向行，特定列的值。该方法既可使用列索引作为参数，也可使用列名作为参数。使用列索引作为参数性能更好，使用列名作为参数可读性更好。

例如下面的代码演示了上述具体执行步骤，通过上述流程建立了和 MySQL 数据库的连接。

```java
import java.sql.DriverManager;
import java.sql.SQLException;
public class Jdbctest {
    public static void main(String[] args){
        query();
    }
    public static void query(){
        java.sql.Connection conn = null;
        try{
            Class.forName("com.mysql.jdbc.Driver");    //1.加载数据库驱动
            //2.获得数据库连接
            conn= DriverManager.getConnection("jdbc:mysql:
                //127.0.0.1:3306/jdbc_db","root","1234");
            String sql = "select * from UserTbl";       //3.创建语句
            java.sql.Statement stmt = conn.createStatement();
                    //返回一个执行 SQL 的句柄
            java.sql.ResultSet rs = stmt.executeQuery(sql);    //4.执行查询
            //5.遍历结果集
            while(rs.next()){
                int id = rs.getInt(1);
                String username = rs.getString(2);
                String password = rs.getString(3);
                int age = rs.getInt(4);
                System.out.println(id+username+password+age);
            }
        }catch(Exception e){
            e.printStackTrace();
        }finally{
            //6.关闭数据库连接
            if(conn!=null){
                try{
                    conn.close();
                }catch(SQLException e){
                    conn = null;
                    e.printStackTrace();
```

```
            }
          }
        }
      }
    }
```

　　需要说明的是，要想正确执行上述代码，需要在该工程里面加载连接数据库的 jar 包。根据不同的数据库选取不同的 jar 包，本例用的是 MySQL 数据库。当加载 MySQL 数据库的 jar 包后，Class.forName ("com.mysql.jdbc.Driver"); 语句执行，使程序确定使用的是 MySQL 数据库。

　　DriverManager 驱动程序管理器能够在数据库和相应驱动程序之间建立连接，通过 conn= DriverManager.getConnection ("jdbc:mysql://127.0.0.1/jdbc_db","root","1234");语句使程序连接到数据库上。

知识精讲

　　Connection 对象代表与数据库的连接，也就是在已经加载的 Driver 和数据库之间建立连接语句，在 getConnection 函数中有 3 个参数，分别是 url、user 和 password。Statement 提供在底层连接上运行的 SQL 语句，并且访问结果的功能。ResultSet 在 Statement 执行 SQL 语句时，有时会返回 ResultSet 结果集，包含的是查询的结果集。当我们创建 SQL 语句后，通过 Statement 来执行，并将结果通过 ResultSet 类型的 rs 连接上。然后遍历结果集，执行相应的操作。最后，执行完成对数据库的操作，要关闭数据库连接。

14.3　连接 Access 数据库

　　在 Java 开发应用中，最为常用的数据库工具是 Access、SQL Server、MySQL 和 Oracle。在本节将详细讲解 Java 连接 Access 数据库的基本知识，为读者学习本书后面的知识打下基础。

↑扫码看视频

14.3.1　Access 数据库介绍

　　Access 是微软 Office 工具中的一种数据库管理程序，可赋予更佳的用户体验，并且新增了导入、导出和处理 XML 数据文件等功能。

　　Access 适用于小型商务活动，用以存储和管理商务活动所需要的数据。Access 不仅是一个数据库，而且具有强大的数据管理功能，可以方便地利用各种数据源，生成窗体(表单)、查询、报表和应用程序等。利用 ASP 开发小型项目时，Access 往往是首先被考虑的数据库工具。它以操作简单、易学易用的特点而受到大多数用户的青睐。

14.3.2 连接本地 Access 数据库

在 JDK 1.6 以前的版本中，JDK 都内置了 Access 数据库的连接驱动。但是在 JDK 1.8 中不再包含 Access 桥接驱动，开发者需要单独下载 Access 驱动 jar 包(Access_JDBC30.jar)，而 JDK 1.1～JDK 1.6，包括 JDK 1.9 都是自带 Access 驱动的，不需要单独下载。在下面的内容中，将以 Access 2013 为例，介绍 Java 连接本机 Access 数据库的过程。

 实例 14-1：连接本地 Access 数据库
源码路径：daima\14\DBconnTest.java

(1) 在本机 H 盘的根目录中创建一个名为"book.accdb"的 Access 数据库，数据库的设计视图如图 14-2 所示。

图 14-2　Access 数据库的设计视图

(2) 将下载的 Access 驱动文件 Access_JDBC30.jar 放到 JDK 安装路径的 lib 目录中，修改本地机器的环境变量值，在环境变量 CLASSPATH 的值中加上这个 jar 包，将路径设置为驱动包的绝对路径，例如保存到 C:\ProgramFiles\Java\jre1.8.0_65\lib\Access_JDBC30.jar 目录，添加完后需要重启电脑，然后就可以连接了。

(3) 也可以将下载的 Access 驱动文件 Access_JDBC30.jar 放到项目文件中，然后在 Eclipse 中右击 Access_JDBC30.jar，在弹出的快捷菜单中依次选择 Build Path→Add to Build Path 命令，将此驱动文件加载到项目中，如图 14-3 所示。

图 14-3　加载 Access 驱动文件到项目

(4) 编写测试文件 DBconnTest.java，主要实现代码如下所示。

```java
import java.sql.*;
public class DBconnTest {
```

```java
public static void main(String args[]) {
    //步骤 1: 加载驱动程序
    String sDriver="com.hxtt.sql.access.AccessDriver";
    try{
        Class.forName(sDriver);    //这是固定语法
    }
    catch(Exception e){              //如果无法加载驱动程序则输出提示
        System.out.println("无法加载驱动程序");
        return;
    }
    System.out.println("步骤 1: 加载驱动程序——成功! "); //加载成功时的提示
    Connection dbCon=null;
    Statement stmt=null;
    String sCon = "jdbc:Access:///h:/book.mdb";    //本地 Access 数据库的地址
    try{
        dbCon=DriverManager.getConnection(sCon);
        if(dbCon!=null){
            System.out.println("步骤 2: 连接数据库——成功! ");
        }
        //步骤 3: 建立 JDBC 的 Statement 对象
        stmt=dbCon.createStatement();
        if(stmt!=null){
            System.out.println("步骤 3: 建立 JDBC 的 Statement 对象——成功!");
        }
    }
    catch(SQLException e){
        System.out.println("连接错误: "+sCon);
        System.out.println(e.getMessage());
        if(dbCon!=null){
            try{
                dbCon.close();
            }
            catch(SQLException e2){}
        }
        return;
    }
    try{//执行数据库查询, 返回结果
        String sSQL="SELECT * "+" FROM bookindex";
            //查询数据库中 bookindex 表的信息
        ResultSet rs=stmt.executeQuery(sSQL);
        while(rs.next()){
            System.out.print(rs.getString("BookID")+" ");
                //查询 bookindex 表中 BookID 的信息
            System.out.print(rs.getString("BookTitle")+" ");
                //查询 bookindex 表中 BookTitle 的信息
            System.out.print(rs.getString("BookAuthor"));
                //查询 bookindex 表中 BookAuthor 的信息
            System.out.println(" " +rs.getFloat("BookPrice"));
                //查询 bookindex 表中 BookPrice 的信息
        }
    }
    catch(SQLException e){
        System.out.println(e.getMessage());
    }
    finally{
        try{
            //关闭步骤 3 所开启的 statement 对象
```

```
        stmt.close();
        System.out.println("关闭 statement 对象");
    }
    catch(SQLException e){}
    try{
        //关闭步骤 3 所开启的 statement 对象
        dbCon.close();
        System.out.println("关闭数据库连接对象");
    }
    catch(SQLException e){}
    }
    }
}
```

执行后将显示查询过程和查询结果，执行效果如图 14-4 所示。

步骤1: 加载驱动程序——成功!
步骤2: 连接数据库——成功!
步骤3: 建立JDBC的Statement对象——成功!
1   Java开发从入门到精通 扶松柏 59.8
2   C语言开发从入门到精通 老关 55.0
3   算法从入门到精通 老张 69.0
关闭statement对象
关闭数据库连接对象

图 14-4　执行效果

14.4　实践案例与上机指导

　　通过本章的学习，读者基本可以掌握 Java 语言操作数据库的知识。其实 Java 语言操作数据库的知识还有很多，这需要读者通过课外渠道来加深学习。下面通过练习操作，以达到巩固学习、拓展提高的目的。

↑扫码看视频

14.4.1　下载并安装 SQL Sever 2016 驱动

　　要想使用 Java 语言连接 SQL Server 2016 数据库，需要下载并配置对应的 JDBC 驱动程序，具体操作流程如下所示。

　　(1)　登录微软官网 https://www.microsoft.com/en-us/download/details.aspx?id=11774，单击右边的 Download 按钮，如图 14-5 所示。

　　(2)　在弹出的页面中选中 enu\sqljdbc_6.0.8112.100_enu.tar.gz 复选框，然后单击右下角的 Next 按钮，如图 14-6 所示。

图 14-5　微软 SQL Server 2016 数据库的 JDBC 驱动下载页面

图 14-6　下载 sqljdbc_6.0.8112.100_enu.tar.gz

（3）在弹出的页面中会下载驱动文件 sqljdbc_6.0.8112.100_enu.tar.gz，接下来解压这个文件，将里面的文件 sqljdbc42.jar 添加到 Eclipse 的 Java 项目中。具体方法是：在 Eclipse 中右击 sqljdbc42.jar，在弹出的快捷菜单中依次选择 Build Path→Add to Build Path 命令，将此驱动文件加载到项目中，如图 14-7 所示。

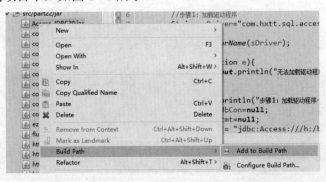

图 14-7　加载驱动文件 sqljdbc42.jar 到项目

14.4.2 测试和 SQL Server 数据库的连接

实例 14-2: 连接 SQL Server 数据库
源码路径:daima\14\SQLuse.java

(1) 使用 Eclipse 新建一个 Java 工程,然后将驱动文件 sqljdbc42.jar 加载到项目中。

(2) 在 SQL Server 2016 数据库中新建一个名为"display"的空数据库,如图 14-8 所示。

(3) 打开 SQL Server 的配置管理器,然后依次单击左侧的"SQL Server 网络配置"\"MSSQLSERVER 的协议"选项,在右侧确保"TCP/IP"选项处于"已启用"状态,如图 14-9 所示。

图 14-8　SQL Server 2016 数据库　　　图 14-9　TCP/IP 选项处于"已启用"状态

(4) 右击面板中的 TCP/IP 选项,在弹出的快捷菜单中选择"属性"命令,弹出"TCP/IP 属性"对话框,如图 14-10 所示。

(5) 切换到"IP 地址"选项卡,可以查看当前 SQL Server 2016 数据库的两个重要的本地连接参数,其中 TCP 参数表示端口号,笔者的机器是 1433。IP Address 参数表示本地服务器的地址,笔者的机器是 127.0.0.1,如图 14-11 所示。

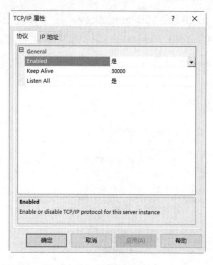
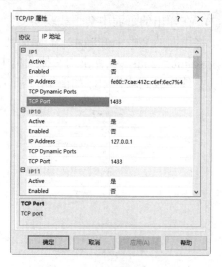

图 14-10　"TCP/IP 属性"对话框　　　图 14-11　"IP 地址"选项卡

(6) 开始编写测试文件 SQLuse.java，主要实现代码如下所示。

```java
public static void main(String [] args){
  String driverName="com.microsoft.sqlserver.jdbc.SQLServerDriver";
  String dbURL="jdbc:sqlserver://127.0.0.1:1433;DatabaseName=display";
  String userName="sa";
  String userPwd="66688888";
  try{
   Class.forName(driverName);
   DriverManager.getConnection(dbURL,userName,userPwd);
    System.out.println("连接数据库成功");
  }
  catch(Exception e){
   e.printStackTrace();
   System.out.print("连接失败");
  }
 }
}
```

执行后的效果如图 14-12 所示。

图 14-12 执行效果

14.5 思考与练习

本章详细讲解了在 Java 语言中实现数据库操作的知识，并且通过具体实例介绍了开发数据库程序的方法。通过本章的学习，读者应该熟悉数据库操作技术，掌握它们的使用方法和技巧。

1. 选择题

(1) 可以使用下面的语句( )建立一个名为 "manage" 的数据库。

A．CREATE DATABASE manage;

B．ALTER DATABASE manage

C．SELECT DATABASE manage

(2) 下面的方法( )能够获得制定 URL 地址数据库的连接。

A．getConnection() B．Connection() C．createStatement()

2. 判断题

(1) Statement 是一个用于执行 SQL 语句的工具接口，该对象既可以用于执行 DDL、DCL 语句，也可用于执行 DML 语句，还可用于执行 SQL 查询。 ( )

(2) ResultSet 是一个结果对象，该对象包含查询结果的方法，ResultSet 可以通过索引

或列名来获得列中的数据。　　　　　　　　　　　　　　　　　　　　　(　　)

　　3. 上机练习

　　(1) 使用 executeUpdate 创建数据表。
　　(2) 使用 insert 语句插入记录。

第15章

使用多线程

本章主要内容

在本书前面讲解的程序都是单线程程序,那么究竟什么是多线程呢?当一个程序需要同时处理多项任务的时候,就需要多线程开发。如果一个程序在同一时间只能做一件事情时,功能会显得过于简单,肯定无法满足现实的需求。能够同时处理多个任务的程序功能会更加强大,更能满足现实生活中需求多变的情况。Java 作为一门面向对象的语言,支持多线程开发功能。在本章将详细讲解多线程的基本知识,并讲解进程类 Process 的基本用法。

15.1 线 程 基 础

线程是程序运行的基本执行单元。当操作系统(不包括单线程的操作系统，如微软早期的 DOS)在执行一个程序时，会在系统中建立一个进程，而在这个进程中，必须至少建立一个线程(这个线程被称为主线程)作为这个程序运行的入口点。因此，在操作系统中运行的任何程序都至少有一个主线程。

↑扫码看视频

15.1.1 线程和进程概述

线程和进程是现代操作系统中两个必不可少的运行模型。在操作系统中可以有多个进程，这些进程包括系统进程(由操作系统内部建立的进程)和用户进程(由用户程序建立的进程)；一个进程中可以有一个或多个线程。进程和进程之间不共享内存，也就是说系统中的进程是在各自独立的内存空间中运行的。而一个进程中的线程可以共享系统分派给这个进程的内存空间。

线程不仅可以共享进程的内存，而且拥有一个属于自己的内存空间，这段内存空间也叫做线程栈，是在建立线程时由系统分配的，主要用来保存线程内部所使用的数据，如线程执行函数中所定义的变量。

在操作系统中将进程分成多个线程后，这些线程可以在操作系统的管理下并发执行，从而大大提高了程序的运行效率。虽然线程的执行从宏观上看是多个线程同时执行，但实际上这只是操作系统的障眼法。由于一块 CPU 只能执行一条指令，因此，在拥有一块 CPU 的计算机上不可能同时执行两个任务。而操作系统为了能提高程序的运行效率，在一个线程空闲时会撤下这个线程，并且会让其他的线程来执行，这种方式叫做线程调度。我们之所以从表面上看是多个线程同时执行，是因为不同线程之间切换的时间非常短，而且在一般情况下切换非常频繁。假设我们有线程 A 和 B 在运行，可能是 A 执行了 1 毫秒后，切换到 B 后，B 又执行了 1 毫秒，然后又切换到了 A，A 又执行 1 毫秒。由于 1 毫秒的时间对于普通人来说是很难感知的，因此，从表面看上去就像 A 和 B 同时执行一样，但实际上 A 和 B 是交替执行的。

15.1.2 线程带来的意义

如果能合理地使用线程，将会减少开发和维护成本，甚至可以改善复杂应用程序的性能。如在 GUI 应用程序中，还可以通过线程的异步特性来更好地处理事件；在应用服务器程序中可以通过建立多个线程来处理客户端的请求。线程甚至还可以简化虚拟机的实现，如 Java 虚拟机(JVM)的垃圾回收器(Garbage Collector)通常运行在一个或多个线程中。通过

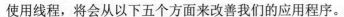

使用线程，将会从以下五个方面来改善我们的应用程序。

(1) 充分利用 CPU 资源。

现在世界上大多数计算机只有一块 CPU，所以充分利用 CPU 资源显得尤为重要。当执行单线程程序时，在程序发生阻塞时 CPU 可能会处于空闲状态，这将造成大量的计算资源的浪费。而在程序中使用多线程可以在某一个线程处于休眠或阻塞时，而 CPU 又恰好处于空闲状态时来运行其他的线程。这样 CPU 就很难有空闲的时候。因此，CPU 资源就得到了充分的利用。

(2) 简化编程模型。

如果程序只完成一项任务，那只要写一个单线程的程序，并且按照执行这个任务的步骤编写代码即可。但要完成多项任务，如果还使用单线程的话，那就得在程序中判断每项任务是否应该执行以及什么时候执行。如显示一个时钟的时、分、秒 3 个指针。使用单线程就得在循环中逐一判断这 3 个指针的转动时间和角度。如果使用 3 个线程分别来处理这 3 个指针的显示，那么对于每个线程来说就是执行一个单独的任务。这样有助于开发人员对程序的理解和维护。

(3) 简化异步事件的处理。

当一个服务器应用程序在接收不同的客户端连接时最简单的处理方法就是为每一个客户端连接建立一个线程。然后监听线程仍然负责监听来自客户端的请求。如果这种应用程序采用单线程来处理，当监听线程接收到一个客户端请求后，开始读取客户端发来的数据，在读完数据后，read()方法处于阻塞状态，也就是说，这个线程将无法再监听客户端请求了。而要想在单线程中处理多个客户端请求，就必须使用非阻塞的 Socket 连接和异步 I/O。但使用异步 I/O 方式比使用同步 I/O 更难以控制，也更容易出错。因此使用多线程和同步 I/O 可以更容易地处理类似于多请求的异步事件。

(4) 使 GUI 更有效率。

使用单线程来处理 GUI 事件时，必须使用循环来对随时可能发生的 GUI 事件进行扫描，在循环内部除了扫描 GUI 事件外，还得执行其他的程序代码。如果这些代码太长，那么 GUI 事件就会被"冻结"，直到这些代码被执行完为止。

在当前 GUI 框架(如 Swing、AWT、SWT 和 JavaFX)中都使用了一个单独的事件分派线程(Event Dispatch Thread，EDT)来对 GUI 事件进行扫描。当我们单击一个按钮时，按钮的单击事件函数会在这个事件分派线程中被调用。由于 EDT 的任务只是对 GUI 事件进行扫描，因此，这种方式对事件的反应是非常快的。

(5) 提高程序的执行效率。

在计算机领域中，一般有以下 3 种方法来提高程序的执行效率。

➢　增加计算机的 CPU 个数。

➢　为一个程序启动多个线程。

➢　在程序中使用多线程。

在上述方法中，第一种方法是最容易做到的，但也是最昂贵的。这种方法不需要修改程序，从理论上说，任何程序都可以使用这种方法来提高执行效率。第二种方法虽然不用购买新的硬件，但这种方式不容易共享数据，如果这个程序要完成的任务必须要共享数据的话，这种方式就不太方便，而且启动多个线程会消耗大量的系统资源。第三种方法恰好弥补了第一种方法的缺点，而又继承了它们的优点。也就是说，既不需要购买 CPU，也不会因为启太多的线程而占用大量的系统资源(在默认情况下，一个线程所占的内存空间要远比一个进程所占的内存空间小得多)，并且多线程可以模拟多块 CPU 的运行方式，因此，使用多线程是提高程序执行效率的最廉价的方式。

15.1.3　Java 的线程模型

由于 Java 是纯面向对象语言，所以 Java 的线程模型也是面向对象的。Java 通过 Thread 类将线程所必须的功能都封装起来。要想建立一个线程，必须要有一个线程执行函数，这个线程执行函数对应 Thread 类的 run()方法。Thread 类还有一个 start()方法，这个方法负责建立线程，相当于调用 Windows 的建立线程函数 CreateThread()。当调用 start()方法后，如果线程建立成功，则自动调用 Thread 类的 run()方法。因此，任何继承 Thread 的 Java 类都可以通过 Thread 类中的 start()方法来建立线程。如果想运行自己的线程执行函数，那就要覆盖 Thread 类的 run()方法。

在 Java 的线程模型中，除了 Thread 类之外，还有一个标识某个 Java 类是否可作为线程类的接口 Runnable，此接口只有一个抽象方法 run()，也就是 Java 线程模型的线程执行函数。因此，一个线程类的唯一标准就是这个类是否实现了 Runnable 接口的 run()方法，也就是说，拥有线程执行函数的类就是线程类。

从上面可以看出，在 Java 中建立线程有两种方法，一种是继承 Thread 类，另一种是实现 Runnable 接口，并通过 Thread 和实现 Runnable 的类来建立线程，其实这两种方法从本质上说是一种方法，即都是通过 Thread 类来建立线程，并运行 run 方法的。但它们的大区别是通过继承 Thread 类来建立线程，虽然实现起来更容易，但由于 Java 不支持多继承，这个线程类如果继承了 Thread，就不能再继承其他的类了，因此，Java 线程模型提供了通过实现 Runnable 接口的方法来建立线程，这样线程类可以在必要的时候继承和业务有关的类，而不是 Thread 类。

15.2　创 建 线 程

Java 语言使用类 Thread 代表线程，所有的线程对象都必须是 Thread 类或其子类的实例。每条线程的作用是完成一定的任务，实际上就是执行一段程序流(一段顺序执行的代码)。Java 使用方法 run()来封装这样一段程序流。

↑扫码看视频

15.2.1　使用 Thread 类创建线程

因为在使用 Runnable 接口创建线程时需要先建立一个 Thread 实例，所以无论是通过

Thread 类还是 Runnable 接口建立线程，都必须建立 Thread 类或它的子类的实例。类 Thread 的构造方法被重载了 8 次，构造方法如下所示。

```
public Thread( );
public Thread(Runnable target);
public Thread(String name);
public Thread(Runnable target, String name);
public Thread(ThreadGroup group, Runnable target);
public Thread(ThreadGroup group, String name);
public Thread(ThreadGroup group, Runnable target, String name);
public Thread(ThreadGroup group, Runnable target, String name, long
  stackSize);
```

上述构造方法中各个参数的具体说明如下所示。

➤ Runnable target：实现了 Runnable 接口的类的实例。在此需要注意的是，类 Thread 也实现了 Runnable 接口，因此从 Thread 类继承的类的实例也可以作为 target 传入这个构造方法。

➤ String name：线程的名字，此名字可以在建立 Thread 实例后通过 Thread 类的 setName 方法设置。如果不设置线程的名字，线程就使用默认的线程名：Thread-N，N 是线程建立的顺序，是一个不重复的正整数。

➤ ThreadGroup group：当前建立的线程所属的线程组。如果不指定线程组，所有的线程都被放到一个默认的线程组中。关于线程组的细节将在后面的章节详细讨论。

➤ long stackSize：线程栈的大小，这个值一般是 CPU 页面的整数倍。例如 x86 平台下，默认的线程栈大小是 12KB。

一个普通的 Java 类只要从 Thread 类继承，就可以成为一个线程类，并可通过 Thread 类的 start()方法来执行线程代码。虽然 Thread 类的子类可以直接实例化，但在子类中必须要覆盖 Thread 类的 run()方法才能真正运行线程的代码。例如在下面的实例中，演示了使用类 Thread 创建线程的过程。

 实例 15-1：使用类 Thread 创建线程

源码路径：daima\15\Thread1.java

实例文件 Thread1.java 的主要实现代码如下所示。

```
01 package mythread;
02
03  public class Thread1 extends Thread
04  {
05    public void run()
06    {
07      System.out.println(this.getName());
08    }
09    public static void main(String[] args)
10    {
11      System.out.println(Thread.currentThread().getName());
12      Thread1 thread1 = new Thread1();
13      Thread1 thread2 = new Thread1 ();
14      thread1.start();
15      thread2.start();
16    }
17 }
```

在上述代码中建立了 thread1 和 thread2 两个线程,第 05 行至第 08 行是 Thread1 类的 run() 方法,当在第 14 行和第 15 行调用 start()方法时,系统会自动调用 run()方法。在第 07 行使用 this.getName()输出了当前线程的名字,由于在建立线程时并未指定线程名,因此所输出的线程名是系统的默认值,也就是 Thread-n 的形式。在第 11 行输出了主线程的线程名。上述代码执行后的效果如图 15-1 所示。从执行效果可以看出,第一行输出的 main 是主线程的名字。后面的 Thread-1 和 Thread-2 分别是 thread1 和 thread2 的输出结果。

```
main
Thread-0
Thread-1
```

图 15-1　执行效果

 智慧锦囊

任何一个 Java 程序都必须有一个主线程。一般这个主线程的名字为 main。只有在程序中建立另外的线程,才能算是真正的多线程程序。也就是说,多线程程序必须拥有一个以上的线程。

类 Thread 有一个重载构造方法可以设置线程名。除了使用构造方法在建立线程时设置线程名,还可以使用 Thread 类的 setName 方法修改线程名。要想通过 Thread 类的构造方法来设置线程名,必须在 Thread 的子类中使用 Thread 类的构造方法 public Thread(String name),因此,必须在 Thread 的子类中也添加一个用于传入线程名的构造方法。例如在下面的实例中,演示了设置线程名的过程。

实例 15-2:使用类 Thread 设置线程名
源码路径:daima\15\Thread2.java

实例文件 Thread2.java 的主要实现代码如下所示。

```
01  package mythread;
02
03  public class Thread2 extends Thread
04  {
05  private String who;
06
07    public void run()
08    {
09      System.out.println(who + ":" + this.getName());
10    }
11    public Thread2(String who)
12    {
13      super();
14      this.who = who;
15    }
16    public Thread2(String who, String name)
17    {
18      super(name);
19      this.who = who;
```

```
20    }
21    public static void main(String[] args)
22    {
23      Thread2 thread1 = new Thread2 ("thread1", "MyThread1");
24      Thread2 thread2 = new Thread2 ("thread2");
25      Thread2 thread3 = new Thread2 ("thread3");
26      thread2.setName("MyThread2");
27      thread1.start();
28      thread2.start();
29      thread3.start();
30    }
31 }
```

在上述代码中有以下两个构造方法。

➤ 第 11 行 public Thread2(String who)：此构造方法有一个参数，即 who。这个参数用来标识当前建立的线程。在这个构造方法中仍然调用 Thread 的默认构造方法 public Thread()。

➤ 第 16 行 Thread2(String who, String name)：此构造方法中的 who 和第一个构造方法的 who 的含义一样，而 name 参数就是线程名。在这个构造方法中调用了 Thread 类的 public Thread(String name)构造方法，也就是第 18 行的 super(name)。

在方法 main()中建立了 thread1、thread2 和 thread3 三个线程，其中 thread1 通过构造方法来设置线程名，thread2 通过 setName 方法来修改线程名，thread3 未设置线程名。执行后的效果如图 15-2 所示。

```
thread1:MyThread1
thread3:Thread-1
thread2:MyThread2
```

图 15-2　执行效果

从上述执行效果可以看出，thread1 和 thread2 的线程名都已经修改了，而 thread3 的线程名仍然为默认值：Thread-2。thread3 的线程名之所以不是 Thread-1，而是 Thread-2，这是因为在第 24 行建立 thread2 时已经将 Thread-1 占用了，因此，在第 25 行建立 thread3 时就将 thread3 的线程名设为 Thread-2。然后在第 26 行又将 thread2 的线程名修改为 MyThread2。因此就会得到上面的输出结果。

15.2.2　使用 Runnable 接口创建线程

在实现 Runnable 接口的类时，必须使用类 Thread 的实例才能创建线程。使用接口 Runnable 创建线程的过程分为以下两个步骤。

(1) 将实现 Runnable 接口的类实例化。

(2) 建立一个 Thread 对象，并将第一步实例化后的对象作为参数传入 Thread 类的构造方法，最后通过 Thread 类的 start()方法建立线程。

 实例 15-3：使用 Thread 创建线程
源码路径：daima\15\yongThread.java

实例文件 yongThread.java 的主要代码如下所示。

```
//通过继承 Thread 类来创建线程类
public class yongThread extends Thread{
    private int i ;
    //重写 run()方法，run()方法的方法体就是线程执行体
    public void run(){
        for ( ; i < 100 ; i++ ){
        //当线程类继承 Thread 类时，可以直接调用 getName()方法来返回当前线程的名
        //如果想获取当前线程，直接使用 this 即可
        //Thread 对象的 getName 返回当前该线程的名字
         System.out.println(getName() + " " + i);
        }
    }
    public static void main(String[] args) {
        for (int i = 0; i < 100;  i++){
            //调用 Thread 的 currentThread 方法获取当前线程
            System.out.println(Thread.currentThread().getName() + " " + i);
            if (i == 20){
                new yongThread().start();    //创建并启动第一条线程
                new yongThread().start();    //创建并启动第二条线程
              }
          }
      }
}
```

执行后的效果如图 15-3 所示。

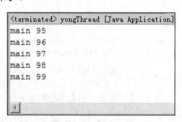

图 15-3   执行效果

在上述实例代码中，类 yongThread 继承了 Thread 类，并实现了 run()方法。在该 run()方法里的代码执行流是该线程所需要完成的任务。程序的主方法也包含了一个循环，当循环变量 i=20 时创建并启动两条新线程。虽然代码中只是显式地创建并启动了两条线程，但实际上程序至少有 3 条线程：程序显式地创建的两个子线程和主线程。当 Java 程序开始运行后，程序至少会创建一条主线程，主线程的线程执行体不是由 run()方法来确定的，而是由 main()方法来确定的，main()方法的方法体代表主线程的线程执行体。另外在上述代码中还用到了线程中的以下两个方法。

➢ Thread.currentThread()：currentThread 是 Thread 类的静态方法，该方法总是返回当前正在执行的线程对象。

➢ getName()：该方法是 Thread 的实例方法，该方法返回调用该方法的线程的名字。

15.2.3   使用 Thread.onSpinWait()方法实现循环等待

在 Java 9 版本的类 Thread 中新增了 onSpinWait()方法，功能是在循环中等待某个条件的发生。当这个条件为真时，暂停当前的线程操作。例如在下面的实例中，演示了使用

onSpinWait()方法的过程。

 实例 15-4：使用 onSpinWait()方法
源码路径：daima\15\HelloJDK9.java

实例文件 HelloJDK9.java 的主要实现代码如下所示。

```java
public class HelloJDK9 {
    volatile boolean eventNotificationNotReceived = true;
        //使用关键字 volatile 定义循环条件的标记
    public void setEventNotificationNotReceived(boolean
        eventNotificationNotReceived) {
        this.eventNotificationNotReceived = eventNotificationNotReceived;
    }
    public static void main(String[] args) {
        HelloJDK9 helloJDK9 = new HelloJDK9();   //新建对象实例
        new Thread() {                            //新建线程
            @Override
            public void run() {
                System.out.println("线程一开始等待线程二的指令");//输出文本提示
                int num=0;                        //变量 num 初始化
                while (helloJDK9.eventNotificationNotReceived) {
                    //while 循环语句
                    num++;                        //num 递增加 1
                    Thread.onSpinWait();          //调用方法 onSpinWait()
                }
                System.out.println("线程一收到线程二的指令");
            }
        };
        new Thread() {                            //新建线程
            @Override
            public void run() {
                try {
                    System.out.println("线程二等待 1 秒");
                    sleep(1000);                  //设置第二个线程等待 1 秒

                    helloJDK9.setEventNotificationNotReceived(false);
                        //将循环标记设置为 false
                    System.out.println("线程二发出指令");    //输出文本提示
                } catch (InterruptedException e) {
                    e.printStackTrace();
                }
            }
        };
    }
}
```

在上述代码中，首先运行第一个线程，当 eventNotificationNotReceived 的值为 true 时暂停第一个线程，而去运行第二个线程。在运行第二个线程时，设置运行第二个线程后等待 1 秒钟，并统计线程运行多少次。本实例执行后会输出：

```
线程一开始等待线程二的指令
线程二等待 1 秒
线程二发出指令
线程一收到线程二的指令,num=102297173
```

15.3 线程的生命周期

线程要经历开始(等待)、运行、挂起和停止 4 种不同的状态，这 4 种状态都可以通过 Thread 类中的方法进行控制。在本节的内容中，将详细讲解 Java 线程生命周期的知识，为读者步入本书后面知识的学习打下基础。

↑扫码看视频

15.3.1 创建并运行线程

线程在建立后并不马上执行 run 方法中的代码，而是处于等待状态。线程处于等待状态时，可以通过 Thread 类的方法来设置线程的各种属性，如线程的优先级(setPriority)、线程名(setName)和线程的类型(setDaemon)等。

当调用 start()方法后，线程开始执行 run()方法中的代码。线程进入运行状态。可以通过 Thread 类的 isAlive()方法来判断线程是否处于运行状态。当线程处于运行状态时，isAlive 返回 true，当 isAlive 返回 false 时，可能线程处于等待状态，也可能处于停止状态。

例如下面的实例演示了线程的创建、运行和停止 3 个状态之间的切换过程，并输出了相应的 isAlive 返回值。

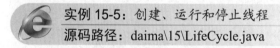

实例 15-5：创建、运行和停止线程

源码路径：daima\15\LifeCycle.java

实例文件 LifeCycle.java 的主要实现代码如下所示。

```java
public class LifeCycle extends Thread{
  public void run(){
    int n = 0;
    while ((++n) < 1000);
  }
  public static void main(String[] args) throws Exception{
    LifeCycle thread1 = new LifeCycle();
    System.out.println("isAlive: " + thread1.isAlive());
    thread1.start();
    System.out.println("isAlive: " + thread1.isAlive());
    thread1.join();                        //等线程 thread1 结束后再继续执行
    System.out.println("thread1 已经结束!");
    System.out.println("isAlive: " + thread1.isAlive());
  }
}
```

在上述代码中使用了 join()方法，此方法的主要功能是保证线程的 run()方法完成后程序才继续运行，这个方法将在后面介绍。本实例执行后的效果如图 15-4 所示。

```
isAlive: false
isAlive: true
thread1已经结束！
isAlive: false
```

图 15-4 执行效果

15.3.2 挂起和唤醒线程

一旦线程开始执行 run()方法，就会一直到 run()方法执行完成线程才退出。但在线程执行的过程中，可以通过两个方法使线程暂时停止执行。这两个方法是 suspend()和 sleep()。在使用 suspend 挂起线程后，可以通过 resume()方法唤醒线程。而使用 sleep 使线程休眠后，只能在设定的时间后使线程处于就绪状态(在线程休眠结束后，线程不一定会马上执行，只是进入了就绪状态，等待着系统进行调度)。

智慧锦囊

虽然使用方法 suspend()和 resume()可以很方便地使线程挂起和唤醒，但由于使用这两个方法可能会造成一些不可预料的事情发生，因此，这两个方法被标识为 deprecated(抗议)标记，这表明在以后的 JDK 版本中这两个方法可能被删除，所以尽量不要使用这两个方法来操作线程。

例如在下面的实例中，演示了使用 sleep()、suspend()和 resume()这 3 个方法的过程。

实例 15-6：使用方法 sleep()、suspend()和 resume()
源码路径：daima\15\MyThread.java

实例文件 MyThread.java 的主要实现代码如下所示。

```java
public class MyThread extends Thread{
    int i = 0;
    //重写run方法,run方法的方法体就是现场执行体
    public void run(){
        for(;i<10;i++){              //如果i小于10就循环递增1输出i的值
        System.out.println(getName()+"  "+i);

        }
    }
    public static void main(String[] args){
        for(int i = 0;i< 10;i++){          //如果i小于10就循环递增1
            System.out.println(Thread.currentThread().getName()+"  : "+i);
            //输出线程名
            if(i==2) {                     //如果i整除2，则通过下面的代码重新开启线程
                new MyThread().start();
                new MyThread().start();
            }
        }
    }
}
```

执行效果如图 15-5 所示。

```
main  : 0
main  : 1
main  : 2
main  : 3
main  : 4
Thread-0  0
main  : 5
Thread-0  1
Thread-0  2
main  : 6
Thread-0  3
Thread-0  4
main  : 7
Thread-0  5
Thread-1  0
Thread-0  6
main  : 8
Thread-0  7
Thread-1  1
Thread-0  8
main  : 9
Thread-0  9
Thread-1  2
Thread-1  3
Thread-1  4
Thread-1  5
Thread-1  6
Thread-1  7
Thread-1  8
Thread-1  9
```

图 15-5 执行效果

15.3.3 终止线程的 3 种方法

在 Java 程序中，可以通过以下 3 种方法终止线程。

➤ 　使用退出标志，使线程正常退出，也就是当 run()方法完成后线程终止。

➤ 　使用 stop()方法强行终止线程(这个方法不推荐使用，因为 stop()和 suspend()、resume()一样，也可能发生不可预料的结果)。

➤ 　使用 interrupt 方法中断线程。

在接下来的内容中，将详细讲解上述 3 种方法的基本知识。

1. 使用退出标志终止线程

当执行 run()方法完毕后，线程就会退出。但有时 run()方法是永远不会结束的。如在服务端程序中使用线程进行监听客户端请求，或是其他的需要循环处理的任务。在这种情况下，一般是将这些任务放在一个循环中，如 while 循环。如果想让循环永远运行下去，可以使用 while (true){...}来处理。但要想使 while 循环在某一特定条件下退出，最直接的方法就是设一个 boolean 类型的标志，并通过设置这个标志为 true 或 false 来控制 while 循环是否退出。例如下面的实例使用退出标志终止了线程。

实例 15-7：使用退出标志终止线程

源码路径：daima\15\ThreadFlag.java

实例文件 ThreadFlag.java 的主要实现代码如下所示。

```java
public class ThreadFlag extends Thread{
  public volatile boolean exit = false;
  public void run(){
    while (!exit);                  //使用 exit 标志
  }
  public static void main(String[] args) throws Exception{
    ThreadFlag thread = new ThreadFlag();
    thread.start();
    sleep(5000);                    //主线程延迟 5 秒
    thread.exit = true;             //终止线程 thread
    thread.join();
    System.out.println("线程退出!");
  }
}
```

在上述代码中定义了一个退出标志 exit，当 exit 为 true 时，while 循环退出，exit 的默认值为 false。在定义 exit 时，使用了一个 Java 关键字 volatile，这个关键字的目的是使 exit 同步，也就是说在同一时刻只能由一个线程来修改 exit 的值。执行效果如图 15-6 所示。

线程退出！

图 15-6　执行效果

2. 使用 stop()方法终止线程

在 Java 程序中，可以使用 stop()方法强行终止正在运行或挂起的线程，例如可以使用如下代码来终止线程。

```java
thread.stop();
```

虽然使用上面的代码可以终止线程，但使用 stop()方法是很危险的，就像突然关闭计算机电源，而不是按正常程序关机一样，可能会产生不可预料的结果，因此，并不推荐使用 stop()方法来终止线程。

3. 使用 interrupt()方法终止线程

在使用 interrupt()方法终止线程时可分为以下两种情况。

➤　线程处于阻塞状态，如使用了 sleep()方法。

➤　使用 while(!isInterrupted()){...}来判断线程是否被中断。

在上述第一种情况下使用 interrupt()方法，sleep()方法将抛出一个 InterruptedException 例外，而在上述第二种情况下线程将直接退出。例如在下面的实例中，演示了在第一种情况下使用 interrupt()方法的过程。

实例 15-8：在线程处于阻塞状态时使用 interrupt()方法

源码路径：daima\15\ThreadInterrupt.java

实例文件 ThreadInterrupt.java 的主要实现代码如下所示。

```java
public class ThreadInterrupt extends Thread{
  public void run(){
    try{
      sleep(50000);                    // 延迟 50 秒
    }
    catch (InterruptedException e)//抛出一个 InterruptedException 异常
    {
      System.out.println(e.getMessage());
    }
  }
  public static void main(String[] args) throws Exception{
    Thread thread = new ThreadInterrupt();    //定义线程对象
    thread.start();                           //线程开始
    System.out.println("在 50 秒之内按任意键中断线程!");    //提示信息
    System.in.read();                         //读取用户输入的按键
    thread.interrupt();                       //使用 interrupt 方法
    thread.join();                            //调用 join()方法
    System.out.println("线程已经退出!");
  }
}
```

在上述代码中，当调用方法 interrupt()后，方法 sleep()会抛出异常，然后输出错误信息 "sleep interrupted"。执行效果如图 15-7 所示。

在50秒之内按任意键中断线程!

sleep interrupted
线程已经退出!

图 15-7　执行效果

知识精讲

　　在 Thread 类中有两个方法可以判断线程是否通过 interrupt()方法被终止。一个是静态的方法 interrupted()，另一个是非静态的方法 isInterrupted()。这两个方法的区别是 interrupted 用来判断当前线程是否被中断，而 isInterrupted 可以用来判断其他线程是否被中断。因此，while (!isInterrupted())也可以换成 while (!Thread.interrupted())。

15.3.4　线程阻塞

　　当一条线程开始运行后，它不可能一直处于运行状态(除非它的线程执行体足够短，瞬间就执行结束了)，线程在运行过程中需要被中断，目的是使其他线程获得执行的机会，线程调度的细节取决于底层平台所采用的策略。在计算机系统中，当发生如下情况时线程将会进入阻塞状态。

➢　线程调用 sleep()方法主动放弃所占用的处理器资源。

➢　线程调用了一个阻塞式 I/O 方法，在该方法返回之前，该线程被阻塞。

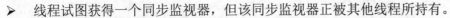

> ➢ 线程试图获得一个同步监视器，但该同步监视器正被其他线程所持有。
> ➢ 线程在等待某个通知(notify)。
> ➢ 程序调用了线程的 suspend()方法将该线程挂起。不过这个方法容易导致死锁，所以程序应该尽量避免使用该方法。
> ➢ 当前正在执行的线程被阻塞之后，其他线程就可以获得执行的机会了。被阻塞的线程会在合适的时候重新进入就绪状态，注意是就绪状态而不是运行状态。也就是说被阻塞线程的阻塞解除后，必须重新等待线程调度器再次调度它。

15.3.5　线程死亡

线程可以用以下 3 种方式之一来结束，结束后的线程处于死亡状态。
> ➢ run()方法执行完成，线程正常结束。
> ➢ 线程抛出一个未捕获的 Exception 或 Error。
> ➢ 直接调用该线程的 stop()方法来结束该线程，因为该方法容易导致死锁，所以不推荐使用。

为了测试某条线程是否已经死亡，可以调用线程对象中的方法 isAlive()，当线程处于就绪、运行或阻塞 3 种状态时，该方法将返回 true；当线程处于新建、死亡状态时，该方法将返回 false。不要试图对一个已经死亡的线程调用 start()方法使它重新启动，死亡就是死亡，该线程将不可再次作为线程执行。例如在下面的实例代码中，演示了上述线程死亡的描述过程。

 实例 15-9：演示线程的死亡
　　源码路径：daima\15\si.java

实例文件 si.java 的主要代码如下所示。

```
public class si extends Thread{
private int i ;
//重写 run 方法，run 方法的方法体就是线程执行体
public void run(){
    for ( ; i < 100 ; i++ ){
        //当线程类继承 Thread 类时，可以直接调用 getName 方法返回当前线程的名
        //如果想获取当前线程，直接使用 this 即可。Thread 对象的 getName 返回当前该线程的名字
        System.out.println(getName() +  " " + i);
    }
}
public static void main(String[] args) {
    //创建线程对象
    si sd = new si();
    for (int i = 0; i <300;  i++){
        //调用 Thread 的 currentThread 方法获取当前线程
        System.out.println(Thread.currentThread().getName() +  " " + i);
        if (i == 20){
            //启动线程
            sd.start();
            //判断启动后线程的 isAlive()值，输出 true
            System.out.println(sd.isAlive());
        }
```

```
//只有当线程处于新建、死亡两种状态时，isAlive 方法返回 false
//因为 i > 20，则该线程肯定已经启动了，所以只可能是死亡状态了
if (i > 20 && !sd.isAlive()){
    //试图再次启动该线程
    sd.start();
}
}
}
```

在上述代码中，试图在线程已死亡的情况下再次调用 start()方法来启动该线程，运行上述代码将会引发 IllegalThreadStateException 异常，这表明死亡状态的线程无法再次运行。执行效果如图 15-8 所示。

```
Thread-0 99
main 104
Exception in thread "main" java.lang.IllegalThreadStateE
        at java.lang.Thread.start(Thread.java:638)
        at si.main(si.java:37)
```

图 15-8 执行效果

15.4 控 制 线 程

在 Java 线程系统中提供了一些便捷的工具方法，通过这些便捷的工具方法可以很好地控制线程的执行。在本节将详细讲解在 Java 中控制线程的基本知识，为读者学习本书后面的知识打下基础。

↑扫码看视频

15.4.1 使用 join 方法

在本章前面的演示代码中曾经多次使用到了 Thread 类的 join()方法，此方法的功能是使异步执行的线程变成同步执行。也就是说，当调用线程实例的 start()方法后，这个方法会立即返回，如果在调用 start()方法后需要使用一个由这个线程计算得到的值，就必须使用 join()方法。如果不使用 join()方法，就不能保证当执行到 start()方法后面的某条语句时，这个线程一定会执行完。而使用 join()方法后，直到这个线程退出，程序才会往下执行。例如下面的实例演示了方法 join()的基本用法。

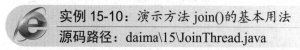

实例 15-10：演示方法 join()的基本用法
源码路径：daima\15\JoinThread.java

实例文件 JoinThread.java 的主要实现代码如下所示。

```
public class JoinThread extends Thread{
  public static volatile int n = 0;
  public void run(){
    for (int i = 0; i < 10; i++, n++)
      try{
        sleep(3);   //为了使运行结果更随机，延迟 3 毫秒
      }
      catch (Exception e){
      }
  }
  public static void main(String[] args) throws Exception{
    Thread threads[] = new Thread[100];
    for (int i = 0; i < threads.length; i++)   //建立 100 个线程
      threads[i] = new JoinThread();
    for (int i = 0; i < threads.length; i++)    //运行刚才建立的 100 个线程
      threads[i].start();
    if (args.length > 0)
      for (int i = 0; i < threads.length; i++)//100 个线程都执行完后继续
        threads[i].join();
    System.out.println("n=" + JoinThread.n);
  }
}
```

在上述代码中建立了 100 个线程，每个线程使静态变量 n 增加 10。如果在这 100 个线程都执行完后输出 n，这个 n 值应该是 100。可是实际运行后的效果如图 15-9 所示。

n=41

图 15-9   执行效果

这个运行结果可能在不同的运行环境下有一些差异，并且同台机器每次的运行结果也不一样，但是一般 n 不会等于 100。从上面的结果可以肯定，这 100 个线程并未都执行完就将 n 输出了。

15.4.2   慎重使用 volatile 关键字

关键字 volatile 用于声明简单类型变量，例如 int、float、boolean 等数据类型。如果这些简单数据类型声明为 volatile，对它们的操作就会变成原子级别的，但这有一定的限制。例如在下面实例中的 count 就不是原子级别的。

 实例 15-11：count 不是原子级别的

源码路径：daima\15\Counter.java

实例文件 Counter.java 的主要实现代码如下所示。

```
public class Counter {
  public static int count = 0;
  public static void inc() {
    //这里延迟 1 毫秒，使得结果明显
    try {
      Thread.sleep(1);
    } catch (InterruptedException e) {
    }
    count++;
```

```
    }
    public static void main(String[] args) {
        //同时启动 1000 个线程, 去进行 i++计算, 看看实际结果
        for (int i = 0; i < 100; i++) {
            new Thread(new Runnable() {
                @Override
                public void run() {
                    Counter.inc();
                }
            }).start();
        }
        //这里每次运行的值都有可能不同, 可能为 100
        System.out.println("运行结果:Counter.count=" + Counter.count);
    }
}
```

如果对 count 的操作是原子级别的, 最后输出的结果应该为 count =100, 而在执行上述代码时, 很多时侯输出的 count 都小于 100, 这说明 count = count +1 不是原子级别的操作。实际运算都会不同, 例如笔者机器的执行效果如图 15-10 所示。

运行结果:Counter.count=81

图 15-10　执行效果

很多读者以为, 这个是多线程的并发问题, 只需要在变量 count 之前加上 volatile 就可以避免这个问题。那么我们在下面的实例中修改代码, 看看具体结果是不是符合我们的期望。

 实例 15-12: 使用 volatile 关键字
源码路径: daima\15\Counter1.java

实例文件 Counter1.java 的主要实现代码如下所示。

```
public class Counter1 {
    public volatile static int count = 0;    //使用关键字 volatile
    public static void inc() {
        try {
            Thread.sleep(1);                      //这里延迟 1 毫秒, 使得结果明显
        } catch (InterruptedException e) {
        }
        count++;
    }
    public static void main(String[] args) {
        //同时启动 100 个线程, 去进行 i++计算, 看看实际结果
        for (int i = 0; i < 100; i++) {
            new Thread(new Runnable() {
                @Override
                public void run() {
                    Counter.inc();
                }
            }).start();
        }
        //这里每次运行的值都有可能不同, 可能为 100
        System.out.println("运行结果:Counter.count=" + Counter.count);
    }
}
```

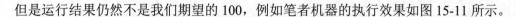

但是运行结果仍然不是我们期望的 100，例如笔者机器的执行效果如图 15-11 所示。

运行结果：**Counter.count=87**

图 15-11 执行效果

这是什么原因呢？原因是声明为 volatile 的简单变量如果当前值与该变量以前的值相关，那么 volatile 关键字不起作用，也就是说下面的表达式都不是原子操作。

```
count = count + 1;
```

上述表达式不是原子操作原因也很简单，count++虽然看似一行代码，但是其实共有三步操作：①读取 count 值；②将 count 值累加；③将累加后的值写回到 count 变量。这三步操作不是原子性的，例如当前 count=10，需要两个线程同时来操作，A 线程读取 count 为 10，然后执行 count++，此时 count++虽然已被执行，但是值还没回写到 count 中，B 线程同时也执行，读取 count，count 依然为 10，于是 B 线程也执行 count++，所以 A、B 两个线程在执行完毕 count++这行代码后，count 的值都为 11，也就是两次回写操作，写入的 count 均为 11。这也正是导致上述代码中虽然最后代码运行了 100 次，但是累加的值却不到 100 的原因所在。

如果想使线程操作变成原子操作，需要使用 synchronized 关键字。例如下面的实例演示了使用 synchronized 关键字实现原子操作的方法。

实例 15-13：使用关键字 synchronized 实现原子操作

源码路径：daima\15\Counter4.java

实例文件 Counter4.java 的主要实现代码如下所示。

```java
import java.util.concurrent.CountDownLatch;
public class Counter4 {
    public volatile static int count = 0;
    static CountDownLatch cdLatch = new CountDownLatch(1000);
    //加上 volatile 试试，测试可不可以保证原子性(结果不可以)
    public static void inc() {
        try {
            Thread.sleep(1);                    //这里延迟 1 毫秒，使得结果明显
        } catch (InterruptedException e) {
        }
        synchronized(Counter4.class){
            count++;
        }
    }
    public static void main(String[] args) {
        System.out.println(System.currentTimeMillis());
        //同时启动 1000 个线程，去进行 i++计算，看看实际结果
        for (int i = 0; i < 1000; i++) {
            new Thread(new Runnable() {
                CountDownLatch countDownLatch = Counter4.cdLatch;
                @Override
                public void run() {
                    Counter4.inc();
                    countDownLatch.countDown();
                }
            }).start();
```

```
    }
    try {
        cdLatch.await();
    } catch (InterruptedException e) {
        e.printStackTrace();
    }
    //这里每次运行的值都有可能不同,可能为 1000
    System.out.println("运行结果:Counter.count=" + Counter4.count);
    System.out.println(System.currentTimeMillis());
    }
}
```

在上述代码中,使用 synchronized 关键字对 Counter4.class 中的 count++ 操作进行了同步。此时将会实现原子性功能,执行效果如图 15-12 所示。

运行结果:Counter.count=1000
1494126735400

图 15-12 执行效果

由此可见,在 Java 程序中使用 volatile 关键字时要慎重,并不是只要简单类型变量使用 volatile 修饰,对这个变量的所有操作都是原子操作,当变量的值由自身的上一个值决定时,如 n=n+1、n++ 等,volatile 关键字将失效,只有当变量的值和自身上一个值无关时对该变量的操作才是原子级别的,如 n = m + 1,这个就是原子级别的。所以在使用 volatile 关键时一定要谨慎,如果自己没有把握,可以使用 synchronized 来代替 volatile。

15.5 实践案例与上机指导

通过本章的学习,读者基本可以掌握 Java 语言多线程技术的知识。其实 Java 多线程操作的知识还有很多,这需要读者通过课外渠道来加深学习。下面通过练习操作,以达到巩固学习、拓展提高的目的。

↑扫码看视频

15.5.1 线程让步

线程让步需要用到方法 yield(),此方法是一个和 sleep() 方法有点相似的方法,它也是一个 Thread 类提供的静态方法,它也可以让当前正在执行的线程暂停,但不会阻塞该线程,它只是将该线程转入就绪状态。Yield() 方法只是让当前线程暂停一下,让系统的线程调度器重新调度一次,完全可能的情况是:当某个线程调用了 yield() 方法暂停之后,线程调度器又将其调度出来重新执行。

实际上当某个线程调用了 yield() 方法暂停之后,只有优先级与当前线程相同,或者优先级比当前线程更高的就绪状态的线程才会获得执行的机会。

实例 15-14： 演示 Java 的自动转换

源码路径：daima\15\houtai.java

实例文件 houtai.java 的主要代码如下所示。

```java
public class houtai extends Thread{
//定义后台线程的线程执行体与普通线程没有任何区别
  public void run(){
    for (int i = 0; i < 1000 ; i++ ){
      System.out.println(getName() + " " + i);
    }
  }
  public static void main(String[] args) {
    houtai t = new houtai();
    //将此线程设置成后台线程
    t.setDaemon(true);
    //启动后台线程
    t.start();
    for (int i = 0 ; i < 10 ; i++ ){
      System.out.println(Thread.currentThread().getName()
        + " " + i);
    }
    //------程序执行到此处，前台线程 (main 线程) 结束------
    //后台线程也应该随之结束
  }
}
```

执行后的效果如图 15-13 所示。

```
<terminated> houtai [Java Application]
Thread-0  36
Thread-0  37
Thread-0  38
Thread-0  39
Thread-0  40
Thread-0  41
```

图 15-13　执行效果

在上述实例代码中，通过调用 Thread 对象 setDaemon (true)方法将指定线程设置成后台线程。当所有前台线程死亡时，后台线程随之死亡。当整个虚拟机中只剩下后台线程时，程序就没有继续运行的必要了，所以虚拟机也就退出了。其实在 Java 语言的 Thread 类中还提供了一个 isDaemon()方法，用于判断指定线程是否为后台线程。主线程默认是前台线程，线程 t 默认也是前台线程。并不是所有的线程默认都是前台线程，有些线程默认是后台线程：前台线程创建的子线程默认是前台线程，后台线程创建的子线程默认是后台线程。

15.5.2　通过构造方法传递数据

在创建线程时，必须要建立一个 Thread 类的实例或其子类的实例。因此，我们不难想到在调用 start()方法之前通过线程类的构造方法将数据传入线程，并将传入的数据使用类变量保存起来，以便线程使用(其实就是在 run()方法中使用)。例如下面的实例中演示了通过构造方法传递数据的方法。

实例 15-15：通过构造方法传递数据
源码路径：daima\15\MyThread1.java

实例文件 MyThread1.java 的主要实现代码如下所示。

```java
public class MyThread1 extends Thread{
  private String name;                    //定义私有变量
  public MyThread1(String name) {         //定义构造方法 MyThread1()
    this.name = name;                     //构造方法的参数 name
  }
  public void run(){                      //定义方法 run()
    System.out.println("hello " + name);  //打印输出 name 值
  }
  public static void main(String[] args) { //主方法
      Thread thread = new MyThread1("world"); //设置参数 name 的值是 "world"
    thread.start();
  }
}
```

执行效果如图 15-14 所示。

```
hello world
```

图 15-14　执行效果

由于这种方法是在创建线程对象的同时传递数据的，因此，在线程运行之前这些数据就已经到位了，这样就不会造成数据在线程运行后才传入的现象。如果要传递更复杂的数据，可以使用集合、类等数据结构。使用构造方法来传递数据虽然比较安全，但如果要传递的数据比较多时，就会造成很多不便。由于 Java 没有默认参数，要想实现类似默认参数的效果，就得使用重载，这样不但使构造方法本身过于复杂，又会使构造方法在数量上大增。因此，要想避免这种情况，就得通过类方法或类变量来传递数据。

15.6　思考与练习

本章详细讲解了 Java 语言中多线程的知识，并且通过具体实例介绍了各种多线程技术的使用方法。通过本章的学习，读者应该熟悉 Java 多线程技术，掌握它们的使用方法和技巧。

1. 选择题

(1) Java 通过类(　　)将线程所必需的功能都封装了起来。

　　A. Thread　　　　　　　　B. Threads　　　　　　　C. Runnable

(2) 除了使用构造方法在建立线程时设置线程名,还可以使用类 Thread 中的方法(　　)修改线程名。

　　A. setName()　　　　　　　B. altName()　　　　　　C. modName()

2．判断题

(1)　因为在使用 Runnable 接口创建线程时需要先建立一个 Thread 实例，所以无论是通过 Thread 类还是 Runnable 接口建立线程，都必须建立 Thread 类或它的子类的实例。(　　)

(2)　在实现 Runnable 接口的类时，必须使用类 Thread 的实例才能创建线程。　(　　)

3．上机练习

(1)　创建线程并执行实例。

(2)　通过继承 Thread 创建线程。

第16章

图书商城管理系统

本章要点

- 系统开发流程
- 数据库设计
- 系统设计
- 系统调试

本章主要内容

经过本书前面内容的学习，读者已经基本掌握所有的 Java 开发知识，接下来的时间是读者编写经典程序的开始，在本章的内容中，将通过一个大型综合实例的实现过程，介绍建立一个图书商城后台管理系统的过程。

16.1 系统开发流程

开发中、大型软件项目时，需要严格按照软件开发流程进行。软件开发流程(Software development process)即软件设计思路和方法的一般过程，包括设计软件的功能和实现的算法和方法、软件的总体结构设计和模块设计、编程和调试、程序联调和测试以及编写、提交程序。

↑扫码看视频

(1) 相关系统分析员和用户初步了解需求，然后用 Word 列出要开发系统的大功能模块，每个大功能模块有哪些小功能模块，对于有些需求比较明确的相关界面，在这一步里面可以初步定义好少量的界面。

(2) 系统分析员深入了解和分析需求，根据自己的经验和需求用 Word 或相关的工具再做出一份文档系统的功能需求文档。这次的文档会清晰地列出系统大致的大功能模块，大功能模块有哪些小功能模块，并且还需要列出相关的界面和界面功能。

(3) 系统分析员和用户再次确认需求。

(4) 概要设计：开发者需要对软件系统进行概要设计，即系统设计。概要设计需要对软件系统的设计进行考虑，包括系统的基本处理流程、系统的组织结构、模块划分、功能分配、接口设计、运行设计、数据结构设计和出错处理设计等，为软件的详细设计提供基础。

(5) 详细设计：在概要设计的基础上，开发者需要进行软件系统的详细设计。在详细设计中，描述实现具体模块所涉及的主要算法、数据结构、类的层次结构及调用关系，需要说明软件系统各个层次中的每一个程序(每个模块或子程序)的设计考虑，以便进行编码和测试。应当保证软件的需求完全分配给整个软件。详细设计应当足够详细，能够根据详细设计报告进行编码。

(6) 编码：在软件编码阶段，开发者根据《软件系统详细设计报告》中对数据结构、算法分析和模块实现等方面的设计要求，开始具体的编写程序工作，分别实现各模块的功能，从而实现对目标系统的功能、性能、接口、界面等方面的要求。

(7) 测试：测试编写好的系统。交给用户使用，用户使用后一个一个地确认每个功能。

(8) 软件交付准备：在软件测试证明软件达到要求后，软件开发者应向用户提交开发的目标安装程序、数据库的数据字典、《用户安装手册》《用户使用指南》、需求报告、设计报告、测试报告等双方合同约定的产物。《用户安装手册》应详细介绍安装软件对运行环境的要求，安装软件的定义和内容，在客户端、服务器端及中间件的具体安装步骤，安装后的系统配置。《用户使用指南》应包括软件各项功能的使用流程、操作步骤、相应业务介绍、特殊提示和注意事项等方面的内容，在需要时还应举例说明。

(9) 验收：用户验收。

16.2　数据库设计

在设计数据库时，一定要考虑客户的因素，例如系统的维护性和造价。就本项目而言，因为客户要求整个维护工作尽量简单，并且要求造价低，所以在此可以选择一款轻量级的数据库产品。在众多数据库产品中，笔者建议使用微软的 SQL Server。

↑扫码看视频

整个书城系统中包含的图书信息比较多，并且随着系统使用时间的推移，系统内的图书信息将会越来越多，这样整个信息不可估量。所以本项目选择使用 SQL Server 数据库。在 SQL Server 产品系列中，以 SQL Server 2000 的造价成本最低。所以从性价比方面考虑，本系统将采用 SQL Server 2000 数据库。

数据库设计在本书没有重点讲解，实际上数据库设计不容小视，它设计得合理，可以省掉很多事情，如果它的设计出现缺陷，会导致整个系统受到限制，在本节将展示本系统设计的数据库。

在建立数据库的时候，用户首先要安装好 SQL Sever 数据库。本项目以 SQL Sever 2000 为例，进行讲解。完成安装后，用户选择企业管理器，创建一个 db-JXC 数据库，然后创建如图 16-5 所示的 tb-userlist 表，是用来管理用户的数据库表，其结构如图 16-1 所示。

图 16-1　表 tb-userlist

图 16-1 所示的表是用来管理用户的，创建完成后，接下来创建供应商信息的表 tb-gysinfo(见图 16-2)和商品信息表 tb-spinfo(见图 16-3)。

图 16-2　供应商信息表

图 16-3　商品信息表

入库主表 tb-ruku-main 如图 16-4 所示，入库明细表 tb-ruku-detail 如图 16-5 所示。

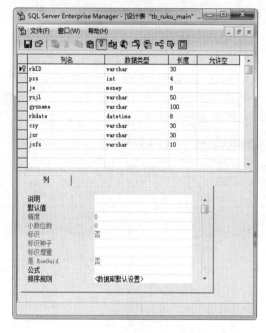

图 16-4　入库主表

图 16-5　入库明细表

销售主表 tb-sell-main 如图 16-6 所示。

销售明细表 tb-sell-detail 如图 16-7 所示

除了上面的表，还有 tb-khinfo 表(见图 16-8)、tb-kucun 表(见图 16-9)、tb-xsth-detail 表(见图 16-10)和 tb-xsth-main 表(见图 16-11)。

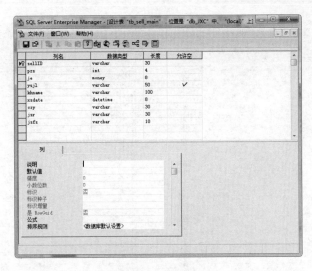

图 16-6 销售主表

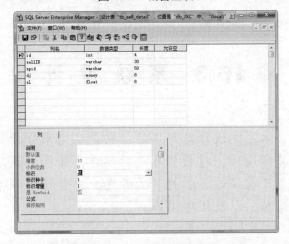

图 16-7 销售明细表

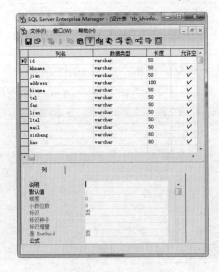

图 16-8 tb-khinfo 表

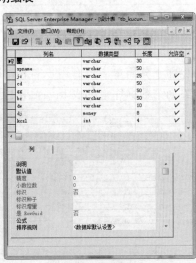

图 16-9 tb-kucun 表

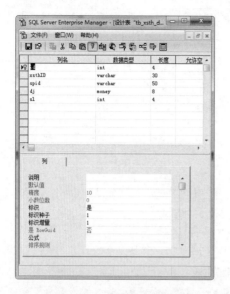

图 16-10　tb-xsth-detail 表

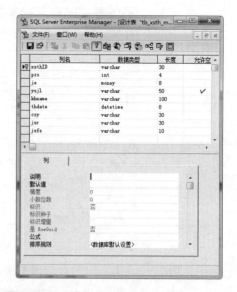

图 16-11　tb-xsth-main 表

16.3　系　统　设　计

　　　　系统设计是严格的,它是从需求分析开始,然后对系统进行设计,对数据库进行设计,等等,最后才是开发。初学者只有经过日积月累的开发,才会有所领悟,在这里直接讲开发,以及程序讲解。

↑扫码看视频

16.3.1　登录界面的设计

登录界面十分简单,只有用户名和密码等几个简单的按钮,如图 16-12 所示。

这个界面与数据库里的表 tb_userlist 息息相关,其主要实现代码(login.java)如下所示。

```java
public class Login extends JFrame{
    private JLabel userLabel;
    private JLabel passLabel;
    private JButton exit;
    private JButton login;
    private Main window;
    private static TbUserlist user;
    public Login()
    {
        setIconImage(new ImageIcon("res/main1.gif").getImage());
        setTitle("众望书城");
        final JPanel panel = new LoginPanel();
```

```
        panel.setLayout(null);
        getContentPane().add(panel);
        setBounds(300, 200, panel.getWidth(), panel.getHeight());
        userLabel = new JLabel();
        userLabel.setText("用户名: ");
        userLabel.setBounds(140, 160, 200, 18);
        panel.add(userLabel);
        final JTextField userName = new JTextField();
        userName.setBounds(190, 160, 200, 18);
        panel.add(userName);
        passLabel = new JLabel();
        passLabel.setText("密码: ");
        passLabel.setBounds(140, 200, 200, 18);
        panel.add(passLabel);
        final JPasswordField userPassword = new JPasswordField();
        userPassword.addKeyListener(new KeyAdapter()
        {
            public void keyPressed(final KeyEvent e)
            {
                if (e.getKeyCode() == 10)
                    login.doClick();
            }
        });
        userPassword.setBounds(190, 200, 200, 18);
        panel.add(userPassword);
        login = new JButton();
        login.addActionListener(new ActionListener()
        {
            public void actionPerformed(final ActionEvent e)
            {
                user = Dao.getUser(userName.getText(), userPassword.getText());
                if (user.getUsername() == null || user.getName() == null)
                {
                    userName.setText(null);
                    userPassword.setText(null);
                    return;
                }
                setVisible(false);
                window = new Main();
                window.frame.setVisible(true);
            }
        });
        login.setText("登录");
        login.setBounds(200, 250, 60, 18);
        panel.add(login);
        exit = new JButton();
        exit.addActionListener(new ActionListener()
        {
            public void actionPerformed(final ActionEvent e)
            {
                System.exit(0);
            }
        });
        exit.setText("退出");
        exit.setBounds(280, 250, 60, 18);
```

```
        panel.add(exit);
        setVisible(true);
        setResizable(false);
        setDefaultCloseOperation(WindowConstants.DO_NOTHING_ON_CLOSE);
    }
    public static TbUserlist getUser()
{
        return user;
    }
    public static void setUser(TbUserlist user)
{
        Login.user = user;
    }
}
```

图 16-12　登录界面

 智慧锦囊

　　登录界面加载了背景图片，告别了单调的界面，而且不会影响其他组件的添加，用户可以根据需要设计出更好看的背景图片，告别曾经灰色的界面。

16.3.2　主窗口的设计

　　主窗口是用户登录后进入的第一个界面，它的设计至关重要，它就像人的脸一样，其好坏将直接影响整个系统的好坏，因此用户一定要创建好主窗口的设计，本系统的主窗口效果如图 16-13 所示。

图 16-13　主窗口的设计

在主窗口里首先要定义各个组件，并调用登录界面的运行程序，其主要实现代码
(Main.java)如下所示。

```
public class Main
{
    private JDesktopPane desktopPane;
    private JMenuBar menuBar;
    protected JFrame frame;
    private JLabel backLabel;
    // 创建窗体的 Map 类型集合对象
    private Map<String, JInternalFrame> ifs = new HashMap<String,
        JInternalFrame>();
    // 创建 Action 动作的 ActionMap 类型集合对象
    private ActionMap actionMap = new ActionMap();
    // 创建并获取当前登录的用户对象
    private TbUserlist user = Login.getUser();
    private Color bgcolor = new Color(Integer.valueOf("ECE9D8", 16));
    public Main()
    {
        Font font = new Font("宋体", Font.PLAIN, 12);
        UIManager.put("Menu.font", font);
        UIManager.put("MenuItem.font", font);
        // 调用 initialize()方法初始化菜单、工具栏、窗体
        initialize();
    }
    public static void main(String[] args)
    {
        SwingUtilities.invokeLater(new Runnable()
        {
            public void run() {
                new Login();
            }
        });
    }
    private void initialize()
```

```
{
        frame = new JFrame("众望书屋");
        frame.addComponentListener(new ComponentAdapter()
    {
            public void componentResized(final ComponentEvent e)
        {
                if (backLabel != null)
            {
                    int backw = ((JFrame) e.getSource()).getWidth();
                    ImageIcon icon = backw <= 800 ? new ImageIcon(
                        "res/welcome.jpg") : new ImageIcon(
                        "res/welcomeB.jpg");
                    backLabel.setIcon(icon);
                    backLabel.setSize(backw, frame.getWidth());
                }
            }
        });
        frame.setIconImage(new ImageIcon("res/main1.gif").getImage());
        frame.getContentPane().setLayout(new BorderLayout());
        frame.setBounds(100, 100, 800, 600);
        frame.setDefaultCloseOperation(JFrame.EXIT_ON_CLOSE);
        desktopPane = new JDesktopPane();
        desktopPane.setBackground(Color.WHITE); // 白色背景
        frame.getContentPane().add(desktopPane);
        backLabel = new JLabel();
        backLabel.setVerticalAlignment(SwingConstants.TOP);
        backLabel.setHorizontalAlignment(SwingConstants.CENTER);
        desktopPane.add(backLabel, new Integer(Integer.MIN_VALUE));
        menuBar = new JMenuBar();
        menuBar.setBounds(0, 0, 792, 66);
        menuBar.setBackground(bgcolor);
        menuBar.setBorder(new LineBorder(Color.BLACK));
        menuBar.setBorder(new BevelBorder(BevelBorder.RAISED));
        frame.setJMenuBar(menuBar);
        menuBar.add(getBasicMenu());          // 添加基础信息管理菜单
        menuBar.add(getJinHuoMenu());         // 添加进货管理菜单
        menuBar.add(getSellMenu());           // 添加销售管理菜单
        menuBar.add(getKuCunMenu());          // 添加库存管理菜单
        menuBar.add(getCxtjMenu());           // 添加查询统计菜单
        menuBar.add(getSysMenu());            // 添加系统管理菜单
        final JToolBar toolBar = new JToolBar("工具栏");
        frame.getContentPane().add(toolBar, BorderLayout.NORTH);
        toolBar.setOpaque(true);
        toolBar.setRollover(true);
        toolBar.setBackground(bgcolor);
        toolBar.setBorder(new BevelBorder(BevelBorder.RAISED));
        defineToolBar(toolBar);
    }
    private JMenu getSysMenu()
    {
        // 获取系统管理菜单
        JMenu menu = new JMenu();
        menu.setText("系统管理");
        JMenuItem item = new JMenuItem();
        item.setAction(actionMap.get("操作员管理"));
        item.setBackground(Color.MAGENTA);
        addFrameAction("操作员管理", "CzyGL", menu);
```

```java
        addFrameAction("更改密码", "GengGaiMiMa", menu);
        addFrameAction("权限管理", "QuanManager", menu);
        actionMap.put("退出系统", new ExitAction());
        JMenuItem mItem = new JMenuItem(actionMap.get("退出系统"));
        mItem.setBackground(bgcolor);
        menu.add(mItem);
        return menu;
    }
    private JMenu getSellMenu()
    {
        // 获取销售管理菜单
        JMenu menu = new JMenu();
        menu.setText("销售管理");
        addFrameAction("销售单", "XiaoShouDan", menu);
        addFrameAction("销售退货", "XiaoShouTuiHuo", menu);
        return menu;
    }
    private JMenu getCxtjMenu()
    {
        // 获取查询统计菜单
        JMenu menu;
        menu = new JMenu();
        menu.setText("查询统计");
        addFrameAction("客户信息查询", "KeHuChaXun", menu);
        addFrameAction("商品信息查询", "ShangPinChaXun", menu);
        addFrameAction("供应商信息查询", "GongYingShangChaXun", menu);
        addFrameAction("销售信息查询", "XiaoShouChaXun", menu);
        addFrameAction("销售退货查询", "XiaoShouTuiHuoChaXun", menu);
        addFrameAction("入库查询", "RuKuChaXun", menu);
        addFrameAction("入库退货查询", "RuKuTuiHuoChaXun", menu);
        addFrameAction("销售排行", "XiaoShouPaiHang", menu);
        return menu;
    }
    private JMenu getBasicMenu()
    {
        // 获取基础信息管理菜单
        JMenu menu = new JMenu();
        menu.setText("基础信息管理");
        addFrameAction("客户信息管理", "KeHuGuanLi", menu);
        addFrameAction("商品信息管理", "ShangPinGuanLi", menu);
        addFrameAction("供应商信息管理", "GysGuanLi", menu);
        return menu;
    }
    private JMenu getKuCunMenu()
    {
        // 获取库存管理菜单
        JMenu menu = new JMenu();
        menu.setText("库存管理");
        addFrameAction("库存盘点", "KuCunPanDian", menu);
        addFrameAction("价格调整", "JiaGeTiaoZheng", menu);
        return menu;
    }
```

智慧锦囊

　　主窗口是一个软件项目的门面，所以一定要做到美观、大方，另外还需要确保主窗口中的组件排列合理并精准。相信曾经学习过 Visual Basic 和 Delphi 的读者可能比较怀念那种随意拖动控件的感觉，对 Java 的布局管理器非常不习惯。实际上 Java 也提供了那种拖动控件的方式，即 Java 也可以对 GUI 组件进行绝对定位。

　　在 Java 容器中采用绝对定位的步骤如下所示。

　　① 将 Container 的布局管理器设成 null:setLayout(null)。

　　② 往容器上加组件的时候，先调用 setBounds()或 setSize()方法来设置组件的大小、位置。或者直接创建 GUI 组件时通过构造参数指定该组件的大小、位置，然后将该组件添加到容器中。

16.3.3　商品信息的基本管理

　　在书城里销售的主要是图书，但是不全是图书，如毛笔、电子琴、音响制品，等等。在设计商品管理模块时，需要注意不能设计成只能购买图书的界面，关于商品信息管理涉及的程序较多，在这里将它分成几个版块进行讲解，希望读者仔细阅读下面的代码。

1. 商品信息模块的初始化

　　商品信息的模块主要是商品信息的添加、修改以及删除，这些功能都是书城系统维护库存的重要信息，商品信息管理模块主要由 JTabbedPane 容纳并初始化，其主要实现代码如下所示。

```java
public class ShangPinGuanLi extends JInternalFrame
{
    public ShangPinGuanLi()
{
        setIconifiable(true);
        setClosable(true);
        setTitle("商品管理");
        JTabbedPane tabPane = new JTabbedPane();
        final ShangPinXiuGaiPanel spxgPanel = new ShangPinXiuGaiPanel();
        final ShangPinTianJiaPanel sptjPanel = new ShangPinTianJiaPanel();
        tabPane.addTab("商品信息添加", null, sptjPanel, "商品添加");
        tabPane.addTab("商品信息修改与删除", null, spxgPanel, "修改与删除");
        getContentPane().add(tabPane);
        tabPane.addChangeListener(new ChangeListener()
{
        public void stateChanged(ChangeEvent e)
{
            spxgPanel.initComboBox();
            spxgPanel.initGysBox();
        }
});
        //在"商品管理"对话框被激活时，初始化商品添加界面的供应商下拉列表框
        addInternalFrameListener(new InternalFrameAdapter()
```

```
{
          public void internalFrameActivated(InternalFrameEvent e)
{
              super.internalFrameActivated(e);
              sptjPanel.initGysBox();
          }
      });
      pack();
      setVisible(true);
  }
}
```

2. 商品信息的添加

在书城系统中，添加商品信息的界面如图 16-14 所示。

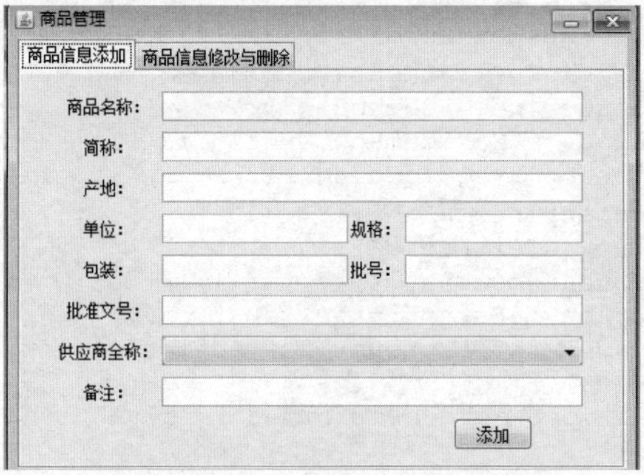

图 16-14　"商品管理"对话框

添加商品信息界面的主要实现代码如下所示。

```
public class ShangPinTianJiaPanel extends JPanel
{
    private JComboBox gysQuanCheng;
    private JTextField beiZhu;
    private JTextField wenHao;
    private JTextField piHao;
    private JTextField baoZhuang;
    private JTextField guiGe;
    private JTextField danWei;
    private JTextField chanDi;
    private JTextField jianCheng;
    private JTextField quanCheng;
    private JButton resetButton;
    public ShangPinTianJiaPanel()
 {
      setLayout(new GridBagLayout());
      setBounds(10, 10, 550, 400);
      setupComponent(new JLabel("商品名称："), 0, 0, 1, 1, false);
      quanCheng = new JTextField();
      setupComponent(quanCheng, 1, 0, 3, 1, true);
      setupComponent(new JLabel("简称："), 0, 1, 1, 1, false);
      jianCheng = new JTextField();
      setupComponent(jianCheng, 1, 1, 3, 10, true);
      setupComponent(new JLabel("产地："), 0, 2, 1, 1, false);
```

```java
        chanDi = new JTextField();
        setupComponent(chanDi, 1, 2, 3, 300, true);
        setupComponent(new JLabel("单位: "), 0, 3, 1, 1, false);
        danWei = new JTextField();
        setupComponent(danWei, 1, 3, 1, 130, true);
        setupComponent(new JLabel("规格: "), 2, 3, 1, 1, false);
        guiGe = new JTextField();
        setupComponent(guiGe, 3, 3, 1, 1, true);
        setupComponent(new JLabel("包装: "), 0, 4, 1, 1, false);
        baoZhuang = new JTextField();
        setupComponent(baoZhuang, 1, 4, 1, 1, true);
        setupComponent(new JLabel("批号: "), 2, 4, 1, 1, false);
        piHao = new JTextField();
        setupComponent(piHao, 3, 4, 1, 1, true);
        setupComponent(new JLabel("批准文号: "), 0, 5, 1, 1, false);
        wenHao = new JTextField();
        setupComponent(wenHao, 1, 5, 3, 1, true);
        setupComponent(new JLabel("供应商全称: "), 0, 6, 1, 1, false);
        gysQuanCheng = new JComboBox();
        gysQuanCheng.setMaximumRowCount(5);
        setupComponent(gysQuanCheng, 1, 6, 3, 1, true);
        setupComponent(new JLabel("备注: "), 0, 7, 1, 1, false);
        beiZhu = new JTextField();
        setupComponent(beiZhu, 1, 7, 3, 1, true);
        final JButton tjButton = new JButton();
        tjButton.addActionListener(new ActionListener()
{

    public void actionPerformed(final ActionEvent e)
{

        if (baoZhuang.getText().equals("")
                || chanDi.getText().equals("")
                || danWei.getText().equals("")
                || guiGe.getText().equals("")
                || jianCheng.getText().equals("")
                || piHao.getText().equals("")
                || wenHao.getText().equals("")
                || quanCheng.getText().equals("")) {
            JOptionPane.showMessageDialog(ShangPinTianJiaPanel.this,
            "请完成未填写的信息。", "商品添加", JOptionPane.ERROR_MESSAGE);
            return;
        }
        ResultSet haveUser = Dao
                .query("select * from tb_spinfo where spname='"
                        + quanCheng.getText().trim() + "'");
        try {
            if (haveUser.next()) {
                System.out.println("error");
                JOptionPane.showMessageDialog(
                    ShangPinTianJiaPanel.this, "商品信息添加失败, 存在
                        同名商品",
                        "客户添加信息", JOptionPane.INFORMATION_MESSAGE);
                return;
            }
        } catch (Exception er) {
            er.printStackTrace();
        }
        ResultSet set = Dao.query("select max(id) from tb_spinfo");
        String id = null;
```

```
        try {
            if (set != null && set.next()) {
                String sid = set.getString(1);
                if (sid == null)
                    id = "sp1001";
                else {
                    String str = sid.substring(2);
                    id = "sp" + (Integer.parseInt(str) + 1);
                }
            }
        } catch (SQLException e1) {
            e1.printStackTrace();
        }
        TbSpinfo spInfo = new TbSpinfo();
        spInfo.setId(id);
        spInfo.setBz(baoZhuang.getText().trim());
        spInfo.setCd(chanDi.getText().trim());
        spInfo.setDw(danWei.getText().trim());
        spInfo.setGg(guiGe.getText().trim());
        spInfo.setGysname(gysQuanCheng.getSelectedItem().toString()
            .trim());
        spInfo.setJc(jianCheng.getText().trim());
        spInfo.setMemo(beiZhu.getText().trim());
        spInfo.setPh(piHao.getText().trim());
        spInfo.setPzwh(wenHao.getText().trim());
        spInfo.setSpname(quanCheng.getText().trim());
        Dao.addSp(spInfo);
        JOptionPane.showMessageDialog(ShangPinTianJiaPanel.this,
            "商品信息已经成功添加", "商品添加", JOptionPane.INFORMATION_
            MESSAGE);
        resetButton.doClick();
    }
});
tjButton.setText("添加");
setupComponent(tjButton, 1, 8, 1, 1, false);
final GridBagConstraints gridBagConstraints_20 = new GridBagConstraints();
gridBagConstraints_20.weighty = 1.0;
gridBagConstraints_20.insets = new Insets(0, 65, 0, 15);
gridBagConstraints_20.gridy = 8;
gridBagConstraints_20.gridx = 1;
// 重添按钮的事件监听类
resetButton = new JButton();
setupComponent(tjButton, 3, 8, 1, 1, false);
resetButton.addActionListener(new ActionListener() {
    public void actionPerformed(final ActionEvent e) {
        baoZhuang.setText("");
        chanDi.setText("");
        danWei.setText("");
        guiGe.setText("");
        jianCheng.setText("");
        beiZhu.setText("");
        piHao.setText("");
        wenHao.setText("");
        quanCheng.setText("");
    }
});
resetButton.setText("重添");
```

3. 商品信息的编辑

为了提高程序的健壮性，当用户输入错误的时候，就必须提供更改或者删除功能进行容错处理。本系统修改库存商品信息的界面如图 16-15 所示。

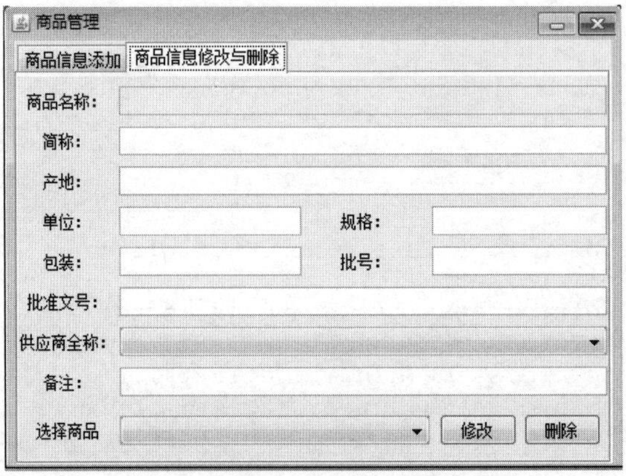

图 16-15　修改商品信息界面

修改商品信息的主要任务是修改错误的商品信息或者删除不再使用的商品信息，其主要实现代码如下所示。

```java
public ShangPinXiuGaiPanel() {
    setLayout(new GridBagLayout());
    setBounds(10, 10, 550, 400);

    setupComponet(new JLabel("商品名称: "), 0, 0, 1, 1, false);
    quanCheng = new JTextField();
    quanCheng.setEditable(false);
    setupComponet(quanCheng, 1, 0, 3, 1, true);

    setupComponet(new JLabel("简称: "), 0, 1, 1, 1, false);
    jianCheng = new JTextField();
    setupComponet(jianCheng, 1, 1, 3, 10, true);

    setupComponet(new JLabel("产地: "), 0, 2, 1, 1, false);
    chanDi = new JTextField();
    setupComponet(chanDi, 1, 2, 3, 300, true);

    setupComponet(new JLabel("单位: "), 0, 3, 1, 1, false);
    danWei = new JTextField();
    setupComponet(danWei, 1, 3, 1, 130, true);

    setupComponet(new JLabel("规格: "), 2, 3, 1, 1, false);
    guiGe = new JTextField();
    setupComponet(guiGe, 3, 3, 1, 1, true);

    setupComponet(new JLabel("包装: "), 0, 4, 1, 1, false);
    baoZhuang = new JTextField();
    setupComponet(baoZhuang, 1, 4, 1, 1, true);

    setupComponet(new JLabel("批号: "), 2, 4, 1, 1, false);
    piHao = new JTextField();
    setupComponet(piHao, 3, 4, 1, 1, true);
```

```
setupComponet(new JLabel("批准文号: "), 0, 5, 1, 1, false);
wenHao = new JTextField();
setupComponet(wenHao, 1, 5, 3, 1, true);

setupComponet(new JLabel("供应商全称: "), 0, 6, 1, 1, false);
gysQuanCheng = new JComboBox();
gysQuanCheng.setMaximumRowCount(5);
setupComponet(gysQuanCheng, 1, 6, 3, 1, true);

setupComponet(new JLabel("备注: "), 0, 7, 1, 1, false);
beiZhu = new JTextField();
setupComponet(beiZhu, 1, 7, 3, 1, true);

setupComponet(new JLabel("选择商品"), 0, 8, 1, 0, false);
sp = new JComboBox();
sp.setPreferredSize(new Dimension(230, 21));
// 处理客户信息的下拉列表框的选择事件
sp.addActionListener(new ActionListener() {
    public void actionPerformed(ActionEvent e) {
        doSpSelectAction();
    }
});
// 定位商品信息的下拉列表框
setupComponet(sp, 1, 8, 2, 0, true);
modifyButton = new JButton("修改");
delButton = new JButton("删除");
JPanel panel = new JPanel();
panel.add(modifyButton);
panel.add(delButton);
// 定位按钮
setupComponet(panel, 3, 8, 1, 0, false);
// 处理删除按钮的单击事件
delButton.addActionListener(new ActionListener() {
    public void actionPerformed(ActionEvent e) {
        Item item = (Item) sp.getSelectedItem();
        if (item == null || !(item instanceof Item))
            return;
        int confirm = JOptionPane.showConfirmDialog(
            ShangPinXiuGaiPanel.this, "确认删除商品信息吗? ");
        if (confirm == JOptionPane.YES_OPTION) {
            int rs = Dao.delete("delete tb_spinfo where id='"
                    + item.getId() + "'");
            if (rs > 0) {
                JOptionPane.showMessageDialog(ShangPinXiuGaiPanel.this,
                        "商品: " + item.getName() + "。删除成功");
                sp.removeItem(item);
            }
        }
    }
});
// 处理修改按钮的单击事件
modifyButton.addActionListener(new ActionListener() {
    public void actionPerformed(ActionEvent e) {
        Item item = (Item) sp.getSelectedItem();
        TbSpinfo spInfo = new TbSpinfo();
        spInfo.setId(item.getId());
        spInfo.setBz(baoZhuang.getText().trim());
```

```
                    spInfo.setCd(chanDi.getText().trim());
                    spInfo.setDw(danWei.getText().trim());
                    spInfo.setGg(guiGe.getText().trim());
                    spInfo.setGysname(gysQuanCheng.getSelectedItem().toString().trim());
                    spInfo.setJc(jianCheng.getText().trim());
                    spInfo.setMemo(beiZhu.getText().trim());
                    spInfo.setPh(piHao.getText().trim());
                    spInfo.setPzwh(wenHao.getText().trim());
                    spInfo.setSpname(quanCheng.getText().trim());
                    if (Dao.updateSp(spInfo) == 1)
                        JOptionPane.showMessageDialog(ShangPinXiuGaiPanel.this,
                            "修改完成");
                    else
                        JOptionPane.showMessageDialog(ShangPinXiuGaiPanel.this,
                            "修改失败");
                }
        });
    }
// 初始化商品下拉列表框
public void initComboBox() {
    List khInfo = Dao.getSpInfos();
    List<Item> items = new ArrayList<Item>();
    sp.removeAllItems();
    for (Iterator iter = khInfo.iterator(); iter.hasNext();) {
        List element = (List) iter.next();
        Item item = new Item();
        item.setId(element.get(0).toString().trim());
        item.setName(element.get(1).toString().trim());
        if (items.contains(item))
            continue;
        items.add(item);
        sp.addItem(item);
    }
    doSpSelectAction();
}
// 初始化供应商下拉列表框
public void initGysBox() {
    List gysInfo = Dao.getGysInfos();
    List<Item> items = new ArrayList<Item>();
    gysQuanCheng.removeAllItems();
    for (Iterator iter = gysInfo.iterator(); iter.hasNext();) {
        List element = (List) iter.next();
        Item item = new Item();
        item.setId(element.get(0).toString().trim());
        item.setName(element.get(1).toString().trim());
        if (items.contains(item))
            continue;
        items.add(item);
        gysQuanCheng.addItem(item);
    }
    doSpSelectAction();
}
// 设置组件位置并添加到容器中
private void setupComponet(JComponent component, int gridx, int gridy,
    int gridwidth, int ipadx, boolean fill) {
    final GridBagConstraints gridBagConstrains = new GridBagConstraints();
    gridBagConstrains.gridx = gridx;
    gridBagConstrains.gridy = gridy;
    if (gridwidth > 1)
```

```
            gridBagConstrains.gridwidth = gridwidth;
        if (ipadx > 0)
            gridBagConstrains.ipadx = ipadx;
        gridBagConstrains.insets = new Insets(5, 1, 3, 1);
        if (fill)
            gridBagConstrains.fill = GridBagConstraints.HORIZONTAL;
        add(component, gridBagConstrains);
}
// 处理商品选择事件
private void doSpSelectAction() {
    Item selectedItem;
    if (!(sp.getSelectedItem() instanceof Item)) {
        return;
    }
    selectedItem = (Item) sp.getSelectedItem();
    TbSpinfo spInfo = Dao.getSpInfo(selectedItem);
    if (!spInfo.getId().isEmpty()) {
        quanCheng.setText(spInfo.getSpname());
        baoZhuang.setText(spInfo.getBz());
        chanDi.setText(spInfo.getCd());
        danWei.setText(spInfo.getDw());
        guiGe.setText(spInfo.getGg());
        jianCheng.setText(spInfo.getJc());
        beiZhu.setText(spInfo.getMemo());
        piHao.setText(spInfo.getPh());
        wenHao.setText(spInfo.getPzwh());
        beiZhu.setText(spInfo.getMemo());
        // 设置供应商下拉列表框的当前选择项
        Item item = new Item();
        item.setId(null);
        item.setName(spInfo.getGysname());
        TbGysinfo gysInfo = Dao.getGysInfo(item);
        item.setId(gysInfo.getId());
        item.setName(gysInfo.getName());
        for (int i = 0; i < gysQuanCheng.getItemCount(); i++) {
            Item gys = (Item) gysQuanCheng.getItemAt(i);
            if (gys.getName().equals(item.getName())) {
                item = gys;
            }
        }
        gysQuanCheng.setSelectedItem(item);
    }
```

 知识精讲

在本模块中多次用到了 JComponent。JComponent 类是所有 Swing 轻量组件的基类。JComponent 对 Swing 的意义就如同 java.awt.Component 对 AWT 的意义一样，它们都是各自框架组件的基类。作为所有 Swing 轻量组件的基类，JComponent 提供了大量的基本功能。要全面了解 Swing，就必须知道 JComponent 类提供的功能，还必须知道如何使用 JComponent 类。JComponent 扩展 java.awt.Container，而 java.awt.Container 又扩展 java.awt.Component，因此，所有的 Swing 组件都是 AWT 容器。Component 类和 Container 本身提供了大量的功能，因此，JComponent 继承了大量的功能。

16.3.4 进货信息管理

进货信息管理主要包括进货单处理和退货处理，由于这两个模块的设计原理十分类似，所以在本书中只对进货功能进行讲解。进货处理界面的效果如图 16-16 所示。

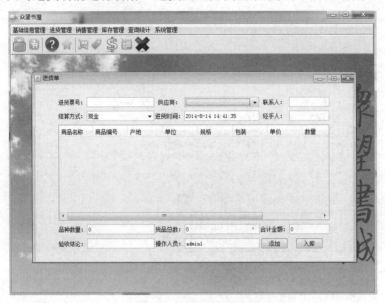

图 16-16 进货功能

进货信息管理功能的主要实现代码如下所示。

```java
table.setAutoResizeMode(JTable.AUTO_RESIZE_OFF);
initTable();
// 添加事件，完成品种数量、货品总数、合计金额的计算
table.addContainerListener(new computeInfo());
JScrollPane scrollPanel = new JScrollPane(table);
scrollPanel.setPreferredSize(new Dimension(380, 200));
setupComponet(scrollPanel, 0, 2, 6, 1, true);
setupComponet(new JLabel("品种数量："), 0, 3, 1, 0, false);
pzs.setFocusable(false);
setupComponet(pzs, 1, 3, 1, 1, true);
setupComponet(new JLabel("货品总数："), 2, 3, 1, 0, false);
hpzs.setFocusable(false);
setupComponet(hpzs, 3, 3, 1, 1, true);
setupComponet(new JLabel("合计金额："), 4, 3, 1, 0, false);
hjje.setFocusable(false);
setupComponet(hjje, 5, 3, 1, 1, true);
setupComponet(new JLabel("验收结论："), 0, 4, 1, 0, false);
setupComponet(ysjl, 1, 4, 1, 1, true);
setupComponet(new JLabel("操作人员："), 2, 4, 1, 0, false);
czy.setFocusable(false);
setupComponet(czy, 3, 4, 1, 1, true);
// 单击"添加"按钮在表格中添加新的一行
JButton tjButton = new JButton("添加");
tjButton.addActionListener(new ActionListener() {
```

```java
    public void actionPerformed(ActionEvent e) {
        // 初始化票号
        initPiaoHao();
        // 结束表格中没有编写的单元
        stopTableCellEditing();
        // 如果表格中还包含空行，就再添加新行
        for (int i = 0; i < table.getRowCount(); i++) {
            TbSpinfo info = (TbSpinfo) table.getValueAt(i, 0);
            if (table.getValueAt(i, 0) == null)
                return;
        }
        DefaultTableModel model = (DefaultTableModel) table.getModel();
        model.addRow(new Vector());
        initSpBox();
    }
});
setupComponet(tjButton, 4, 4, 1, 1, false);

// 单击“入库”按钮保存进货信息
JButton rkButton = new JButton("入库");
rkButton.addActionListener(new ActionListener() {
    public void actionPerformed(ActionEvent e) {
        // 结束表格中没有编写的单元
        stopTableCellEditing();
        // 清除空行
        clearEmptyRow();
        String hpzsStr = hpzs.getText();     // 货品总数
        String pzsStr = pzs.getText();          // 品种数
        String jeStr = hjje.getText();           // 合计金额
        String jsfsStr = jsfs.getSelectedItem().toString();  // 结算方式
        String jsrStr = jsr.getText().trim();   // 经手人
        String czyStr = czy.getText();          // 操作员
        String rkDate = jhsjDate.toLocaleString(); // 进货时间
        String ysjlStr = ysjl.getText().trim();     // 验收结论
        String id = piaoHao.getText();               // 票号
        String gysName = gys.getSelectedItem().toString();  // 供应商名字
        if (jsrStr == null || jsrStr.isEmpty()) {
            JOptionPane.showMessageDialog(JinHuoDan.this, "请填写经手人");
            return;
        }
        if (ysjlStr == null || ysjlStr.isEmpty()) {
            JOptionPane.showMessageDialog(JinHuoDan.this, "填写验收结论");
            return;
        }
        if (table.getRowCount() <= 0) {
            JOptionPane.showMessageDialog(JinHuoDan.this, "填加入库商品");
            return;
        }
        TbRukuMain ruMain = new TbRukuMain(id, pzsStr, jeStr, ysjlStr,
            gysName, rkDate, czyStr, jsrStr, jsfsStr);
        Set<TbRukuDetail> set = ruMain.getTabRukuDetails();
        int rows = table.getRowCount();
        for (int i = 0; i < rows; i++) {
            TbSpinfo spinfo = (TbSpinfo) table.getValueAt(i, 0);
```

```
        String djStr = (String) table.getValueAt(i, 6);
        String slStr = (String) table.getValueAt(i, 7);
        Double dj = Double.valueOf(djStr);
        Integer sl = Integer.valueOf(slStr);
        TbRukuDetail detail = new TbRukuDetail();
            detail.setTabSpinfo(spinfo.getId());
            detail.setTabRukuMain(ruMain.getRkId());
            detail.setDj(dj);
            detail.setSl(sl);
            set.add(detail);
        }
        boolean rs = Dao.insertRukuInfo(ruMain);
        if (rs) {
            JOptionPane.showMessageDialog(JinHuoDan.this, "入库完成");
            DefaultTableModel dftm = new DefaultTableModel();
            table.setModel(dftm);
            initTable();
            pzs.setText("0");
            hpzs.setText("0");
            hjje.setText("0");
        }
    }
});
setupComponet(rkButton, 5, 4, 1, 1, false);
// 添加窗体监听器，完成初始化
addInternalFrameListener(new initTasks());
}
```

知识精讲

因为 Java 是纯面向对象语言，所以 Java 的线程模型也是面向对象的。Java 通过 Thread 类将线程所必须的功能都封装了起来。要想建立一个线程，必须要有一个线程执行函数，这个线程执行函数对应 Thread 类的 run()方法。Thread 类还有一个 start()方法，这个方法负责建立线程，相当于调用 Windows 的建立线程函数 CreateThread()。当调用 start()方法后，如果线程建立成功，则自动调用 Thread 类的 run()方法。因此，任何继承 Thread 的 Java 类都可以通过 Thread 类的 start()方法来建立线程。如果想运行自己的线程执行函数，那就要覆盖 Thread 类的 run()方法。

16.3.5 销售信息管理

销售信息是本商城系统的重要构成模块，主要功能是管理销售单和退货信息，这两个功能实现的方式基本相同，在本书中只讲解销售单功能的实现过程。销售信息管理界面的效果如图 16-17 所示。

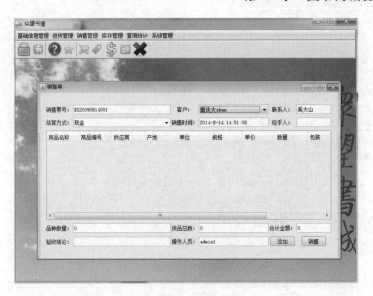

图 16-17　销售单

销售信息管理功能的主要实现代码如下所示。

```java
public class XiaoShouDan extends JInternalFrame {
    private final JTable table;
    private TbUserlist user = Login.getUser();                // 登录用户信息
    private final JTextField jhsj = new JTextField();          // 进货时间
    private final JTextField jsr = new JTextField();           // 经手人
    private final JComboBox jsfs = new JComboBox();            // 结算方式
    private final JTextField lian = new JTextField();          // 联系人
    private final JComboBox kehu = new JComboBox();            // 客户
    private final JTextField piaoHao = new JTextField();       // 票号
    private final JTextField pzs = new JTextField("0");        // 品种数量
    private final JTextField hpzs = new JTextField("0");       // 货品总数
    private final JTextField hjje = new JTextField("0");       // 合计金额
    private final JTextField ysjl = new JTextField();          // 验收结论
    private final JTextField czy = new JTextField(user.getName());// 操作员
    private Date jhsjDate;
    private JComboBox sp;
    public XiaoShouDan() {
        super();
        setMaximizable(true);
        setIconifiable(true);
        setClosable(true);
        getContentPane().setLayout(new GridBagLayout());
        setTitle("销售单");
        setBounds(50, 50, 700, 400);
        setupComponet(new JLabel("销售票号: "), 0, 0, 1, 0, false);
        piaoHao.setFocusable(false);
        setupComponet(piaoHao, 1, 0, 1, 140, true);
        setupComponet(new JLabel("客户: "), 2, 0, 1, 0, false);
        kehu.setPreferredSize(new Dimension(160, 21));
        // 供应商下拉列表框的选择事件
        kehu.addActionListener(new ActionListener() {
            public void actionPerformed(ActionEvent e) {
                doKhSelectAction();
```

```
        }
    });
    setupComponet(kehu, 3, 0, 1, 1, true);
    setupComponet(new JLabel("联系人："), 4, 0, 1, 0, false);
    lian.setFocusable(false);
    lian.setPreferredSize(new Dimension(80, 21));
    setupComponet(lian, 5, 0, 1, 0, true);
    setupComponet(new JLabel("结算方式："), 0, 1, 1, 0, false);
    jsfs.addItem("现金");
    jsfs.addItem("支票");
    jsfs.setEditable(true);
    setupComponet(jsfs, 1, 1, 1, 1, true);
    setupComponet(new JLabel("销售时间："), 2, 1, 1, 0, false);
    jhsj.setFocusable(false);
    setupComponet(jhsj, 3, 1, 1, 1, true);
    setupComponet(new JLabel("经手人："), 4, 1, 1, 0, false);
    setupComponet(jsr, 5, 1, 1, 1, true);
    sp = new JComboBox();
    sp.addActionListener(new ActionListener() {
        public void actionPerformed(ActionEvent e) {
            TbSpinfo info = (TbSpinfo) sp.getSelectedItem();
            // 如果选择有效就更新表格
            if (info != null && info.getId() != null) {
                updateTable();
            }
        }
    });
    table = new JTable();
    table.setAutoResizeMode(JTable.AUTO_RESIZE_OFF);
    initTable();
    // 添加事件，完成品种数量、货品总数、合计金额的计算
    table.addContainerListener(new computeInfo());
    JScrollPane scrollPanel = new JScrollPane(table);
    scrollPanel.setPreferredSize(new Dimension(380, 200));
    setupComponet(scrollPanel, 0, 2, 6, 1, true);
    setupComponet(new JLabel("品种数量："), 0, 3, 1, 0, false);
    pzs.setFocusable(false);
    setupComponet(pzs, 1, 3, 1, 1, true);
    setupComponet(new JLabel("货品总数："), 2, 3, 1, 0, false);
    hpzs.setFocusable(false);
    setupComponet(hpzs, 3, 3, 1, 1, true);
    setupComponet(new JLabel("合计金额："), 4, 3, 1, 0, false);
    hjje.setFocusable(false);
    setupComponet(hjje, 5, 3, 1, 1, true);
    setupComponet(new JLabel("验收结论："), 0, 4, 1, 0, false);
    setupComponet(ysjl, 1, 4, 1, 1, true);
    setupComponet(new JLabel("操作人员："), 2, 4, 1, 0, false);
    czy.setFocusable(false);
    setupComponet(czy, 3, 4, 1, 1, true);
    // 单击"添加"按钮在表格中添加新的一行
    JButton tjButton = new JButton("添加");
    tjButton.addActionListener(new ActionListener() {
        public void actionPerformed(ActionEvent e) {
            // 初始化票号
            initPiaoHao();
            // 结束表格中没有编写的单元
            stopTableCellEditing();
```

```
                    // 如果表格中还包含空行，就再添加新行
                    for (int i = 0; i < table.getRowCount(); i++) {
                        TbSpinfo info = (TbSpinfo) table.getValueAt(i, 0);
                        if (table.getValueAt(i, 0) == null)
                            return;
                    }
                    DefaultTableModel model = (DefaultTableModel) table.getModel();
                    model.addRow(new Vector());
                }
            });
            setupComponet(tjButton, 4, 4, 1, 1, false);
            // 单击"销售"按钮保存进货信息
            JButton sellButton = new JButton("销售");
            sellButton.addActionListener(new ActionListener() {
                public void actionPerformed(ActionEvent e) {
                    stopTableCellEditing();              // 结束表格中没有编写的单元
                    clearEmptyRow();                     // 清除空行
                    String hpzsStr = hpzs.getText();     // 货品总数
                    String pzsStr = pzs.getText();       // 品种数
                    String jeStr = hjje.getText();       // 合计金额
                    String jsfsStr = jsfs.getSelectedItem().toString(); // 结算方式
                    String jsrStr = jsr.getText().trim();   //经手人
                    String czyStr = czy.getText();          //操作员
                    String rkDate = jhsjDate.toLocaleString();// 销售时间
                    String ysjlStr = ysjl.getText().trim(); // 验收结论
                    String id = piaoHao.getText();          // 票号
                    String kehuName = kehu.getSelectedItem().toString();// 供应商名字
                    if (jsrStr == null || jsrStr.isEmpty()) {
                        JOptionPane.showMessageDialog(XiaoShouDan.this,
                            "请填写经手人");
                        return;
                    }
                    if (ysjlStr == null || ysjlStr.isEmpty()) {
                        JOptionPane.showMessageDialog(XiaoShouDan.this,
                            "填写验收结论");
                        return;
                    }
                    if (table.getRowCount() <= 0) {
                        JOptionPane.showMessageDialog(XiaoShouDan.this,
                            "填加销售商品");
                        return;
                    }
                    TbSellMain sellMain = new TbSellMain(id, pzsStr, jeStr,
                            ysjlStr, kehuName, rkDate, czyStr, jsrStr, jsfsStr);
                    Set<TbSellDetail> set = sellMain.getTbSellDetails();
                    int rows = table.getRowCount();
                    for (int i = 0; i < rows; i++) {
                        TbSpinfo spinfo = (TbSpinfo) table.getValueAt(i, 0);
                        String djStr = (String) table.getValueAt(i, 6);
                        String slStr = (String) table.getValueAt(i, 7);
                        Double dj = Double.valueOf(djStr);
                        Integer sl = Integer.valueOf(slStr);
                        TbSellDetail detail = new TbSellDetail();
                        detail.setSpid(spinfo.getId());
                        detail.setTbSellMain(sellMain.getSellId());
                        detail.setDj(dj);
                        detail.setSl(sl);
```

```
                    set.add(detail);
                }
                boolean rs = Dao.insertSellInfo(sellMain);
                if (rs) {
                    JOptionPane.showMessageDialog(XiaoShouDan.this, "销售完成");
                    DefaultTableModel dftm = new DefaultTableModel();
                    table.setModel(dftm);
                    initTable();
                    pzs.setText("0");
                    hpzs.setText("0");
                    hjje.setText("0");
                }
            }
        });
        setupComponet(sellButton, 5, 4, 1, 1, false);
        // 添加窗体监听器, 完成初始化
        addInternalFrameListener(new initTasks());
}
// 初始化表格
private void initTable() {
    String[] columnNames = {"商品名称", "商品编号", "供应商", "产地", "单位",
        "规格", "单价", "数量", "包装", "批号", "批准文号"};
    ((DefaultTableModel) table.getModel())
        .setColumnIdentifiers(columnNames);
    TableColumn column = table.getColumnModel().getColumn(0);
    final DefaultCellEditor editor = new DefaultCellEditor(sp);
    editor.setClickCountToStart(2);
    column.setCellEditor(editor);

}
// 初始化商品下拉列表框
private void initSpBox() {
    List list = new ArrayList();
    ResultSet set = Dao.query(" select * from tb_spinfo"
        + " where id in (select id from tb_kucun where kcsl>0)");
    sp.removeAllItems();
    sp.addItem(new TbSpinfo());
    for (int i = 0; table != null && i < table.getRowCount(); i++) {
        TbSpinfo tmpInfo = (TbSpinfo) table.getValueAt(i, 0);
        if (tmpInfo != null && tmpInfo.getId() != null)
            list.add(tmpInfo.getId());
    }
    try {
        while (set.next()) {
            TbSpinfo spinfo = new TbSpinfo();
            spinfo.setId(set.getString("id").trim());
            // 如果表格中已存在同样商品, 商品下拉列表框中就不再包含该商品
            if (list.contains(spinfo.getId()))
                continue;
            spinfo.setSpname(set.getString("spname").trim());
            spinfo.setCd(set.getString("cd").trim());
            spinfo.setJc(set.getString("jc").trim());
            spinfo.setDw(set.getString("dw").trim());
            spinfo.setGg(set.getString("gg").trim());
            spinfo.setBz(set.getString("bz").trim());
            spinfo.setPh(set.getString("ph").trim());
            spinfo.setPzwh(set.getString("pzwh").trim());
            spinfo.setMemo(set.getString("memo").trim());
            spinfo.setGysname(set.getString("gysname").trim());
            sp.addItem(spinfo);
```

```
            }
        } catch (SQLException e) {
            e.printStackTrace();
        }
    }
    // 设置组件位置并添加到容器中
    private void setupComponet(JComponent component, int gridx, int gridy,
            int gridwidth, int ipadx, boolean fill) {
        final GridBagConstraints gridBagConstrains = new GridBagConstraints();
        gridBagConstrains.gridx = gridx;
        gridBagConstrains.gridy = gridy;
        if (gridwidth > 1)
            gridBagConstrains.gridwidth = gridwidth;
        if (ipadx > 0)
            gridBagConstrains.ipadx = ipadx;
        gridBagConstrains.insets = new Insets(5, 1, 3, 1);
        if (fill)
            gridBagConstrains.fill = GridBagConstraints.HORIZONTAL;
        getContentPane().add(component, gridBagConstrains);
    }
    // 供应商选择时更新联系人字段
    private void doKhSelectAction() {
        Item item = (Item) kehu.getSelectedItem();
        TbKhinfo khInfo = Dao.getKhInfo(item);
        lian.setText(khInfo.getLian());
    }
    // 在事件中计算品种数量、货品总数、合计金额
    private final class computeInfo implements ContainerListener {
        public void componentRemoved(ContainerEvent e) {
            // 清除空行
            clearEmptyRow();
            // 计算代码
            int rows = table.getRowCount();
            int count = 0;
            double money = 0.0;
            // 计算品种数量
            TbSpinfo column = null;
            if (rows > 0)
                column = (TbSpinfo) table.getValueAt(rows - 1, 0);
            if (rows > 0 && (column == null || column.getId().isEmpty()))
                rows--;
            // 计算货品总数和金额
            for (int i = 0; i < rows; i++) {
                String column7 = (String) table.getValueAt(i, 7);
                String column6 = (String) table.getValueAt(i, 6);
                int c7 = (column7 == null || column7.isEmpty()) ? 0 : Integer
                        .valueOf(column7);
                Double c6 = (column6 == null || column6.isEmpty()) ? 0 : Double
                        .valueOf(column6);
                count += c7;
                money += c6 * c7;
            }
            pzs.setText(rows + "");
            hpzs.setText(count + "");
            hjje.setText(money + "");
                }
        public void componentAdded(ContainerEvent e) {
        }
    }
```

16.4 系 统 调 试

经过前面内容的讲解，本书城管理系统的基本功能已经
介绍完毕。因为篇幅的限制，我们只讲解了重要的功能块。
其他模块的实现过程，请读者参阅配套资源中的源码和视频。
在接下来的内容中，将简要介绍本项目的调试过程。

↑扫码看视频

运行系统后，将首先会看到如图 16-18 所示的登录界面。

图 16-18 登录界面

当输入用户名和密码，就可以登录到主窗口。在这里是针对多个用户的，不同的用户
名对应不同的密码，输入正确的用户名和密码后，将会进入如图 16-19 所示的窗口。

图 16-19 进入管理首页

进入系统后，用户可以选择菜单命令，如选择"查询统计"命令，如图 16-20 所示。

图 16-20　"查询统计"菜单

这个系统实际上是个数据库管理系统，所以每一个界面都会操作数据库，如图 16-21 所示。

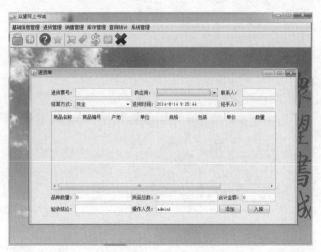

图 16-21　操作数据库